“十二五”职业教育国家规划教材
经全国职业教育教材审定委员会审定

高职高专机电系列技能型规划教材
浙江省“十一五”重点教材建设

电力系统自动装置(第2版)

主　编　王　伟
副主编　金永琪　沈胜标
参　编　李泳泉　周才康

北京大学出版社
PEKING UNIVERSITY PRESS

内 容 简 介

本书是根据高等职业教育电力技术类专业的教学要求编写而成的，以培养电气工程第一线的高技术应用型人才为主要目标。本书在编写上采用“任务驱动法”的编写思路，将整个课程按照当前电力系统实际情况分解成六大主要任务：提高电力系统故障情况下的供电可靠性、提高输电线路运行的可靠性、向发电厂提供稳定的厂用电、实现同步发电机自动并列、为发电机转子提供稳定的直流电、提高电力设备运行的动态稳定性。通过具体任务将课程理论体系和实践体系贯穿在一起，在内容体系上重点突出数字式自动装置的总体结构、工作原理、性能及其运行特点等，充分结合当代先进电力技术在自动装置中的应用。全书始终贯彻分析问题和解决问题能力的培养，突出读图能力的培养，着力于提高读者的实际工程应用能力，为今后从事电力系统自动化及自动装置的运行、调试、管理、开发和研究等工作打下必要的基础。

本书适合作为电力技术类专业的教学用书，也可作为电气工程类专业教师、学生和电气工程从业人员的参考书。

图书在版编目(CIP)数据

电力系统自动装置/王伟主编. —2 版. —北京：北京大学出版社，2014.8

(高职高专机电系列技能型规划教材)

ISBN 978-7-301-24455-5

Ⅰ. ①电…　Ⅱ. ①王…　Ⅲ. ①电力系统—自动装置—高等职业教育—教材　Ⅳ. ①TM76

中国版本图书馆 CIP 数据核字(2014)第 144602 号

书　　名：电力系统自动装置(第 2 版)

著作责任者：王　伟　主编

策 划 编 辑：邢　琛

责 任 编 辑：邢　琛

标 准 书 号：ISBN 978-7-301-24455-5/TM • 0062

出 版 发 行：北京大学出版社

地　　址：北京市海淀区成府路 205 号　100871

网　　址：http://www.pup.cn　新浪官方微博：@北京大学出版社

电 子 邮 箱：编辑部 pup6@pup.cn　总编室 zpup@pup.cn

电　　话：邮购部 010-62752015　发行部 010-62750672　编辑部 010-62750667

印　刷　者：北京虎彩文化传播有限公司

经　销　者：新华书店

787 毫米×1092 毫米　16 开本　12.25 印张　279 千字

2011 年 8 月第 1 版

2014 年 8 月第 2 版　2024 年 1 月第 11 次印刷

定　　价：35.00 元

前　　言

“电力系统自动装置”课程是发电厂及电力系统专业的核心课程，是电气自动化专业和供配电技术专业的主干课程。本书以培养电气工程第一线的高技术应用型人才为主要目标，根据高职高专教育的培养目标——生产第一线应用型的高技能技术人才，在编写过程中注重分析能力、读图能力等专业核心能力的培养，充分突出教育的职业性，适应当前高等职业教育的要求。此外，本书在修订时融入了党的二十大报告内容，突出职业素养的培养，全面贯彻党的二十大精神。

本书具有以下特点：

(1) 总体上贯彻“校企合作、工学结合”的教学改革理念，充分遵循教育部教高[2006]16号等一系列文件的精神。

(2) 采用“任务驱动法”的编写思路，将整个课程按照电力系统实际情况分解成六大主要任务，通过具体任务将课程理论体系和实践体系贯穿在一起。每个任务都结合课程要求分解成任务导入、任务分析、任务解决方案和任务解决方案的评估四部分，层层推进，让学生在解决任务中学习专业技能，充分增强学生的学习兴趣和主动性。

(3) 突出数字式自动装置总体结构、工作原理、性能及其运行特点等方面的介绍，充分结合当代先进电力技术在自动装置中的应用，引入电力设备在线监测、故障诊断等内容，使教学内容更加贴近前沿科学，体现教学内容先进性。

(4) 培养学生一定的分析问题和解决问题的能力，为今后从事电力系统自动化及自动装置的运行、调试、管理、开发与研究等工作打下必要的基础。

(5) 注重高职特点，突出读图能力的培养，注重学生创新能力的培养，提高学生的实际工程应用能力。

本书按照电力系统实际情况分解成六大主要任务，涵盖了电力系统中从电力网到发电厂的关键自动装置，整本书通过针对这些任务的全程解析，详细介绍了备用电源自动投入装置、自动重合闸装置、高频开关直流电源、自动准同期装置、励磁系统和在线监测系统6种自动装置的总体结构和工作原理，构成了一个有机的整体。完成本课程的教学大约需要52学时，如条件允许可增加一定的集中实训。

本书由浙江同济科技职业学院电力系统自动装置课程建设团队合作完成，由浙江同济科技职业学院王伟任主编，浙江同济科技职业学院毛建生、金永琪和浙江水利水电学校沈胜标任副主编，浙江省丽水电力公司李泳泉、浙江三变科技股份有限公司周才康和杭州西湖电力电子技术有限公司杨荣新参与了编写工作。本书编写任务完成情况如下：任务1由沈胜标编写，任务2由李泳泉编写，任务3由王伟编写，任务4由毛建生、金永琪编写，任务5由王伟和杨荣新编写，任务6由周才康编写。王伟负责本书统稿工作。浙江省水利

水电勘测设计院史海军高工、浙江水利水电学院徐金寿教授、施文济教授审阅了本书，并提出了很多宝贵意见，在此深表感谢！

本书编写过程中得到了国家电网缙云电力公司、国家电网景宁电力公司、老石坎水电站等单位的大力支持，在此表示衷心的感谢！同时，本书在编写过程中参阅了电力系统自动装置方面的大量资料，在此向这些资料的作者表示深深的谢意！

由于编者水平有限，书中难免存在一些问题，希望读者批评指正，同时恳请提出宝贵意见(E-mail：weida96@263.net)。

编　者

2023 年 8 月

目　　录

概　述

0.1　电力系统自动装置的内涵及外延

1. 电力系统自动装置的内涵

电力系统自动装置是研究通过自动化元件控制电力系统内电气设备的一门应用技术，是电力系统自动控制实用领域之一。

根据上述定义，电力系统自动装置主要应用于电力系统内电气设备运行的控制与操作，是直接为电力系统安全、经济运行和保证电能质量的基础自动化设备。特别需要指出的是，上述定义中自动化元件是一个宽泛的概念，不仅包括单纯的电气元件(如继电器、按钮、转换开关等)，而且包括单片机、可编程序控制器、高速数字运算器 DSP 和工控机等微机，在此我们可以将各种微机作为一种自动化元件，而且微机往往作为整个自动化系统的核心元件。

2. 电力系统自动装置的外延

电力系统自动控制是实现电力系统自动化的技术基础，而电力系统自动装置作为电力系统自动控制实用领域之一。电力系统自动控制根据控制任务和内容，大致可划分为 4 个不同任务的控制系统，包括电力系统自动监控、电力系统自动装置、发电厂动力机械自动控制和电力安全装置，对于不同控制系统的外延要根据控制任务进行明确的界定。

(1) 电力系统自动监控。电力系统自动监控，其主要任务通过计算机及网络系统提高整个电力系统的安全、经济运行水平。实际运行中电力系统中各发电厂、变电所把反映电力系统运行状态的实时信息，通过各种远动终端装置送至调度控制中心的计算机系统，由计算机系统及时地对运行信息进行分析诊断，供运行人员监控决策参考，因此电力系统自动监控面对整个电力系统，进行系统内各种状态信息流的监测。

(2) 电力系统自动装置。根据电力系统自动装置的定义，电力系统自动装置主要应用于电力系统内电气设备的控制，包括发电厂及变电所内发电机、变压器、直流系统等电气设备。实用中电力系统自动装置主要突出电气设备的自动操作和故障对策，是直接面向电力系统安全、经济和保证电能质量服务的控制系统。总之，电力系统自动装置的控制对象是电力系统中所有电气设备。

(3) 发电厂动力机械自动控制。无论是水电厂、火电厂还是核电厂，厂内都有大量的动力机械设备，如火电厂中锅炉和汽轮机、水电厂中的水轮机及调速器等，它们在发电厂中都承担了关键的功能，因此发电厂动力机械的自动控制是发电厂自动控制的主要组成部分。同时，发电厂的动力机械随发电厂类型不同而有很大差别，各种动力设备的控制要求和控制规律相差很大，如火电厂中锅炉和汽轮机的自动控制系统与水电厂中水力机械的自动控制系统相差很大，因此需要不同专业对发电厂动力机械自动控制进行专门研究。总之，发电厂动力机械自动控制面对的是电力系统中各种机械设备。

(4) 电力安全装置。电力系统提供的电能具有高电压和大电流的基本特点，由于电力操作是一项具有高危险性的工作，因此安全是电力系统的永恒主题，而安全装置是保障电力系统运行人员人身安全的监护装置。因此，电力安全装置主要面向操作人员的安全保障研究。

0.2 电力系统自动装置的发展历程及趋势

1. 电力系统的发展历程及其运行特征

我国电力系统经过 60 多年的建设，无论在生产运行、设计、安装和制造方面都取得举世瞩目的成就，电力工业作为先行工业为国民经济的巨大发展提供了坚实的能源保障。解放前，全国范围内发电设备容量只有 185 万 kW；到 2000 年，我国装机容量已达到 2.5 亿 kW；至 2010 年底，我国装机容量达到了 9.62 亿 kW；“十二五”期间，我国电力建设步伐不断加快，多项指标居世界首位，截至 2015 年底，全社会用电量达到 5.69 万亿千瓦时，全国发电装机达 15.3 亿 kW，其中水电 3.2 亿 kW，占 21.1%；火电 9.9 亿 kW，占 65.56%；核电 2608 万 kW，占 1.7%；风力、太阳能等新能源发电约 1.72 亿 kW。根据电力发展十三五规划，预计 2020 年全国发电装机容量将达到 20 亿千瓦，年均增长 5.5%，人均装机将突破 1.4kW，年人均用电量将达到 5000 千瓦时左右，接近中等发达国家水平。

作为电力系统关键环节之一，发电厂是将其他形式的能量转换成电能，按一次能源的不同又分为火电厂、水电厂、核电厂、风电厂和光阳能发电厂等不同类型的发电厂。尽管各类发电厂的生产流程各不相同，控制规律各有特点，但安全可靠地提供高质量的电能是各类发电厂共同的核心任务。

电力系统的产品——电能具有非常显著的特点，它无法进行大规模的储存，因此由发电厂、变电所、输电网、配电和用电等设备所组成的电力系统，必须始终遵循电能在生产、传输和分配过程中功率平衡的原则，在实际运行中始终要做到电能的发、变、配、用同时进行，整个电力系统要做到控制一体化和实时化。

2. 电力系统自动装置的发展历程及趋势

为了确保电力系统的安全经济运行，及时处理电力系统运行中所发生的各种故障，同时现代社会对电能供应的“安全、可靠、经济、优质”等各项指标的要求越来越高,客观上对电力系统自动控制提出了更高的要求，同时推动电力系统自动化技术不断地由低到高、由局部到整体发展。在电力系统大发展和自动化技术不断提升的背景下，电力系统自动装置不断更新换代，发电厂和变电所中应用的自动装置自动化水平不断提高，采用的自动化元件经历了继电器、数字电路和微机等阶段，目前已将以微机为控制核心的数字式自动装置作为主流产品，而且不断引入先进的控制理论，同时电力系统自动装置与通信技术和网络技术充分结合，实现了对电力系统的远程监控和调度，显著提升了电力系统的安全运行水平。今后，电力系统自动装置将向最优化、协调化、智能化方向发展，在打造“智能坚强”电网中发挥关键功能，在今后的“物联网”中也将起重要作用。

0.3　本书的编写思路及主要内容

本书在编写上采用了“任务驱动法”的编写思路，将整个课程按照电力系统实际情况分解成六大主要任务，这六大主要任务涵盖了电力系统中从电力网到发电厂的关键自动装置，是一个有机的整体。通过具体任务将课程理论体系和实践体系贯穿在一起。每个主要任务都结合课程要求分解成任务导入、任务分析、任务解决方案和任务解决方案的评估四部分，层层推进，让读者在解决任务中学习专业技能，充分增强读者的学习兴趣和主动性。

同时，本书内容充分结合当代先进电力技术在自动装置中的应用，鉴于数字式自动装置在电力系统中的广泛应用，本书重点介绍了数字化技术在电力领域的应用原理以及典型数字式自动装置的结构和特点。同时，本书引入了电力设备在线监测、故障诊断等内容，使教学内容更加贴近电力技术前沿科学，体现教学内容先进性，而且突出读图能力的培养，将读图能力的培养贯穿整本教材的始终，提高读者的实际工程应用能力。

根据教学大纲要求和“任务驱动法”的编写思路，本书分六大主要任务讲授，其中任务 4 和任务 5 为本课程的关键任务，具体内容如下：

(1) 任务 1 主要介绍了备用电源和备用电源自动投入装置的相关概念、特点和对备用电源自动投入装置的基本要求；详细讲述了备用电源自动投入装置 AAT 的基本组成、典型接线及原理分析。

(2) 任务 2 主要介绍了如何利用自动重合闸装置来提高输电线路运行的可靠性，进而提高整个电力系统的安全运行水平。

(3) 任务 3 主要介绍了如何为发电厂提供稳定的电源，提出了一种采用智能高频开关直流电源的解决方案。

(4) 任务 4 主要介绍了发电机组同期并列的基本概念和常用的自动并列装置的构成、原理及运行调试。

(5) 任务 5 主要介绍了发电机励磁系统如何向发电机的转子绕组提供一个可控的直流电流，以充分提高发电机的安全运行水平。

(6) 任务 6 主要介绍了目前电力系统中正在迅速发展的一门新兴技术——在线监测技术，主要分析了如何通过在线监测技术提高电力设备运行的动态稳定性。

任务 1

提高电力系统故障情况下的供电可靠性

【知识目标】

1. 掌握备用电源自动投入装置的概念；
2. 掌握明备用、暗备用的概念和特点，能够熟练识别各种备用方式；
3. 熟练掌握对备用电源自动投入装置的基本要求和用途；
4. 掌握模拟式备用电源自动投入装置的总体结构和工作原理；
5. 能够结合继电保护、发电厂二次接线等知识，正确分析数字式备用电源自动投入装置的总体结构和工作原理。

【能力目标】

能 力 目 标	知 识 要 点	权重/%	自测分数
认知备用电源自动投入装置	备用电源自动投入装置的概念、基本要求和用途	10	
能熟练地对备用电源自动投入装置进行分类和识别	明备用、暗备用的概念和特点	20	
备用电源自动投入装置的分析，能够读懂备用电源自动投入装置系统图	模拟式备用电源自动投入装置的总体结构和工作原理	30	
备用电源自动投入装置的参数整定计算	各种继电器的动作参数整定方法	10	
数字式备用电源自动投入装置的分析	数字式备用电源自动投入装置的总体结构和工作原理	30	

【任务导读】

2006 年的某日，北京建外 SOHO 突然停电，11 栋大楼里共有 13 名市民被困电梯中，部分商户“秉烛”营业，SOHO 地下室一片漆黑。此次停电共影响到朝阳区建外 SOHO、九龙花园、石韵浩庭小区共 1 900 户居民的正常用电。经调查，此次停电原因为电力系统突发故障，电力公司派出抢修人员、营销服务人员以及发电车赶往现场应急处置，优先为居民楼的电梯、水泵等接上电源，陆续为居民提供了电力供应。

上面提到的是一个简单的例子，在实际生产生活中，电力系统的故障千变万化，提高电力系统故障情况下可靠性的措施也多种多样。本任务主要通过增设备用电源并采用备用电源自动投入装置的方法来提高电力系统故障情况下的可靠性。

1.1　任务导入：认识备用电源自动投入装置

电力不仅是国民经济的“先行官”，同时也涉及人们日常生活的方方面面。电力系统一旦发生故障，既会使工农业生产造成重大损失，也会给人们的日常生活带来极大的不便。如何提高电力系统故障情况下的供电可靠性，是每个电力工作者都必须考虑，同时又要认真对待的问题。

1.1.1　电源的备用方式

电源的备用方式有两种：明备用和暗备用。

1. 明备用方式

(1) 明备用的概念。

明备用是指具有明确备用电源的备用方式，正常情况下备用电源不投入运行，只有当工作电源消失后，备用电源才投入运行。

明备用方式的特点就是具有明显的备用电源。

(2) 明备用方式的典型一次接线。

图 1.1 所示为中小型发电厂普遍采用的厂用电一次接线图。

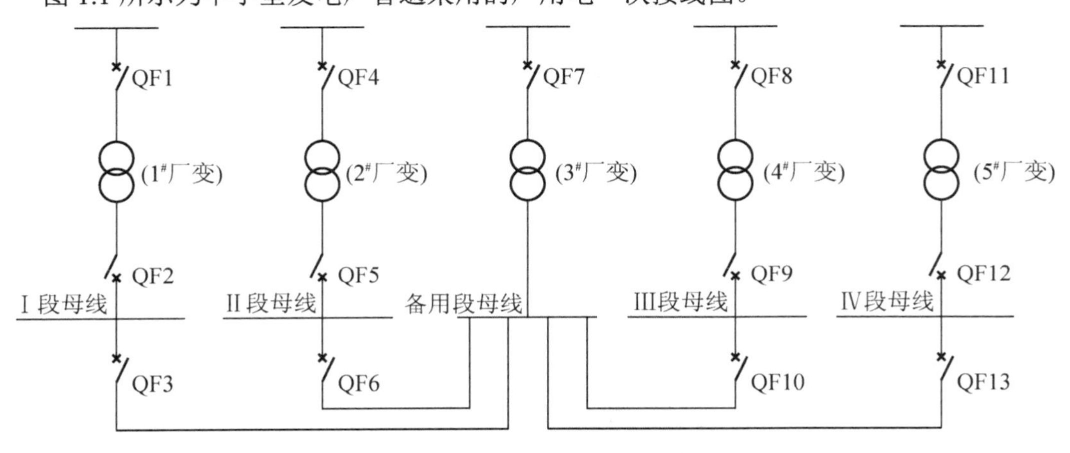

图 1.1　中小型发电厂厂用电一次接线

图1.1所示的厂用电运行方式如下：

通常情况下，1#、2#、4#、5#四台厂用变压器(简称厂变)投入运行，各自对应的高、低压侧断路器处于合闸状态；3#号厂用变压器充当备用电源(简称备变)，其高压侧断路器QF7处于分闸状态；Ⅰ～Ⅳ段母线的备用电源进线开关QF3、QF6、QF10和QF13处于分闸状态。当某段母线因非正常停电操作而失去电源时，该段母线对应的厂变高、低压侧断路器自动跳闸，3#备变高压侧断路器QF7和该段母线的备用电源进线开关自动合闸。该段母线改由3#备变供电。

当某台厂变需要停电检修时，通过运行人员的操作，对应的母线改由3#备变供电。同时3#备变仍可作为其他母线的备用电源。

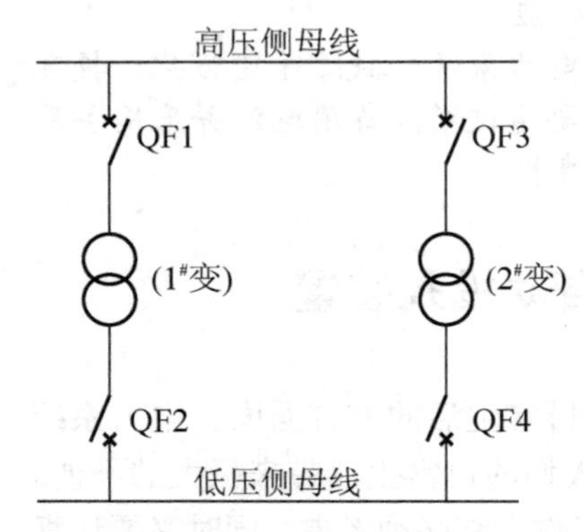

图1.2　双变压器一用一备接线

图1.2所示为双变压器一用一备接线图。

图1.2中的两台变压器通常情况下采用一用一备的运行方式。现假设将1#变压器作为工作电源，则其高、低压侧断路器QF1、QF2处于合闸状态；2#变压器作为备用电源，其高、低压侧断路器QF3、QF4处于分闸状态。

当1#变压器由于故障而使QF1和QF2跳闸，导致低压侧母线失去电源时，1#变压器高、低压侧断路器1QF、2QF自动跳闸，2#变压器高、低压侧断路器QF3、QF4自动合闸，低压侧母线改由2#变压器供电。

很明显，图1.1和图1.2两种接线方式都有明确的备用电源，因此属于明备用方式，明备用方式中备用电源可靠性较高，对备用电源的容量要求较低(只需与工作电源相同)，缺点是备用电源利用率较低。

2. 暗备用方式

(1) 暗备用的概念。

暗备用是指没有明确备用电源的备用方式，两个电源各自带负荷运行，当其中一个电源所带的负荷因非正常原因失电时，另一个电源通过中间环节(通常为母线联络断路器)向失去电源的负荷供电。

暗备用没有明显的备用电源，通常指两个工作电源互为备用。

(2) 暗备用方式的典型一次接线。

图1.3所示为双变压器同时工作的暗备用接线图。

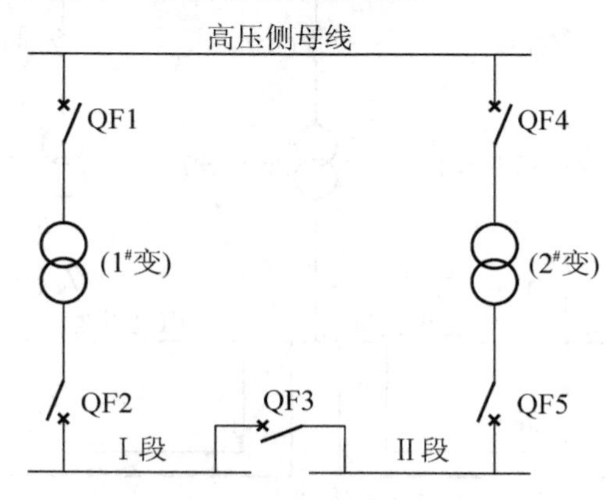

图1.3　双变压器同时工作接线

正常情况下，图中的两台变压器均作为工作电源单独运行，其高、低压侧断路器 QF1、QF2、QF4、QF5 均处于合闸状态；连接低压侧Ⅰ、Ⅱ段母线的母线联络断路器(简称母联断路器)QF3 处于分闸状态。1[#]、2[#]变压器分别为Ⅰ、Ⅱ段母线供电。

当 1[#]变压器回路发生故障时，变压器继电保护动作使 1[#]变压器高、低压侧断路器 QF1、QF2 自动跳闸，低压侧Ⅰ段母线将失去电源，则母联断路器 QF3 自动合闸，此时低压侧Ⅰ、Ⅱ段母线均由 2[#]变压器供电；当 2[#]变压器回路发生故障时，变压器继电保护动作使 2[#]变压器高、低压侧断路器 QF4、QF5 自动跳闸，低压侧Ⅱ段母线将失去电源，则母联断路器 QF3 自动合闸，此时低压侧Ⅰ、Ⅱ段母线均由 1[#]变压器供电。

1.1.2　备用电源的投入方式

备用电源的投入方式有两种：手动投入和自动投入。

1. 手动投入

若负荷对供电的连续性要求不高，允许较长时间断电，为了节省投资和简化二次回路接线，往往采用手动投入方式。当某工作电源因非正常停电操作失去电源时，备用电源的投入由电气运行人员人工操作完成。

备用电源采用人工投入方式时，负荷失电时间较长，通常为几分钟到几十分钟(视运行人员的操作水平和一次回路的操作复杂程度而异)。

2. 自动投入

若负荷对供电的连续性要求较高，不允许较长时间断电，这种情况下为了提高电力系统故障情况下的供电可靠性，就应该设置专门的自动装置实现备用电源自动投入，这种能够实现备用电源自动投入的自动装置就称为备用电源自动投入装置(以下简称 AAT 装置)。当某工作电源因非正常停电操作失去电源时，备用电源的投入由 AAT 装置自动完成。

备用电源采用 AAT 装置自动投入方式时，负荷失电时间较短，通常只有一两秒。

图 1.4 所示为某 110kV 变电所一次接线简图。

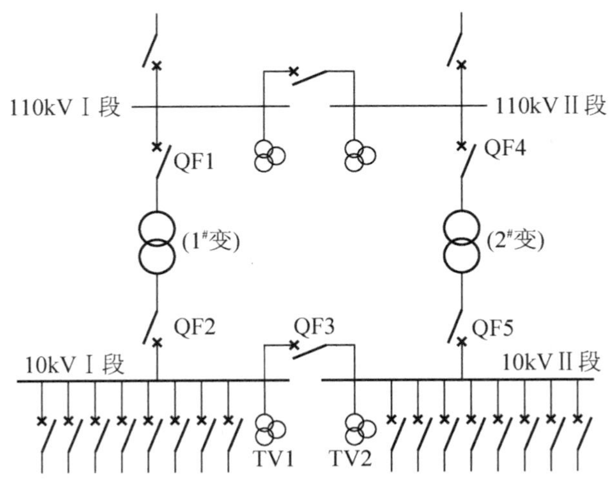

图 1.4　某 110kV 变电所一次接线简图

为了减小变电所 10kV 侧的短路电流，正常运行方式时，10kVⅠ、Ⅱ段母线采用分段运行方式。10kV 母联断路器 QF3 处于“分闸”状态。

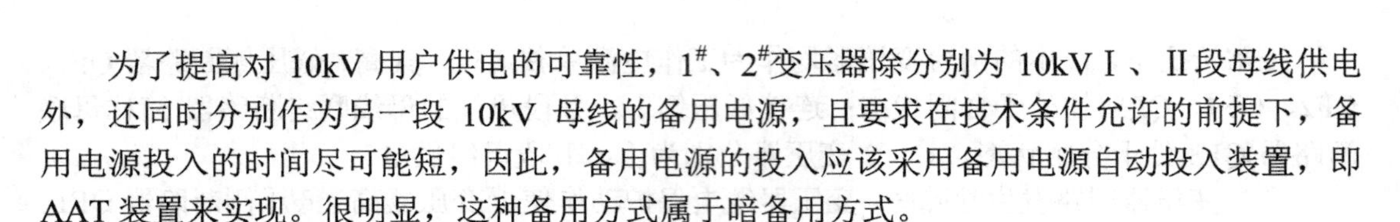

为了提高对10kV用户供电的可靠性，1#、2#变压器除分别为10kVⅠ、Ⅱ段母线供电外，还同时分别作为另一段10kV母线的备用电源，且要求在技术条件允许的前提下，备用电源投入的时间尽可能短，因此，备用电源的投入应该采用备用电源自动投入装置，即AAT装置来实现。很明显，这种备用方式属于暗备用方式。

任务1的主要工作是：为该变电所选择一套合适的AAT装置。

1.2 任务分析：选择合适的备用电源自动投入装置

选择一套合适的AAT装置，首先应根据相关的电气基本知识(如防止电气设备和电力系统多次遭受短路电流的冲击等)和用户的要求等内容对装置的基本要求进行分析，其次考虑装置的基本组成，最后进行电路图设计。

AAT装置的任务是：时刻监视工作电源的电压，当其电压消失或低于一定值时，自动将工作电源断开，随即将备用电源投入运行。

1.2.1 对备用电源自动投入装置的基本要求

根据备用电源备用方式的不同和所使用场合的差异，AAT装置的接线会有所不同，但无论采用何种接线方式，都必须满足一定的基本要求。

对备用电源自动投入装置的基本要求如下：

(1) 除正常停电操作外的其他任何原因使工作电源消失后，AAT装置都应能动作而将备用电源自动投入。

此要求的目的：尽可能地提高对用户供电的可靠性和连续性。

为了满足此要求所采取的技术措施：通常采用设置反映工作母线失去电源的低电压启动回路来启动AAT装置。

(2) AAT装置应确保在工作电源断开以后，备用电源方能投入，即工作电源先切，备用电源后投。

此要求的目的：提高AAT装置动作的成功率，防止备用电源投入到故障元件上，使相应的电气设备直至电力系统无谓地遭受短路电流的冲击。

例如图1.4中，当1#变压器本体或其所属的一次设备(即1#变压器高、低压侧断路器QF1、QF2之间回路)发生故障时，如果在工作电源未断开(即1#变压器低压侧断路器QF2未跳闸)的情况下，10kV母联断路器QF3先行合闸，则10kV母联断路器因合于故障回路而在其自身继电保护的作用下跳闸，从而不仅导致AAT装置动作失败，而且使10kV母联断路器、2#变压器本体及其所属的一次设备和电力系统遭受了一次短路电流的冲击；如果在工作电源断开(即1#变压器低压侧断路器QF2跳闸)后，10kV母联断路器QF3再行合闸，则故障点已经被1#变压器低压侧断路器QF2隔开，10kV母联断路器自动合闸后不会跳闸，AAT装置动作成功。

为了满足此要求所采取的技术措施：AAT装置通过受电侧母线工作电源进线断路器的动断辅助触点来启动备用电源断路器的合闸回路。

例如图1.4所示的一次接线方式中，AAT装置可通过采用1#(2#)变压器低压侧断路器的动断辅助触点来启动10kV母联断路器的合闸回路，从而达到工作电源先切除，备用电源后投入的要求。

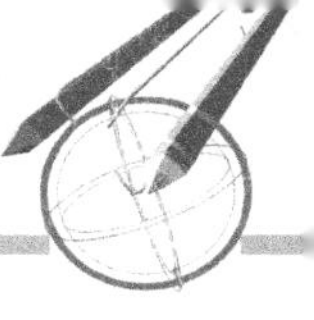

(3) 确保 AAT 装置只动作一次。此要求的目的：防止备用电源所属电气设备和电力系统多次遭受短路电流的冲击。

例如图 1.4 中，当 10kVⅠ段母线发生永久性故障，或者由该段母线供电的某条出线发生永久性故障而其断路器因故拒绝跳闸时，AAT 装置动作使 10kV 母联断路器自动合闸。由于 10kV 母联断路器合闸于故障回路，因而会在其自身继电保护的作用下跳闸。如果不采取一定的防范措施，在 AAT 装置和自身继电保护的共同作用下，10kV 母联断路器反复地合闸、跳闸，从而使 10kV 母联断路器、2#变压器本体及其所属的一次设备和电力系统遭受多次短路电流的冲击，可能导致事故扩大。为此，必须确保 AAT 装置只能动作一次。

满足此要求所采取的技术措施：AAT 装置发出的合闸脉冲采用短脉冲。备用电源的断路器合闸一次后，合闸脉冲即消失。针对数字式 AAT 主要通过逻辑判断来实现只动作一次的技术要求。(详见 1.3.2 节)

特别提示

若用于使备用电源投入的断路器控制回路本身具有“跳跃闭锁”功能时，则在一个合闸脉冲期间内，不论合闸脉冲有多长，断路器只会合闸一次。在这种情况下，为了简化接线AAT装置可不考虑确保只动作一次的措施。

(4) 当工作母线电压互感器因发生回路断线等原因，从而导致虚假的失去电源情况时，AAT 装置不应动作。

此要求的目的：防止 AAT 装置发生不必要的动作。

在这种情况下，工作电源并未消失，AAT 装置没有必要动作。

满足此要求所采取的技术措施：在 AAT 装置的低电压启动回路中采用两个反映工作电源不同线电压的低电压继电器的动断触点串联接线方式。

(5) 正常停电操作时，AAT 装置不应动作。此要求的目的：确保停电操作的正常进行。满足此要求所采取的技术措施：在 AAT 装置的自动合闸回路中串联接入对应工作电源断路器的控制开关的一对触点，该对触点只有在控制开关处于“合闸后”位置时才接通，控制开关处于其他位置时均断开。

(6) 当备用电源无电压时，AAT 装置不应动作。当工作电源消失时，备用电源也无电压。发生这种现象通常有两种原因：一是电气运行人员此前已将备用电源退出“备用”状态，这种情况下不允许 AAT 装置动作；二是电力系统内部发生故障导致工作电源和备用电源同时消失，这种情况下即使 AAT 装置动作也是没有任何用处的。尤其是当备用电源采用暗备用方式时，若 AAT 装置动作，当电力系统恢复正常后，将会造成由备用电源同时担负两段母线负荷的供电的现象，导致备用电源过负荷，因此这种情况也不允许 AAT 装置动作。

此要求的目的：防止 AAT 装置无谓的动作和避免备用电源可能出现不应该的过负荷。

满足此要求所采取的技术措施：在 AAT 装置的低电压启动回路中，串联接入一个反映备用电源某一线电压的过电压继电器的动合触点。

(7) 应具有将 AAT 装置投入或退出运行的手段。备用电源处于检修状态等一些情况时，备用电源不允许投入运行，因此应设置可以由电气运行人员人工操作的将 AAT 装置投入或退出运行的措施。此要求的目的：便于电气运行人员根据具体情况改变 AAT 装置的状态。满足此要求所采取的技术措施：设置切换开关或连接片。

(8) 应具备反映工作母线电压互感器回路断线和 AAT 装置动作的信号。此要求的目的：

第一时间告知电气运行人员相关信息，便于电气运行人员及时做出相应的处理。满足此要求所采取的技术措施：设置“电压互感器回路断线”信号和“AAT 装置动作”信号。

1.2.2 备用电源自动投入装置的组成

根据备用电源自动投入装置的任务和对其的上述基本要求，通常 AAT 装置由下面两部分组成。

1. 低电压启动部分

监视工作电源的电压，当工作电源电压消失或低于一定值时，自动断开工作电源。大多数情况下，低电压启动部分还承担监视备用电源是否有电压的任务。

2. 自动合闸部分

当工作电源非正常断开后，能够自动将备用电源投入。

数字式自动装置的相关概念

数字式自动装置中常用到下列概念：

1. 插件

现代自动化系统各控制单元的机箱内部，是由一个个印制电路板组成的，电路板上焊接有各种芯片及电工电子器件。为了便于调试、检修，在装置不带电的情况下，每个印制电路板一般可以插、拔，因此把每个电路板也称为一个插件。

自动化系统的各单元装置，根据其用途、功能等来选择配置插件。各单元装置机箱内一般设置有：交流插件、模数转换插件、开关量输入插件、故障录波插件、主 CPU 插件、继电器插件、电源插件、人机对话插件(人机接口电路板)等。

2. 软压板

在常规继电保护装置保护屏的下方都安装有各保护出口回路的连接片，一般也称为硬压板，用于各保护的投入或退出(以下简称投退)。在微机型继电保护装置中为了适应变电站无人值班的需要，便于各种保护的远方投退，一般还设置有软压板，各种保护功能可以通过软压板进行投退。所谓软压板，实质上是在控制软件中用二进制数来定义某个保护功能的投退。通常情况下，如某个保护的软压板设置为“0”，则表示该保护在退出状态;如某个保护的软压板设置为“1”，则表示该保护在投入状态。

3. 控制字

保护装置的控制字用来决定各项保护功能的取舍。控制字和定值清单一起保存在定值存储器中。专业人员可以通过控制字对保护装置的各项功能进行选择。一般每位二进制数代表一项功能的取舍，当某位二进制数整定为“1”时，表示选择该功能，当某位二进制数整定为“0”时，表示不选择该项功能；备用控制字均置“0”。

控制字可以按十六进制数显示，也可以按控制位显示。按十六进制数显示时，每个控制字按 4 位十六进制数显示，其整定范围为 0000～FFFF，由于 1 位十六进制数相当于 4 位二进制数，因此每个控制字相当于由 16 个二进数组成。按控制位显示时，直接用二进制数显示，每一位二进制数代表一项功能的取舍。

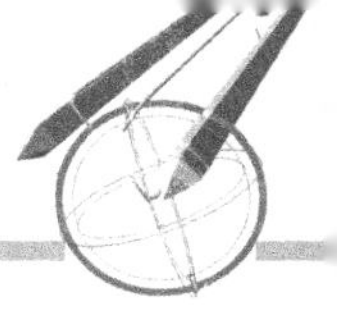

在工程实践中要注重软压板和控制字这 2 个概念的区别，控制字表示一种装置对各项功能的选择，而选择的功能在具体运行中是否采用可通过软压板来设置。通俗地讲，控制字决定具体功能的有无，而软压板确定已选功能在运行中是否采用。

1.3　任务解决方案

在前面对任务进行详细分析的基础上，下面分别利用“三步法”(详见后面的能力储备)来分析模拟式 AAT 装置和数字式 AAT 装置，详细解析两种控制模式下 AAT 装置的总体结构和工作原理。

1.3.1　模拟式 AAT 装置的典型接线及原理分析

根据对备用电源自动投入装置的基本要求和图 1.4 所示变电所的电气一次接线情况，为该变电所设计的模拟式 AAT 装置相关原理电路展开图如图 1.5 所示。

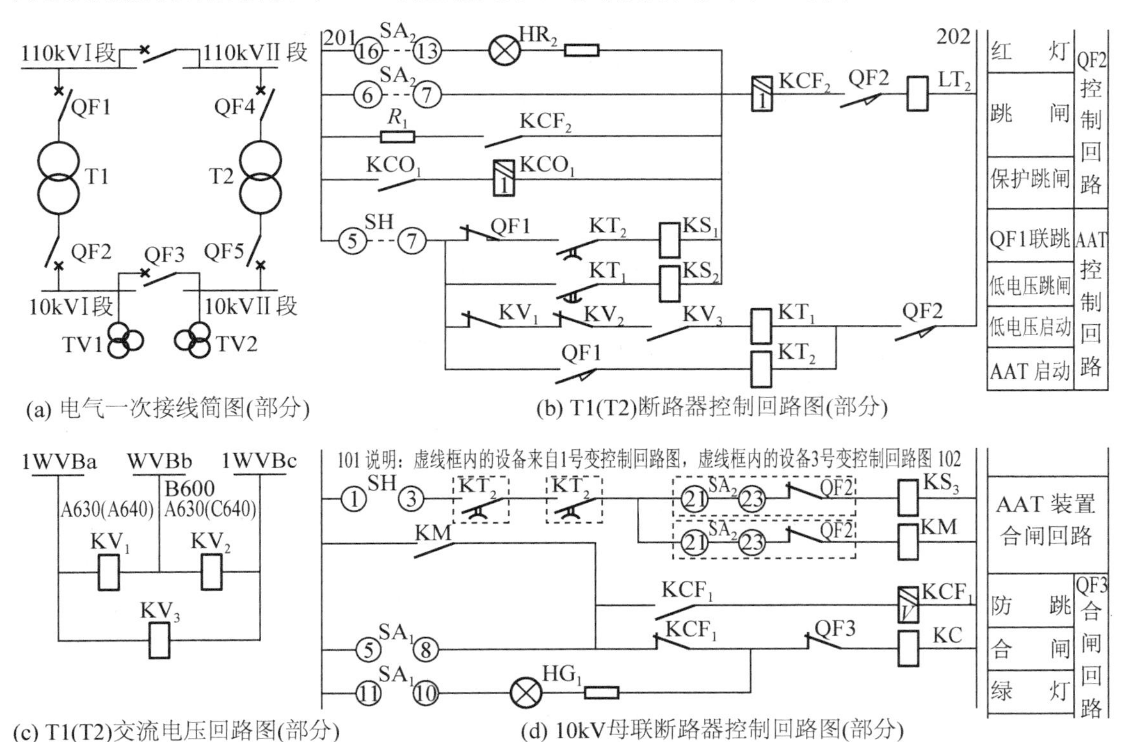

图 1.5　AAT 装置相关原理电路展开图

能力储备

根据发电厂及电力系统专业培养的高技能人才目标定位，可将自动装置读图能力作为专业核心能力来培养，以充分提高学生的实际工程应用能力，从而提高学生的就业能力。在通过《电力系统自动装置》课程教学进行专业核心能力提升方面主要可采用“三步法”

和“对比分析法”。

1. 运用“三步法”提升学生的自动装置读图能力

在教学实践可通过“三步法”来培养学生的自动装置读图能力，通过反复训练强化以提高学生的读图能力。具体如下：

第一步：搞清楚(正确分析)整套装置的总体结构；

第二步：搞清楚(正确分析)装置正常情况下的工作状态；

第三步：搞清楚(正确分析)装置故障情况下的动作过程。

上述三步中，第二步实质上是关键，因为自动装置正常情况下工作状态分析清楚了，故障情况就容易分析了(一般情况下均相反)。

2. 通过对比分析法提升学生的自动装置读图能力

在专业核心能力培养提升方面，还可采用对比分析法，即采用功能相同的自动装置的两种解决方案进行对比分析，分别进行读图能力的训练，能够起到一定的成效。如任务1中将模拟式AAT装置与数字式AAT装置进行比较分析，任务2中将模拟式ARC装置与数字式ARC装置进行比较分析，任务4中将模拟式自动准同期装置与数字式自动准同期装置进行比较分析，任务5中将模拟式励磁装置与数字式励磁装置进行分析比较。通过对比分析法，不但能够提升读图能力，而且还能够对自动装置的工作原理有进一步的理解。

1. 模拟式AAT装置的工作原理

下面用“三步法”来读图，进而分析备用电源自动投入装置的工作原理。所有分析均以10kVⅠ段母线负荷因各种故障导致失电或低电压情况的暗备用方式为例。

1) 搞清楚模拟式AAT装置的总体结构

模拟式AAT装置主要由低压启动跳闸和自动合闸两部分构成，其中低压起动跳闸部分主要包括：监视10kV母线失压的低电压继电器KV_1和KV_2、监视备用电源是否正常的过电压继电器KV_3、确定AAT装置启动时间的时间继电器KT_1和确保AAT只动作一次KT_2、信号继电器KS_1和KS_2、跳跃闭锁继电器KCF_2和跳闸线圈LT_2；自动合闸部分主要包括中间继电器KM、信号继电器KS_3、跳跃闭锁继电器KCF_1和合闸继电器KC等。

根据工程设计惯例，同类设备(如本例的10kVⅠ、Ⅱ段母线电压互感器TV1和TV2，变压器T1、T2及其相关设备等)共用一套设计图。图1.5(b)为T1(T2)低压侧断路器QF2的控制回路图(部分)。当该图用于T1的QF2时，低电压继电器KV_1(KV_2)接于10kVⅠ段母线电压互感器TV1的二次回路，反映的是10kVⅠ段母线电压，过电压继电器KV_3接于10kVⅡ段母线电压互感器TV2的二次回路，反映的是10kVⅡ段母线电压；当该图用于T2的QF5时，低电压继电器KV_1和KV_2接于10kVⅡ段母线电压互感器TV2的二次回路，反映的是10kVⅡ段母线电压，过电压继电器KV_3接于10kVⅠ段母线电压互感器TV1的二次回路，反映的是10kVⅠ段母线电压。

2) 搞清楚工作电源正常情况下模拟式AAT装置的工作状态

根据该变电所的一次接线情况，当两台变压器同时运行时，由于为暗备用方式，因此T1和T2互为备用，所以正常的运行方式为：1#、2#变压器各自带10kVⅠ、Ⅱ段母线运行；除10kV母线联络断路器QF3处于“跳闸”状态(热备用)外，其余断路器(包括QF1、QF2、QF4、

QF5)均处于“合闸”状态。

图 1.5 中，低电压继电器 KV_1、KV_2不动作，其动断触点断开；过电压继电器 KV_3动作，其动合触点闭合；T1、T2 的高、低压侧断路器所有动合辅助触点闭合，所有动断辅助触点断开；10kV 母线联络断路器所有动合辅助触点断开，所有动断辅助触点闭合；切换开关 SH 处于“备用”位置，其所有触点闭合；T1、T2 低压侧断路器 QF2 的控制开关 SA_2处于“合闸后”位置，其触点 SA2㉑-㉓接通。因此，闭锁时间继电器 KT_2因其线圈通电而动作，其瞬间闭合延时断开的动合触点闭合。同时，图 1.5(b)中的下述回路接通：

电源(+)201→SH⑤-⑦→QF1 动合辅助触点→KT_2 线圈→QF2 动合辅助触点→电源(−)202

3) 搞清楚工作电源故障情况下模拟式 AAT 装置的动作过程

(1) 10kVⅠ段母线低电压时 AAT 动作过程：

① 低电压使 T1 低压侧断路器 QF2 跳闸过程分析。当 10kVⅠ段母线电压低于一定值时，接于该段母线电压互感器 TV1 二次回路的低电压继电器 KV_1、KV_2动作，其动断触点闭合，接通 T1 低压侧断路器 QF2 控制回路中的低电压启动回路，具体回路如下。

电源(+)201→SH⑤-⑦→KV_1 动断触点→KV_2 动断触点→KV_3 动合触点→KT_1 线圈→QF2 动合辅助触点→电源(−)202

时间继电器 KT_1因其线圈通电而动作，KT_1延时闭合的动合触点经预定的延时后闭合，接通 QF2 跳闸线圈 LT_2所在回路，具体回路如下。

电源(+)201→SH⑤-⑦→KT_1 延时闭合动合触点→信号继电器 KS_2 线圈→跳跃闭锁继电器 KCF_2的电流启动线圈→QF2 动合辅助触点→QF2 跳闸线圈 LT_2→电源(−)202

上述回路接通后，一方面，LT_2 通电动作并带动操作机构使变压器 T1 低压侧断路器 QF2 跳闸；另一方面，反映低电压跳闸的信号继电器 KS_2因其线圈通电而动作，其动合触点闭合并自保持，发出“低电压跳闸”信号(信号回路图略)。

② AAT 使 10kV 母联断路器 QF3 合闸过程分析。当变压器 T1 低压侧断路器 QF2 跳闸后，其动合辅助触点断开，动断辅助触点闭合，接通图 1.5(d)中 10kV 母联断路器 QF3 控制回路中的 AAT 装置合闸回路，具体回路如下：

电源(+)101→SH①-③→来自 T1 控制回路的 KT_2瞬时闭合延时断开动合触点→来自 T2 控制回路的 KT_2瞬时闭合延时断开动合触点→来自 T1 控制回路的 SA2㉑-㉓→来自 T1 控制回路的 QF2 动断触点→信号继电器 KS 线圈和中间继电器 KM 线圈→电源(−)102

上述回路接通后，一方面，反映 AAT 动作的信号继电器 KS_3因其线圈通电而动作，其动合触点闭合并自保持，发出“AAT 动作”信号；另一方面，中间继电器 KM 因其线圈通电而动作，其动合触点闭合，接通 10kV 母联断路器 QF3 合闸接触器 KC 线圈所在的回路：

电源(+)101→KM 动合触点→KCF 动断触点→10kV 母联断路器 QF3 的动断辅助触点→合闸接触器 KC 线圈→电源(−)102

合闸接触器通电动作，接通 10kV 母联断路器 QF3 合闸线圈所在的回路(图中未画出)。断路器 QF3 合闸线圈通电动作，通过操作机构使 10kV 母联断路器 QF3 合闸。变压器 T2 除为 10kVⅡ段母线供电外，还通过 10kV 母联断路器 QF3 为 10kVⅠ段母线供电，达到了暗备用的目的。

特别提示

当变压器 T1 低压侧断路器 QF2 跳闸后，其动断辅助触点闭合，接通 AAT 装置合闸回路的同时，其动合触点断开，切断 KT_2 线圈所在的回路，具体回路如下：

电源(+)201→SH⑤-⑦→QF1 动合辅助触点→KT_2 线圈→QF2 动合辅助触点→电源(−)202

KT_2 因其线圈失电而返回，其瞬时闭合延时断开的动合触点经过设定的延时后断开，切断 AAT 装置的合闸回路，保证 AAT 装置只动作一次。

(2) 变压器 T1 断路器事故跳闸时 AAT 动作过程：

① 变压器 T1 高压侧断路器 QF1 事故跳闸时 AAT 动作过程分析。当变压器 T1 高压侧断路器 QF1 事故跳闸时，其动断辅助触点闭合，在一定的时间内(KT_2 的延时设置时间) KT_2 虽因线圈所在的回路被 QF1 的动合辅助触点切断而失电，但其瞬时闭合延时断开的动合触点需经一定的延时才会断开，因此接通 T1 低压侧断路器 QF2 控制回路中的“QF1 联跳”回路，如图 1.5(b)所示，具体回路如下：

电源(+)201→SH⑤-⑦→QF1 动断辅助触点→KT_2 瞬时闭合延时断开的动合触点→KS_1 线圈→KCF_2 电流启动线圈→QF2 动合辅助触点→QF2 跳闸线圈 LT_2→电源(−)202

上述回路接通后，一方面，跳闸线圈 LT_2 通电动作使 QF2 跳闸；另一方面，反映 QF1 联跳的信号继电器 KS_1 因其线圈通电而动作，其动合触点闭合并自保持，发出“QF1 联跳”信号。

QF2 跳闸后，AAT 装置的动作过程与 10kV Ⅰ段母线发生低电压时 AAT 装置的动作过程完全一样，不再重复。

② 变压器 T1 低压侧断路器 QF2 事故跳闸时 AAT 动作过程分析。当 T1 低压侧断路器 QF2 事故跳闸后，QF2 的控制开关 SA_2 仍然处于“合闸后”位置，其触点 SA2㉑-㉓仍处于“接通”状态，AAT 装置动作使 10kV 母联 QF3 合闸。AAT 装置的动作过程与 10kV Ⅰ段母线低电压时的动作过程完全一样，不再重复。

(3) 10kV Ⅰ段母线发生故障时 AAT 动作过程：当 10kV Ⅰ段母线发生故障时，变压器 T1 的继电保护动作使其高、低压侧断路器跳闸。此后 AAT 装置的动作过程与变压器低压侧断路器事故跳闸时 AAT 装置的动作过程完全一样，AAT 动作结果使 10kV 母联 QF3 合闸。

后面的过程与母线故障的性质有关。若 10kV Ⅰ段母线发生的是瞬时性故障，则在 AAT 动作使 10kV 母联 QF3 合闸前故障已经消失，10kV 母联 QF3 合闸后不会跳闸。变压器 T2 除为 10kV Ⅱ段母线供电外，还通过 10kV 母联 QF3 为 10kV Ⅰ段母线供电。

若 10kV Ⅰ段母线发生的是永久性故障，则在 AAT 动作使 10kV 母联 QF3 合闸后故障仍然存在，10kV 母联 QF3 在母联自身继电保护的作用下跳闸。

10kV 母联 QF3 跳闸后，变压器 T1 低压侧断路器 QF2 仍处于“跳闸”状态，其动断辅助触点仍然闭合，同时若电气值班人员没有对 QF2 的控制开关 SA_2 进行复位操作，则 SA_2 仍然处于“合闸后”位置，SA_2 ㉑-㉓仍然闭合。但由于 KT_2 的瞬时闭合延时断开的动合触点在变压器高、低压侧断路器跳闸后经一定时间已经断开，故在 10kV 母联 QF1 控制回路中的 AAT 装置合闸回路不会再次接通，10kV 母联 QF3 不会再次合闸，保证 AAT 装置只动作一次。

(4) 10kV Ⅰ段母线电压互感器某相熔断器熔丝熔断时 AAT 动作情况：若 10kV Ⅰ段母线电压互感器某相熔断器熔丝熔断，低电压继电器 KV_1、KV_2 不会同时返回，因此，在变压器低压侧断路器 QF2 控制回路中的低电压启动回路(KV_1、KV_2 动断触点串联后接入回路)不会接通，故 AAT 装置不会动作。

特别提示

变压器 T1 正常停电操作时 AAT 装置的反应：该变电所为降压变电所，根据操作规程，正常停电操作步骤是：先断开变压器低压侧断路器 QF2，再断开高压侧断路器 QF1。

在对变压器 T1 低压侧断路器 QF2 进行正常操作跳闸过程中，当控制开关 SA_2 由“合闸后”位置切换至“预备跳闸”位置时，SA_2㉑-㉓断开(该触点只有在 SA_2 处于“合闸后”位置时才闭合)，切断 10kV 母联 QF1 控制回路中的 AAT 装置合闸回路，如图 1.5(d)所示，具体回路如下。

电源(+)101→SH①-③→来自 T1 控制回路的 KT_2 瞬时闭合延时断开的动合触点→来自 T2 控制回路的 KT_2 瞬时闭合延时断开动合触点→来自 T1 控制回路的 SA_2㉑-㉓→来自 T1 控制回路的 QF2 动断触点→信号继电器 KS 线圈和中间继电器 KC 线圈→电源(−)102

根据以上分析，变压器 T1 正常停电操作时，AAT 装置不动作，符合系统对 AAT 装置的基本要求。

2. 模拟式 AAT 装置的参数整定

(1) 低电压继电器 KV_1、KV_2 的动作电压整定计算：用于 AAT 装置低电压启动回路的低电压继电器 KV_1、KV_2 动作电压按下述两条原则整定计算，比较后取两个计算结果中的较小者作为低电压继电器的动作电压整定值。

① 接于工作母线上的电抗器后或变压器后发生故障时的最低电压。当接于工作母线上的电抗器后或变压器后发生故障时，虽然母线电压有所下降，但母线残余电压仍相当高，因此低电压继电器不应动作。满足此原则的整定电压按下式计算：

$$U_{dz1} \leqslant \frac{U_{cy}}{K_k \cdot n_y} \tag{1.1}$$

式中：U_{cy} ——工作母线上的最低残余电压；

K_k ——可靠系数，通常取 1.1～1.2；

n_y ——对应电压互感器的变比；

U_{dz} ——低电压继电器的动作电压。

② 电动机自启动时工作母线的最低电压。在某些情况下，例如发电厂的厂用电系统，工作母线上往往连接有电动机回路。此种接线方式下，若接于工作母线的某回出线发生故障，在相应继电保护的作用下故障线路断路器跳闸后，电动机自启动，此时低电压继电器应返回。满足此原则的整定电压按下式计算：

$$U_{dz2} \leqslant \frac{U_{min}}{K_k \cdot n_y \cdot K_f} \tag{1.2}$$

式中：$U_{\min}$ ——电动机自起动时工作母线上的最低电压；

K_{f} ——返回系数，通常取 1.1～1.15。

实际工程计算中，取 U_{dz1} 和 U_{dz2} 中数值较小的作为低电压继电器的动作电压。根据运行经验，用于 AAT 装置低电压启动回路的低电压继电器的动作电压一般取工作母线额定电压的 20%～30%。

(2) 过电压继电器 KV_3 的动作电压整定计算。过电压继电器 KV_3 用于监视备用电源是否有电，因此其动作电压必须大于等于母线允许的最低工作电压。通常情况下，母线允许的最低工作电压为接于母线的电动机自启动时的母线上的最低电压。过电压继电器 KV_3 的动作电压整定值按下式计算：

$$U_{\mathrm{dz}} \geqslant \frac{U_{\min}}{K_{\mathrm{k}} \cdot n_{\mathrm{y}} \cdot K_{\mathrm{f}}} \tag{1.3}$$

式中：K_{f} ——返回系数，通常取 0.85～0.9。

根据运行经验，用于 AAT 装置监视备用电源是否有电的过电压继电器动作电压一般不低于母线额定电压的 70%。

(3) 时间继电器 KT_1 的动作时间整定计算。

当系统内发生使 AAT 装置低电压继电器动作的故障时，首先应该由相应的继电保护动作切除故障，而不是由 AAT 装置动作来切断工作电源，启动备用电源。为了保证选择性，时间继电器 KT_1 的动作时间整定值按下式计算：

$$t_{\mathrm{KT1}} = t_{\mathrm{d\cdot max}} + \Delta t \tag{1.4}$$

式中：t_{KT1} ——时间继电器 KT_1 的动作时间；

$t_{\mathrm{d\cdot max}}$ ——系统切除故障所需的最长时间；

Δt ——动作时限级差，通常取 0.5～0.7s。

根据运行经验，AAT 装置时间继电器 KT_1 的动作时间通常取 1～1.5s。

(4) 闭锁时间继电器 KT_2 的返回时间整定计算。闭锁继电器 KT_2 用于保证 AAT 装置只允许动作一次，并且能可靠动作一次。闭锁时间继电器 KT_2 的动作时间整定值按下式计算：

$$t_{\mathrm{2KT}} \leqslant t_{\mathrm{on}} + \Delta t \tag{1.5}$$

式中：t_{2KT} ——闭锁时间继电器 KT_2 的动作时间；

t_{on} ——断路器全合闸时间；

Δt ——时间裕度，通常取 0.2～0.3s。

1.3.2 数字式 AAT 装置的典型接线及原理分析

前面我们详细分析了模拟式 AAT 装置的线路结构和工作原理，下面我们通过典型数字式 AAT 装置的分析，初步了解它的典型接线和工作原理。

1. 数字式 AAT 装置的启动条件

备用电源自动投入装置的启动条件与主接线形式是紧密相关的，不同的主接线形式其备用电源自动投入装置的启动条件也不相同，但是各备用电源自动投入装置的启动原理是相似的。下面我们分析图 1.6 所示主接线的 AAT 装置启动条件(假设 1#主变压器工作，2#主变压器备用，即采用明备用方式)。

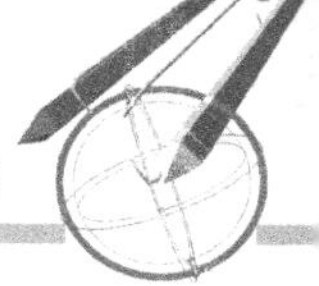

根据前述对 AAT 装置的基本要求，我们很容易得出启动备用 AAT 装置的条件：

(1) 工作母线电压消失即母线 C 无电压，且通过 1#主变压器的电流 I_1 为零；

(2) B 母线电压正常；

(3) QF3 和 QF4 跳闸。

为保证电压互感器 TV1 二次回路断线时，AAT 装置应不误动作，所以启动条件(1)中在检测工作母线电压的同时，还要检测通过 1#主变压器的电流。图 1.6 所示变压器 AAT 装置主接线中工作母线 C 失去电压的原因可能有如下几种情况：

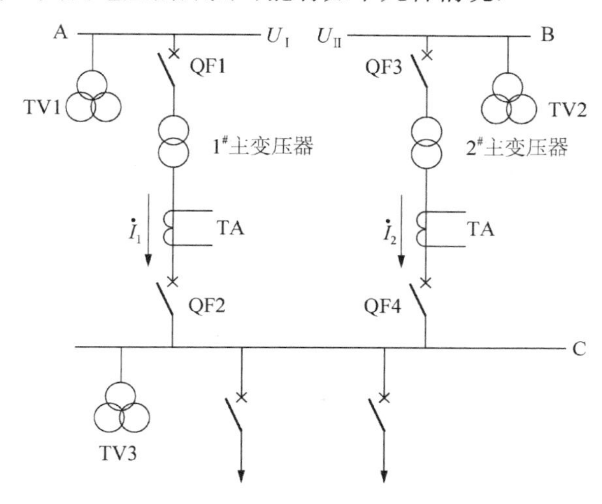

图 1.6　AAT 装置主接线方案

(1) 1# 主变压器故障，继电保护动作使 QF1 和 QF2 跳闸；

(2) QF1 或 QF2“偷跳闸”；

(3) 工作母线引出线故障而且该出线断路器拒绝跳闸，引起 QF2 越级跳闸；

(4) 工作母线故障引起 QF2 跳闸；

(5) 系统侧故障引起 A 母线失电。

其中第(1)～(4)种原因引起的工作母线 C 失电保护都能跳开 QF2，但第 5 种原因引起工作母线电压消失时，没有保护动作，所以必须要求 AAT 装置动作先使 QF2 跳闸，保证 AAT 装置“先切后投”。

2. 数字式 AAT 装置的工作原理

第一步：搞清楚数字式 AAT 装置的总体结构。

数字式 AAT 装置总体结构如图 1.7 所示，是一个单 CPU 结构的微机系统。数字式 AAT 装置总体结构一般采用功能模块化设计思想，主要由低通滤波器、模/数(A/D)转换插件、CPU 插件、I/O 光电隔插件和出口执行元件组成，同时配上信号插件、电源插件和人机接口插件。其中低通滤波器输入量为装置所需采集的模拟量，如电压、电流等模拟量；外部开关量为相关主接线中的断路器状态量以及外部闭锁信号；出口继电器接通装置要控制断路器的分、合闸回路。

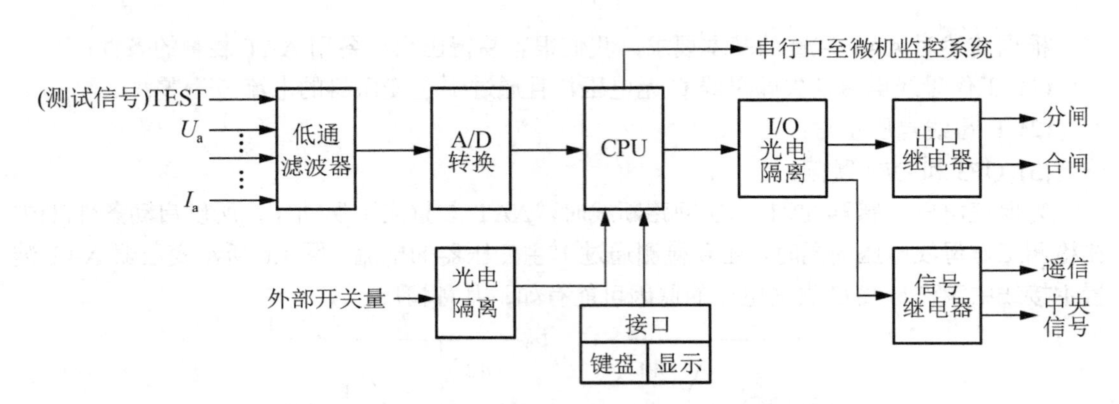

图 1.7 数字式 AAT 装置总体结构方框图

第二步：搞清楚工作电源正常情况下数字式 AAT 装置的工作状态。

数字式 AAT 装置的逻辑原理图如图 1.8 所示，下面我们利用逻辑原理图来分析数字式 AAT 装置的工作状态。

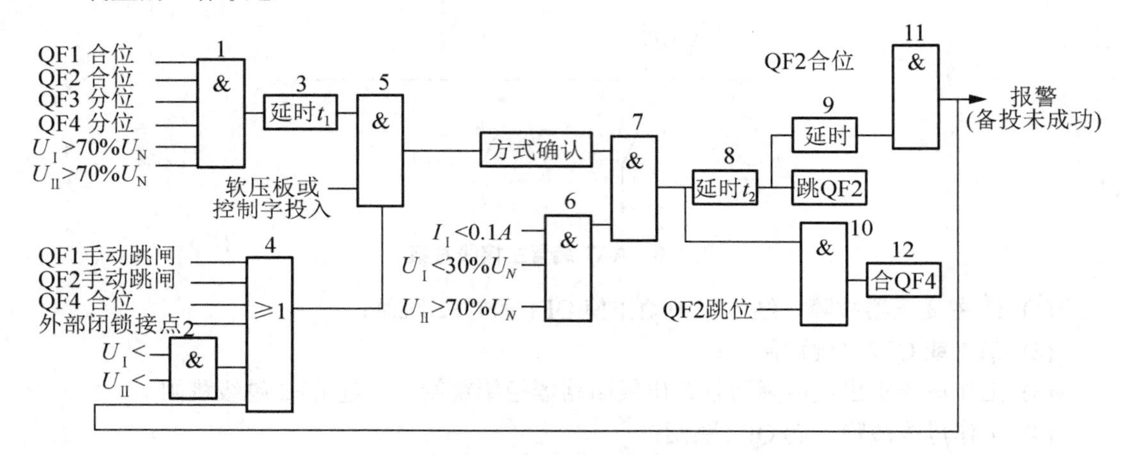

图 1.8 数字式 AAT 装置逻辑原理图

正常工作状态下，QF1、QF2 在合位，QF3、QF4 在分位，U_{I}、U_{II}均大于整定值(一般取 70%额定电压)，经过一定的延时 t_1，备用电源自动投入装置的软压板或控制字为投入状态时，自动投入 AAT 装置，即 AAT 装置处于准备状态。

第三步：搞清楚工作电源故障情况下数字式 AAT 装置的动作过程。

当由于故障原因引起 U_{I}失压(U_{I}<30%)，同时进线 1 电流也小于整定值(一般取 0.1I_n)，U_{II}电压正常，AAT 装置即启动，经过一定的时间 t_2(可设定)QF2 跳闸(QF1 联动跳闸，以下同)。同时 AAT 装置一直在检测 QF2 的状态；如果由保护装置动作已将 QF2 跳闸，则 AAT 装置直接合上 QF4(QF3 同时合上，以下同)；如果是 AAT 装置将 QF2 跳闸的，则 AAT 装置将在确认 QF2 处于分位后再发出 QF4 合闸命令。如果 AAT 装置判断 QF2 始终处于合位，则认为 QF2 操作回路或操作机构出现问题，向监控系统发出“备自投不成功”的信号，并将 AAT 装置闭锁。

在确认备自投运行方式时，还有对备自投装置闭锁的功能，例如 QF1 手动跳闸、QF3 手动跳闸、QF4 手动合闸、A 段和 B 段母线同时失压、装置自身的闭锁功能等均可以将装置备自投功能解除。AAT 装置经过内部一定的延时后重新进行方式确认。

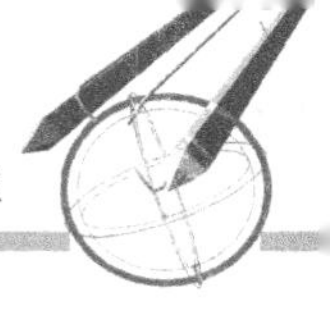

经过逻辑判断、装置正确执行了备自投功能后，AAT 装置将向监控系统发出“备自投成功”的信号，同时为了保证备自投只能动作一次，备自投动作成功后将自动闭锁，直到人为干预后装置再进行新的方式确认过程。

1.4　任务解决方案的评估

通过 1.3.1 节(模拟式 AAT 装置的典型接线及原理的分析)学习可知，任务 1 解决方案中提出的模拟式 AAT 装置符合电力系统对 AAT 装置的各项基本要求，完全能应用于图 1.4 所示的 110kV 变电所，而且技术非常成熟。同时，尽管模拟式 AAT 装置技术成熟，但模拟式 AAT 装置控制逻辑完全由传统的继电器、控制开关等硬件来实现，因而由于继电器等硬件本身存在的问题而引起振动或误动故障率较高，所以从装置构成来分析模拟式 AAT 装置存在继电逻辑复杂、可靠性不高等本身无法克服的技术缺点。

为了解决上述问题，我们在 1.3.2 节中引入了典型数字式 AAT 装置并进行原理分析。根据电力系统工程实践近年来由于微机保护的快速发展和数字式 AAT 装置本身的不断完善，数字式 AAT 装置已经成为备用电源自动投入装置的主流产品。数字式 AAT 装置与模拟式 AAT 装置相比，主要有以下技术优点：

1. 可靠性和精度显著提高

数字式 AAT 装置以可靠性高的微机为控制核心，而且采用新型抗电磁和尖脉冲干扰器件，同时在软件上采用了冗余、容错和数字滤波等技术，因此充分提高了整个装置的运行可靠性。同时，由于数字式 AAT 装置精度均由软件调整，采用全数字化处理和接点信号系统，因此精度高而且免校验。

2. 智能化程度高，综合功能强

数字式 AAT 装置可通过面板或软件设置接线方式，修改 TV 和 TA 变比、量程、保护定值等一系列参数，而且现场可根据需要通过控制字投退 AAT 装置，同时保护功能均设有软压板，出口继电器均采用可编程输出。 同时，数字式 AAT 装置既可通过通信口连成网络系统以接受主站监控，而且可以脱离网络独立完成各项功能，任一装置故障均不会影响其他设备，因此数字式 AAT 装置具有强大的综合功能。

3. 应用更如方便、灵活，实用性进一步提高

数字式 AAT 装置可以在线查看装置全部输入量(包括各种模拟量和开关量)，对各种整定值、预设值、瞬时采样数据和大部分事故进行分析记录，而且显示屏能够实时显示相关运行数据并进行调节，因此数字式 AAT 装置应用相当方便，切实减轻了运行人员的工作量。同时，针对备用电源接线方式较多的情况(模拟式 AAT 装置只能适用于一种或有限的几种接线方式)，在硬件充足(硬件按最大可能的备用电源方式配置模拟量、开入量和出口均可自定义)的前提下数字式 AAT 装置只须在软件上作一定的改动就能适应不同的备用电源接线方式，充分体现了数字式 AAT 装置的先进性，使数字式 AAT 装置应用的灵活性显著提高，实用性进一步提高。

正因为数字式 AAT 装置与模拟式 AAT 装置相比较具有上述优点，所以数字式 AAT

装置在电力系统直至企业高压供配电系统中获得了广泛的应用。通过近年来的实际运行，已经充分证明数字式 AAT 装置是一种性价比较高的自动装置，而且维护方便，是提高故障情况下电力系统可靠性的有效措施。

1.5 AAT 项目实训：配置实用的 AAT 装置

图 1.9 为某发电厂厂用电接线简图，该发电厂有四台锅炉，对应有四段厂用 6kV 工作母线，一段厂用 6kV 备用母线。厂用 6kV 工作电源分别取自 10kV Ⅰ、Ⅱ母线，厂用 6kV 备用电源取自 110kV 母线。

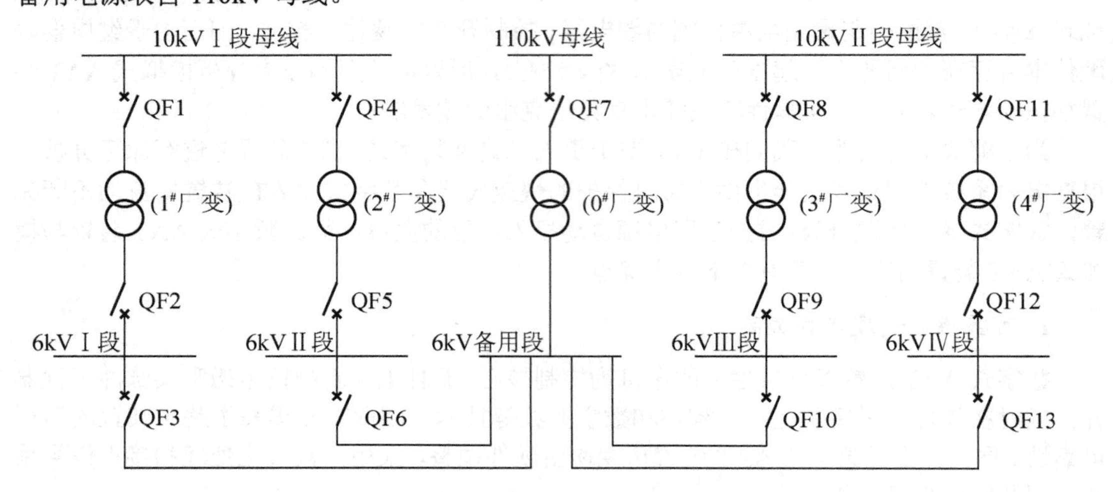

图 1.9　某发电厂厂用电接线简图

请为该发电厂厂用电系统设计备用电源自动投入装置 AAT，具体要求如下：

(1) 画出与 AAT 装置相关的交流电压回路图；

(2) 画出工作厂变(1#厂变)低压侧断路器 QF2 的控制回路图；

(3) 画出备用厂变(0#厂变)高压侧断路器 QF7 的控制回路图和厂用 6kV 工作母线Ⅰ段备用电源进线断路器 QF3 的控制回路图

任 务 小 结

本任务介绍了备用电源和备用电源自动投入装置的相关概念、特点和对备用电源自动投入装置的基本要求；详细讲述了备用电源自动投入装置 AAT 的基本组成、原理接线和工作过程分析；介绍了 AAT 装置相关元件的整定计算。

本任务的重点是：备用电源自动投入装置的相关概念、特点，基本要求及过程分析。

本任务的难点是：模拟式备用电源自动投入装置和数字式备用电源自动投入装置的动作原理与过程的正确分析，同时在分析过程中应充分利用继电保护、发电厂二次接线的相关知识。

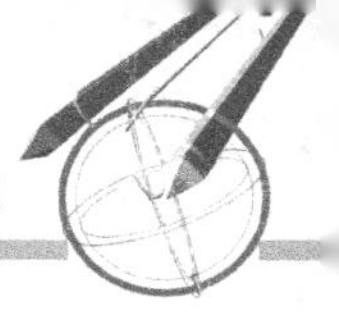

习　　题

1. 说明明备用和暗备用的概念及其特点。

2. 说明备用电源的投入方式及适用情况。

3. 备用电源自动投入装置的任务是什么？

4. 对备用电源自动投入装置的基本要求有哪些？对照图 1.5 分析如何实现这些基本要求。

5. 试用“三步法”分析数字式 AAT 装置(如图 1.7 和图 1.8 所示)的工作原理。

任务2

提高输电线路运行的可靠性

【知识目标】

1. 熟练掌握自动重合闸装置的概念、主要功能及类型；
2. 熟练掌握模拟式三相一次自动重合闸的线路结构和动作原理；
3. 熟练掌握双侧电源线路三相自动重合闸的动作特点；
4. 熟练掌握无压检定和同步检定自动重合闸的线路结构和动作原理；
5. 掌握重合闸前加速保护动作和重合闸后加速保护动作的概念及其工作原理；
6. 熟练掌握数字式自动重合闸的总体构成和工作原理。

【能力目标】

能力目标	知识要点	权重/%	自测分数
认知自动重合闸装置	自动重合闸装置的概念和主要功能	10	
能熟练地对各种自动重合闸装置进行分类和识别	各种自动重合闸的特点，包括主要的优点、缺点及应用场合	10	
三相一次自动重合闸工作原理的分析，能够读懂自动重合闸系统图	三相一次自动重合闸的基本结构、各部分电路的工作原理及其工作特性	20	
双侧电源线路三相自动重合闸的分析	双侧电源线路三相自动重合闸的特点，无压检定和同步检定自动重合闸	20	
重合闸前加速保护和后加速保护动作原理的分析	重合闸前加速保护动作、重合闸后加速保护动作的概念及其工作原理	10	
数字式自动重合闸的分析	数字式自动重合闸的总体构成和工作原理	30	

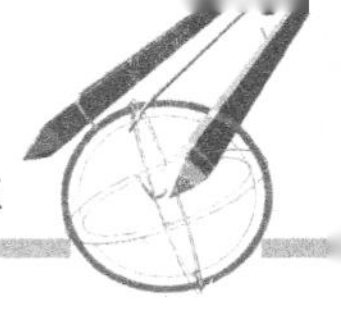

【任务导读】

输电线路是电力系统中输送电能最主要的环节，而且由于输电线路安装在野外，跨山越海，纵横千里，因此也是电力系统中运行环境最恶劣的电力设备，因此输电线路运行的可靠性直接影响整个电力系统的安全运行水平，直接决定系统供电的可靠性，所以提高输电线路的运行可靠性意义重大。提高输电线路运行可靠性的技术手段很多，本任务主要通过在输电线路上采用自动重合闸装置的方法来提高输电线路运行的可靠性。

2.1　任务导入：认识自动重合闸装置

自动重合闸装置的核心任务是迅速恢复由于非永久性故障而造成的线路跳闸现象，以提高线路供电的可靠性，进而提高整个电力系统的运行稳定性。为了完成这项核心任务，首先应明确自动重合闸装置的概念、应用背景主要功能及类型。

2.1.1　自动重合闸装置的概念、应用背景及主要功能

1. 自动重合闸装置的概念

当输电线路因为故障而引起断路器跳闸后，能够自动迅速地将线路断路器重新强行合闸的装置称为自动重合闸装置(以下简称 **ARC 装置**)。

2. 自动重合闸装置的应用背景

电力系统实际运行经验表明，在电力系统的故障中输电线路(尤其是架空线路)的故障占了绝大部分。输电线路上的故障按性质可分为瞬时性故障和永久性故障，据统计架空输电线路上有 90%的故障是瞬时性故障，如雷击、鸟害等引起的故障。针对瞬时性故障，虽然引起故障的原因已消失(如雷击已过去，电击以后的鸟也已掉下)，但由于有电源向短路点提供短路电流，所以电弧不会自动熄灭，故障不会自动消失，直到继电保护动作将输电线路两端的断路器跳闸后，由于没有电源提供短路电流，电弧才会熄灭。原先由电弧使空气电离造成的空气中大量的正、负离子开始中和，此过程称为去游离。等到足够的去游离时间后，空气可以恢复绝缘水平。此时如果有一个自动装置能将断路器重新合闸就可以立即恢复正常运行，显然这对保证系统安全稳定运行是十分有利的，这样系统可马上恢复正常运行状态，这样重合闸就成功了。

如果线路上是永久性的故障，如杆塔倒地、带地线合闸或者是去游离时间不够等原因，断路器合闸以后故障依然存在，即使把断开的线路重新投入，线路还会被继电保护装置再次断开，这样重合闸就不成功。

自动重合闸装置本身并不能判断故障是瞬时性的还是永久性的，因此重合闸之后就有可能成功(即恢复供电)，也可能不成功。根据多年来运行资料的统计，重合闸的成功率还是相当高的，其成功率在 80%以上。因此，在电力系统中广泛采用自动重合闸装置，当断路器由于瞬时性故障跳闸之后，它能自动地将断路器重新合闸，提高了整个电力系统的运行可靠性。

3. 自动重合闸装置的主要功能

(1) 对于瞬时性故障可迅速恢复正常运行，提高了供电可靠性，减少了停电时间和停电损失。

(2) 对由于继电保护误动、工作人员误碰断路器的操作机构、断路器操作机构失灵等原因导致的断路器误跳闸可通过自动重合闸补救。

(3) 提高了系统并列运行的稳定性。重合闸成功以后系统能够恢复成原先的网络结构，有利于系统恢复稳定运行。因此，在保证稳定运行的前提下，采用重合闸后可以提高输电线路的输送容量。

对于自动重合闸的经济效益，应该用无重合闸时，由于停电而造成国民经济的损失来衡量。由于自动重合闸装置本身的投资很低，工作可靠，因此在电力系统中获得了广泛的应用。根据有关规定，在 1kV 及以上电压的架空线路和电缆与架空线的混合线路上，凡装有断路器的，一般都应该装设自动重合闸。

当然应该看到，如果重合到永久性故障的线路上，系统将再一次受到故障的冲击，对系统的稳定运行是不利的。当重合于永久性故障时，系统将再次受到短路电流的冲击，可能引起电力系统振荡。同时，断路器在短时间内连续两次切断短路电流，必然会恶化断路器的工作条件。如对于油断路器，在第一次跳闸时，由于电弧的作用，已使油的绝缘强度下降，油温升高，当重合后第二次跳闸时，其切断操作不得不在绝缘下降的不利条件下进行。因此，油断路器在重合以后，其开断能力也要不同程度地下降(一般约降低到 80%)。因此，在短路电流比较大的系统中，必须考虑在断路器开断能力降低到 80%左右时能否切断电路的问题。

特别提示

发电机、变压器都有金属护壳，因此不会受动物等外界因素侵害；在发电厂、变电站内，有防雷设施，而且维护、管理也较好，所以所发生的故障绝大多数属于永久性故障。如果也采用自动重合闸装置，绝大多数情况将重合在永久性故障上，因此不但使系统又受到一次冲击，而且电气设备内部将会再一次受到电弧灼伤和电动力的损伤。这对价格比较昂贵、检修比较复杂的发电机和变压器来说是很不利的，所以在发电机和变压器上不装自动重合闸装置。

母线是一个重要的电气设备，相对在野外运行的输电线路而言，安装在变电站内部的母线在防雷、维护等运行环境上要好得多。但大多数母线不是封闭式的母线，所以母线上发生永久性故障的概率比输电线路要多。同时，由于母线上连接的电气设备众多，如果重合于永久性故障，将给系统带来巨大影响，所以目前大多数系统母线上都不装设自动重合闸。

2.1.2 自动重合闸装置的各种类型

1. 按自动重合闸装置的结构原理分类

自动重合闸装置按结构原理分类可分为机械式和电气式两种，其中电气式自动重合闸装置按控制原理又可分为模拟式自动重合闸装置和数字式自动重合闸装置。目前，机械式自动重合闸装置已经基本淘汰，因此简单地分类可以将自动重合闸装置分为模拟式自动重合闸装置和数字式自动重合闸装置。

2. 按自动重合闸装置应用的线路结构分类

按自动重合闸装置应用的线路结构分类，可将自动重合闸装置分为单侧电源供电线路重合闸和双侧电源供电线路重合闸。

对于双侧电源供电线路重合闸又可分为：检查同期重合闸、检查无电压重合闸、自同期重合闸、非同期重合闸和快速重合闸等。

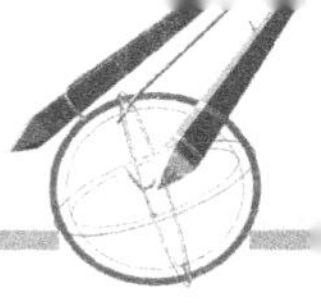

3. 按自动重合闸装置的功能分类

自动重合闸装置按其功能的不同可分为三相自动重合闸、单相自动重合闸和综合自动重合闸。在我国输电线路中 110kV 及其以下系统普遍采用三相自动重合闸装置，220kV 及以上系统普遍采用综合自动重合闸装置和单相自动重合闸装置。

在 110kV 及以下电压等级的输电线路上由于绝大多数的断路器均采用三相操作机构的断路器，由于传动机构在机械上是连在一起的，无法分相跳、合闸，所以这些电压等级中的自动重合闸均采用三相重合闸方式。为简化装置，在这些电压等级中的线路保护装置中可只选择三相一次重合闸方式。在 220kV 及以上电压等级的输电线路上，均采用具备分相操动机构的三相断路器。三相断路器在结构上是相互独立的，可以进行分相跳、合闸，因此可采用综合自动重合闸装置和单相自动重合闸装置。同时，综合自动重合闸的应用方式非常灵活，在使用中有如下 4 种方式可供选择：三相自动重合闸方式、单相自动重合闸方式、综合自动重合闸方式和自动重合闸停用方式。所以，220kV 及以上系统如采用综合自动重合闸装置，则在实用中可以由用户选择重合闸的方式以适应各种需要。在这些电压等级中，线路保.护装置中的自动重合闸可通过屏上转换开关或定值单中的控制字(见任务 1 中的知识储备)来选择使用三相自动重合闸方式、单相自动重合闸方式、综合自动重合闸方式和自动重合闸停用方式。

4. 按自动重合闸装置的动作次数分类

输电线路自动重合闸根据重合闸的动作次数可分为一次重合闸和二次重合闸。

二次重合闸是当重合闸动作一次以后如果继电保护动作使断路器跳闸，自动重合闸可再发出第二次合闸命令。考虑到对于真正的永久性短路，这样做的后果是系统将在短时间内连续受到三次短路电流的冲击，对系统稳定非常不利，断路器也需要在短时间内连续切除三次短路电流，所以二次重合闸使用得很少。只有在单侧电源终端线路上且当断路器的断流容量允许的情况下才可以采用二次重合闸。因此，当前电力系统中绝大多数情况下均采用一次重合闸。

各种自动重合闸装置分类情况可用图 2.1 表示。

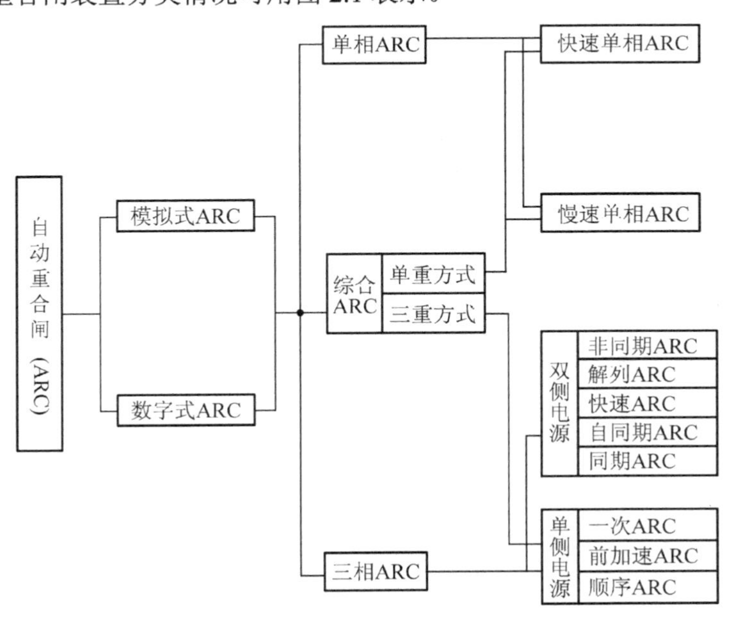

图 2.1　自动重合闸装置分类图

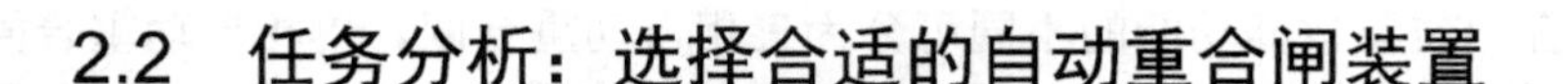

2.2 任务分析：选择合适的自动重合闸装置

为了更好地完成任务，首先要明确自动重合闸装置的基本要求，然后对自动重合闸装置进行详细的技术分析，根据技术分析选择合适的自动重合闸装置，同时结合专业核心能力培养重点分析三相一次自动重合闸装置的典型接线及原理，全面阐述模拟式自动重合闸装置的结构及功能特点等，为应用数字式自动重合闸装置解决问题做好充分的准备。

2.2.1 对自动重合闸装置的基本要求

(1) 自动重合闸装置动作应迅速，在满足故障点去游离(即介质强度恢复)所需的时间以及断路器的传动机构准备好再次动作所必须时间的条件下，自动重合闸动作时间应尽可能短。因为从断路器断开到自动重合闸发出合闸脉冲的时间愈短，用户的停电时间就可以相应缩短，从而可减轻故障对用户和系统带来的不良影响。自动重合闸的动作时间一般为0.5～1s。

(2) 在下列情况下，自动重合闸装置不应动作：

① 由运行人员手动操作或遥控操作使断路器跳闸时，此时属于设备检修或停运的人为操作，故不能进行重合闸；

② 如果手动投入断路器时，如线路上已有故障存在而断路器随即被继电保护动作断开时，此时自动重合闸不应动作(表明在合闸前就存在有预伏性故障，这可能是由于检修质量不合格、隐患未消除或安全地线未拆除等原因所致，故再次重合成功率将很低)。

为了满足上述要求，重合闸装置应优先采用控制开关与断路器位置不对应的原则来启动，即当出现控制开关在合闸位置而断路器实际上是断开的情况时，重合闸装置就启动。这样就可以保证无论什么原因使断路器误跳闸以后，都可以进行一次重合闸。当手动操作控制开关使断路器跳闸后，由于两者位置仍然是对应的，因此重合闸装置不会启动。

(3) 自动重合闸装置的动作次数必须预先规定，不能无限制地进行多次重合。如一次式重合闸就应该只动作一次，当重合于永久性故障时，断路器再次断开后就不应再重合；而二次式重合闸就应能动作两次，当第二次仍未合闸成功时，就不应再重合。大多数情况下自动重合闸都采用一次式重合闸，只有少数情况下才采用二次式重合闸。

在任何情况下，如装置本身的元件损坏、继电器接点粘住或拒动等，自动重合闸都不应使断路器多次重合到永久性故障的线路上。

(4) 自动重合闸装置动作后，应能自动复归并为再次动作做好准备，以减少操作和提高其可靠性。

(5) 自动重合闸装置应该有在重合闸以前或重合闸以后加速保护动作的回路，以便更好地保护装置，加速故障的切除。

(6) 当在两侧电源的线路上采用重合闸时，应考虑合闸时两侧的同步问题。

(7) 当断路器处于不正常状态(如操作机构压力异常等)而不允许实现重合闸时，应将重合闸装置可靠闭锁。

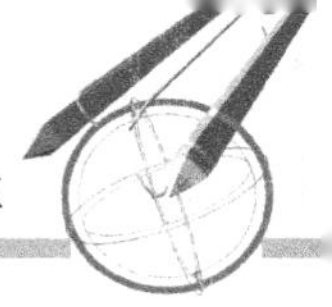

2.2.2　自动重合闸装置工作中的技术分析

1. 自动重合闸的启动方式

按照系统对自动重合闸装置的基本要求，自动重合闸主要有以下两种启动方式。

(1) 位置不对应启动方式

跳闸位置继电器动作说明此时断路器现处于断开状态，但同时断路器控制开关在合闸后状态，通过这两个位置不对应而起动自动重合闸的方式称作位置不对应起动方式(以下简称不对应起动方式)。

用不对应方式起动自动重合闸后，既可在线路上发生短路而继电保护动作将断路器跳闸后起动自动重合闸，也可以在断路器“偷跳”的情况下启动自动重合闸。断路器“偷跳”是指系统中没有发生故障，也不是手动跳闸而由于某种原因(如工作人员不小心误碰了断路器的操作机构、保护装置的出口继电器接点由于撞击震动而闭合、断路器的操作机构失灵等)造成的断路器跳闸。断路器发生“偷跳”时继电保护没有发出跳闸命令，如果不采用不对应起动方式就无法用自动重合闸来进行补救。

上述不对应起动方式具体实现起来可以有多种形式，如“控制开关在合闸后状态”既可以用断路器合闸后的辅助接点来判断，也可以用自动重合闸是否已充满电的条件来衡量。

(2) 继电保护启动方式

电网实际运行中绝大多数故障情况下，都是先由继电保护动作发出跳闸命令后，才需要自动重合闸动作，因此自动重合闸可由继电保护来起动。

用继电保护起动重合闸方式在断路器“偷跳”时无法起动自动重合闸，不能纠正断路器误动，这是继电保护启动方式的主要缺点

2. 自动重合闸动作时间整定中应考虑的问题

自动重合闸是在断路器主触头断开并且判断线路无电流后才开始计时，因为这才表示断路器真正跳闸了，所以自动重合闸动作时间应从此时开始到自动重合闸装置发出合闸脉冲之间的时间。当线路上发生故障引起断电保护动作将断路器跳闸以后，只有在两端断路器都已跳闸后电弧才开始熄灭，所以首先要考虑电弧熄灭的时间。电弧熄灭以后短路点才开始去游离，所以再要考虑去游离时间，至此绝缘介质(包括 SF_6、空气等)才恢复绝缘水平。电弧熄灭时间与去游离时间之和我们称作断电时间。考虑了断电时间以后再加上足够的裕度时间才允许断路器合闸，这样才能提高自动重合闸的成功率。

(1) 单侧电源线路上三相重合闸时间的考虑。单侧电源线路上电源侧断路器跳闸以后短路点就开始去游离了。所以三相重合闸的时间应为断电时间加上裕度时间减去断路器的固有合闸时间(之所以要减去断路器的固有合闸时间足因为当断路器收到合闸脉冲到断路器主触头闭合的这段断路器的合闸时间是与故障点的去游离同时进行的)。此外重合闸的时间还应校核一下是否大于断路器及操作机构复归原状准备好再次动作的时间与裕度时间之和。因为只有断路器及操作机构复归原状，做好再次动作的准备以后，接到合闸脉冲才能执行合闸操作。

(2) 双侧电源线路中自动重合闸动作时间的考虑。双侧电源线路与单侧电源线路上自动重合闸时间考虑的区别主要在于下面两点：

① 如果对端保护动作的时间大于本端保护的动作时间，那么在自动重合闸动作时间中应把对端保护动作的延时考虑进去。因为自动重合闸动作时间是从本端断路器跳闸以后就开始计时，此时短路点可能还没有开始熄弧。而只有在对端断路器也跳闸以后短路点才开始熄弧和去游离的，所以应把对端保护的动作时间考虑进去。如果线路上有纵联保护，由于纵联保护可以瞬时切除本线路全长范围内的故障，所以线路上发生短路时两端保护几乎是同时发出跳闸命令的，因而这个因素可以不考虑。如果线路上没有纵联保护，只有反应一端电气量变化的距离、零序电流保护，由于这些保护都是多段式的保护，那么线路上发生短路时本端用第 I 段保护切除故障，对端可能是用第II段保护延时切除故障。因此，在自动重合闸动作时间中应将对端保护中对全线有足够灵敏度的延时段的延时时间考虑进去。因此，当线路上没有装设纵联保护时，自动重合闸动作时间要长一些。

② 在使用单相重合闸方式和综合重合闸方式时要考虑潜供电流的影响。在单相重合闸方式和综合重合闸方式中，线路上发生单相接地短路时两端保护都只跳单相。图 2.2 所示电路中，当两端单相跳闸后由于线路上另外两相还有电压。另外两相的电压通过相间电容与另外两相电流通过相间互感向短路点提供短路电流。该电流是分布性的并没有明显的电路通道，所以称为潜供电流。另外两相电压通过相间电容提供的潜供电流称为潜供电流的横向分量。这部分电流比较大，与短路点的位置无关。另外两相电流通过相间互感在故障相上产生感应电动势向短路点提供的潜供电流称为潜供电流的纵向分量。这部分电流比较小，且与短路点位置有关。由于潜供电流的影响使短路点的电弧熄灭时间加长，因而重合闸的时间也应长一些。在三相重合闸方式中，线路上发生单相短路时也是三相跳闸的。两端都三相跳闸后三相都无电压、电流，因而不存在潜供电流，重合闸的时间可以短一些。目前，在超高压、特高压线路上，有些地方使用了中性点带小电抗的并联电抗器来补偿潜供电流中的横向分量。这样可减少潜供电流，缩短短路点电弧的熄灭时间。

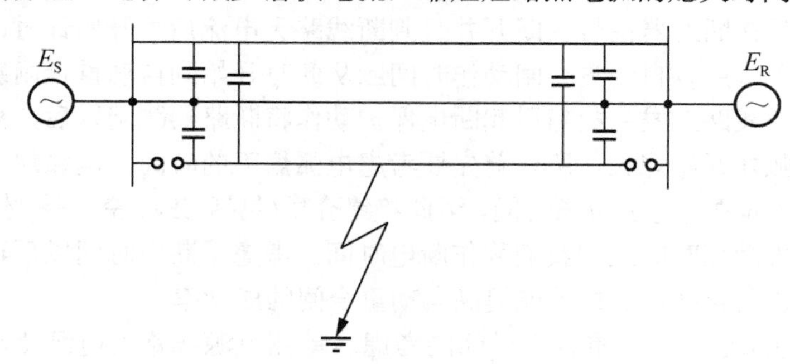

图 2.2　潜供电流示意图

综上所述，在双侧电源线路上重合闸时间的计算公式为

$$t_{set.min} = t_n + t_d + \Delta t - t_k$$

式中：$t_{set.min}$——最小重合闸整定时间；

t_n——对端保护对全线故障有足够灵敏度的延时段的动作时间。对装设纵联保护的线路该值可取零。对没有装设纵联保护的线路该值可取对端对全线故障有足够灵敏度保护的最长整定时间；

t_d ——断电时间。t_d 是短路点熄弧时间和短路点的去游离时间之和。在 220kV 以下线路中的三相重合闸，取值不小于 0.3s。220kV 线路中的单相重合闸，考虑潜供电流的影响后取值不小于 0.5s。330～550kV 线路单相重合闸，根据线路长短及有无辅助消弧措施(如有没有中性点带小电抗的并联电抗器)而定；

Δt ——裕度时间；

t_k ——断路器的固有合闸时间。

需要指出，规程规定在 220～500kV 电网中的发电厂出线或密集型电网线路上的检查无电压重合闸时间一般整定 10s。在 3～110kV 电网中，大型发电厂出线三相自动重合闸的时间也一般整定 10s。这么长的重合闸时间是为了减少发电机的疲劳损耗，确保机组的安全。过去一般都认为，在发电机出口发生三相短路时发电机轴上承受的机械应力最大，但后来许多国家对大机组轴应力的研究表明次同步谐振是损坏大轴的主要原因，而且发现在高压线路出口发生三相短路及其他特殊运行操作方式下，例如短路切除后又重合于永久性三相短路情况下发电机轴上承受的机械应力远大于发电机出口三相短路时承受的机械应力。当高压线路出口发生三相短路时，故障开始瞬间就产生突然的扭矩传到轴机械系统，该扭矩的幅值随时间变化以该机组轴系的自然扭振频率振荡，同时 2.5～10s 的时间常数衰减。由于时间常数很长，衰减很慢。当故障切除时将再次产生一个扭矩，这第二次扭矩再叠加到正在扭振中的轴系上有可能使扭振的幅度进一步加大(当然也可能减小)。故障切除后，如果经不长的时间又重合，而且重合到永久性的三相短路上，随后继电保护再次切除，这中间又先后产生二次扭矩。这种多次扭振的叠加，如果恰好扭振幅度也是同向叠加，将使发电机的疲劳损耗增大，给发电机造成致命的损伤。因此，大型发电厂出口装设的自动重合闸动作时间要适当延长。

拓展阅读

研究还表明，如果发生的是单相接地短路或是两相短路，而且故障发生在高压线路较远处，发电机承受的轴扭矩将减小很多。但是由于发电机的重要性必需考虑可能发生的最严重的情况，因而 1982 年美国 IEEE 专门组织工作组对重合闸问题进行研究并提出报告，对发电机高压出线上的重合闸建议：

(1) 三相跳闸后自动重合闸采用检查同期方式，确保重合在完好线路上。

(2) 将三相自动重合闸动作时间取 10s 或更长时间，使第一次故障及切除产生的扭矩充分衰减以后再重合。

(3) 使用单相自动重合闸，当发生相间短路故障引起三相跳闸后不重合。

(4) 不采用自动重合闸装置。

2.2.3　选择合适的自动重合闸装置

1. 模拟式自动重合闸装置的典型接线及原理分析

1) 单侧电源线路自动重合闸典型接线及原理分析

图 2.3 所示为 DCH 型电气式三相一次自动重合闸装置的原理接线。下面用“三步法”

来读图，进而分析单侧电源线路模拟式自动重合闸接线的工作原理。

第一步：搞清楚自动重合闸装置的总体结构

根据电气式三相一次自动重合闸原理接线图，整个自动重合闸装置主要由DCH型重合闸继电器KRC、防跳继电器KCF、加速继电器KAC、信号继电器KS、切换片XB等元件组成。其中核心部分是虚线方框所示的DCH型重合闸继电器KRC。KRC内部结构主要由时间继电器KT_1、具有两个线圈的中间继电器KM_1、储能电容C、充电电阻R_4、放电电阻R_6及信号灯HL等组成。

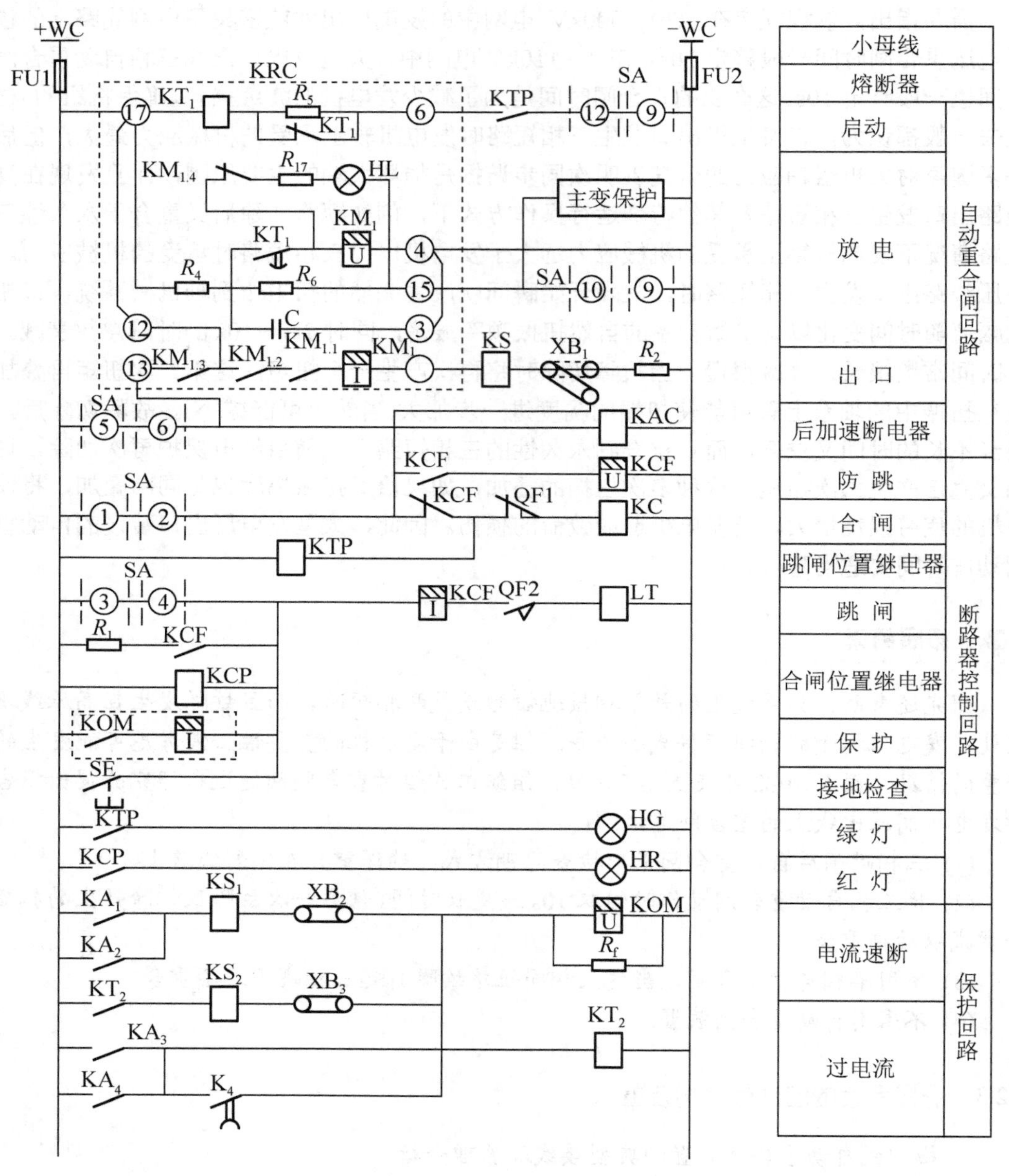

图2.3 DCH型电气式三相一次自动重合闸装置的原理接线

SA 是手动操作的控制开关，其触点的通断状况见表 2-1，“×”表示通，“—”表示断。

表 2-1 SA 触点通断状况表

把手正视接点背视位置	跳合	① ② ④ ③		⑤ ⑥ ⑧ ⑦		⑨ ⑩ ⑫ ⑪	
形 式	F6	2		2		40	
触 点 / 位 置	—	1—2	3—4	5—6	7—8	9—10	9—12
跳闸后	↑	—	—	—	—	×	—
合 闸	↗	×	—	×	—	—	×
合闸后	↑	—	—	—	—	—	×
跳 闸	↖	—	×	—	×	×	—

第二步：搞清楚输电线路正常情况下自动重合闸装置的工作状态

线路正常运行时，断路器处于合闸位置，断路器的动合辅助触点 QF2 闭合，动断辅助触点 QF1 断开，跳闸位置继电器 KTP 失电，其动合触点 KTP 断开。由于控制开关 SA 处于“合闸后”位置，其触点 SA9-12 接通，触点 SA9-10 断开。同时，电容 C 经 R4 充电，经 15～25s 时间充好电，为自动重合闸动作做好准备工作。

第三步：搞清楚输电线路故障情况下自动重合闸装置的动作过程

① 线路发生瞬时性故障而跳闸或由于其他原因使断路器“偷跳”时。当线路发生瞬时性故障时，继电保护动作将断路器跳闸后，断路器的动断辅助触点 QF1 闭合，跳闸位置继电器 KTP 得电，其动合触点 KTP 闭合，启动自动重合闸继电器中的时间元件 KT_1，经一定延时，其动合触点 KT_1 闭合，电容 C 对 KM_1 电压线圈放电，KM_1 动作并通过 KM_1 电流线圈自保持，使断路器合闸继电器 KC 动作，接通断路器合闸回路(图中没有画出)合上断路器。断路器合闸继电器 KC 动作回路如下：

+WC→KM_1(动合触点 $KM_{1.1}$、$KM_{1.2}$)→KM_1(电流线圈)→KS→XB_1→KCF→QF1→KC→-WC

KM_1 电流线圈起自保持作用，只要 KM_1 电压线圈被短时启动一下，便可通过电流自保持线圈使 KM_1 在合闸过程中一直处于动作状态，保证断路器可靠合闸。

断路器重新合闸后，其动断辅助触点 QF1 断开，切断合闸回路，断路器合闸继电器 KC 失电返回，跳闸位置继电器 KTP 失电，动合触点 KTP 断开，使 KT_1 失电，KT_1 动合触点复归(断开)后，电容 C 开始重新充电，经 15～25s 后电容 C 充满电，为下次动作做好准备。

当断路器由于某种原因使断路器“偷跳”的情况下，自动重合闸的动作过程与上述过程相同，因此不再赘述。

② 线路发生永久性故障时。自动重合闸装置的动作过程与①所述相同。由于是永久性故障，继电保护将再次动作使断路器第二次跳闸，自动重合闸再次启动。KT_1 再次启动，KT_1 动合触点又闭合，电容 C 向 KM_1 电压线圈放电。由于电容 C 充电时间短，电压低，因此不能使 KM_1 动作，断路器无法再次重合，保证了断路器只重合一次。

需要指出一点，因 QF 不再重合，KT_1 触点一直闭合，直流操作电源经 R_4、KT_1、KM_1 电压线圈形成通路，但由于 R_4 阻值很大(约几兆欧)，而 KM_1 电压线圈等效电阻只有几千欧，

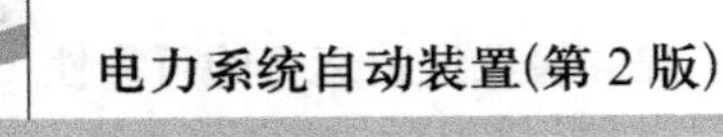

电压线圈承受的分压值很小，故 KM_1 不会动作。

下面进一步分析自动重合闸装置如何达到前面所要求的运行基本要求：

① 保证自动重合闸装置不该动作时“坚决”不动：

a. 手动跳闸时。控制开关 SA 手动跳闸时，其触点 SA3-4 接通，接通断路器的跳闸回路，SA9-12 断开，自动重合闸装置不可能启动。断路器跳闸后，SA9-10 接通，接通了电容器 C 对电阻 R_6 的放电回路。由于 R_6 阻值仅为几百欧，所以电容 C 放电后的电压接近于零，保证下次手动合闸于故障线路时，装置不会动作。

b. 手动合闸于故障线路时。手动合闸时，触点 SA1-2 接通，合闸继电器 KC 起动合闸；SA9-12 接通，SA9-10 断开，电容器 C 开始充电。同时 SA5-6 接通，使后加速继电器 KAC 动作。当合闸于故障线路时，保护动作，经加速继电器 KAC 的延时返回常开触点使断路器瞬时跳闸。此时，因电容 C 充电时间短，电压很低，电容 C 放电不足于启动 KM_1，从而保证 ARC 装置可靠不动作。

② 能够防止断路器多次重合于永久性故障。如果线路发生永久性故障，由于是永久性故障，断电保护将再次动作跳闸。因 $KM_{1\text{-}1}$、$KM_{1\text{-}2}$ 触点接通，若没有防跳继电器。KCF，则合闸接触器 KMC 通电而使断路器第二次重合。如此反复，断路器将发生多次重合的严重后果，形成“跳跃现象”，这是不允许的。为此装设了防跳继电器 KCF，当断路器第二次跳闸前，KCF 电流线圈通电而使 KCF 动作，KCF 自保持，其触点 KCF 断开，切断自动重合闸的合闸回路，使断路器不会多次重合。

同样，当手动合闸于故障线路时，如果控制开关 SA1-2 粘牢，在保护动作使断路器跳闸后，KCF 启动，经 SA1-2、KCF_1 接通 KCF 电压自保护回路，使 SA1-2 断开之前 KCF 不能返回，借助其切断合闸回路，使断路器无法合闸，防止断路器多次重合于永久性故障。

③ 必要时能够可靠闭锁自动重合闸装置

在某些情况下，断路器跳闸后不允许自动重合闸。例如， 桥式接线的变压器差动保护动作时，应将 ARC 装置闭锁，使之退出工作。实现的方法就是利用主变保护的出口触点与 $SA_{9\text{-}10}$ 并联，当主变保护动作时，其出口触点闭合，电容 C 经 R_6 电阻放电，ARD 装置无法动作，以达到闭锁 ARD 装置的目的。

2) 双侧电源线路自动重合闸典型接线及原理分析

两端均有电源的线路采用自动重合闸时，应保证在线路两侧断路器均已跳闸，故障点电弧熄灭和绝缘强度已恢复的条件下进行。同时，应考虑断路器在进行重合闸的线路两侧电源是否同期，以及是否允许非同期合闸。前面已述，双侧电源线路的自动重合闸总体上可归纳为两类：一类是检定同期重合闸，如一侧检定线路无电压，另一侧检定同期及检定平行线路电流的重合闸等；另一类是不检定同期的重合闸，如非同期重合闸、快速重合闸、解列重合闸及自同期重合闸等。下面重点分析检定同期重合闸的典型接线及工作原理，对于不检定同期的重合闸只做简要概述。

(1) 检定同期自动重合闸方式。检定同期的办法一般有三种：第一种可采用直接方式，最典型的如采用无电压检定和同步检定方式，直接利用同期继电器检定上否同期；第二种可采用间接方式，如平行双回线路中可通过检定另一回线路是否有电流来判断两侧系统是否同期)；第三种也可以根据电网接线情况进行推理判断，如并列运行的发电厂或电力系统之间具有三个以上联系或三个紧密联系的线路，由于同时断开所有联系的可能性几乎不

存在，可采用不检定同期重合闸方式)。

上述各种方式中，作为直接方式中最典型的无电压检定和同步检定三相自动重合闸是高压电网中应用最广的一种三相自动重合闸方式。这种自动重合闸方式是指当线路两侧断路器断开后，其中一侧(称为无压侧)先检定线路无电压而重合，后重合侧(称为同步侧)检定线路两侧电源满足同步条件后再进行重合。显然，这种重合闸方式不会产生危及设备安全的冲击电流，也不会引起系统振荡，重合系统后能很快进入同步运行状态。

图 2.4 所示为无电压检定和同步检定的三相自动重合闸示意图，下面用“三步法”来读图，进而分析双侧电源线路自动重合闸接线的工作原理。

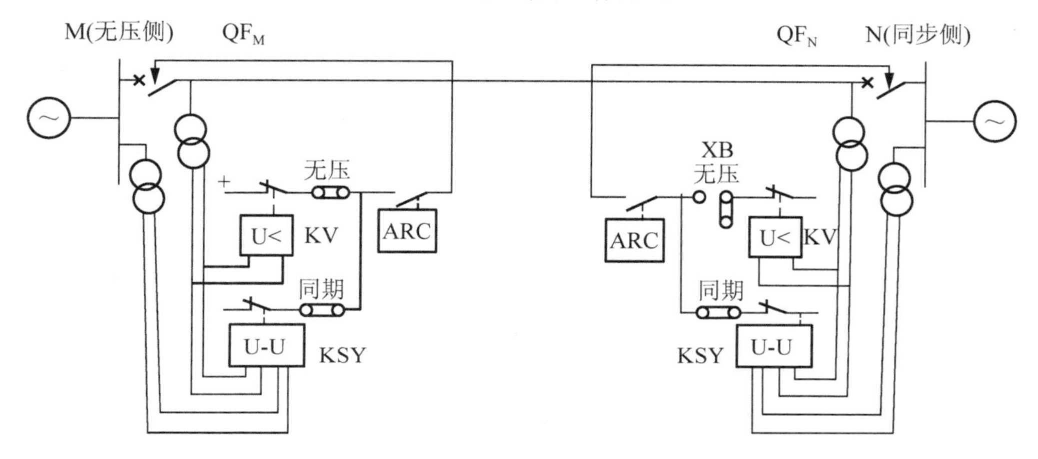

图 2.4　无电压检定和同步检定的三相自动重合闸示意图

第一步：搞清楚三相自动重合闸装置的总体结构

线路 MN 两侧各装一套带同步检查继电器 KSY 和低电压继电器 KV 的 ARC 装置。无电压侧(M 侧)的无电压、同步连接片均投入，同步侧(N 侧)仅投入同步连接片。除在线路两侧均装有 ARC 装置外，在线路两侧均装有检定线路无电压继电器 KV 及同步检查继电器 KSY(两者并联工作)。正常运行时，两侧 KSY 均投入，而 KV 仅一侧投入，另一侧 KV 通过连接片 XB 断开。这样，利用 XB 定期切换其工作方式，可以使两侧断路器的工作条件接近，同时也可以选择其中对系统稳定性危害较少的一侧(或大型汽轮发电机高压配出线路的系统侧)先合，以减少重合不成功时对系统的冲击和防止重合不成功时对机组的损伤。

第二步：搞清楚输电线路正常情况下三相自动重合闸装置的工作状态

参照前面单侧电源线路自动重合闸工作原理分析(具体可参照图 2.3)线路正常运行时，两侧的断路器处于合闸位置，两侧断路器的常开辅助触点 QF2 闭合、常闭辅助触点 QF1 断开，跳闸位置继电器 KTP 失电，其常开触点 KTP_1 断开。控制开关 SA 处于合后位置，其触点 SA9-12 接通，触点 SA9-10 断开，重合闸装置投入，指示灯 HL 亮，电容 C 经 R_4 充电，两侧的 ARC 装置均为动作做好准备。

第三步：搞清楚输电线路各种故障情况下三相自动重合闸装置的动作过程

① 线路发生瞬时性故障使断路器跳闸或由于其他原因使断路器“偷跳”的情况。保护动作将两侧断路器跳闸，线路无电压，两侧的检定同步检查继电器 KSY 不工作，常闭触点打开。M 侧低电压继电器 KV 检定线路无电压而动作，触点闭合，经连接片启动 ARC 装置，经预定时间，QF_M 合闸。QF_M 合闸后，N 侧线路有电压，N 侧 KSY 开始工作，待两侧电压

满足同步条件时，KSY 常闭触点闭合时间足够长(等于或大于图 2.3 中 KT1 的延时)，启动 ARC 装置，使 N 侧断路器 QF_N 合闸，线路恢复正常供电。

如果同步侧断路器发生“偷跳”，则可通过该侧 KSY 检定同步后使 N 侧断路器重新合上；若无电压侧断路器“偷跳”，因线路有电压，无电压侧不能由 KV 触点去启动 ARC 装置，从原理上讲，因无电压侧同步连接片投入，由同步检查继电器 KSY 检查同步合格后，便可将 M 侧断路器重新合上。

② 线路发生永久性故障时。M 侧重合，由无电压侧后加速保护装置动作跳闸。在这个过程中，同步侧断路器始终不能重合。

根据上述分析，无电压检定和同步检定的三相自动重合闸的接线与图 2.3 所示的单电源线路重合闸的接线相比，仅是重合闸启动回路的不同。图 2.5 所示是无电压检定和同步检定的重合闸启动回路，其中 KV_2 触点构成检定线路无电压启动重合闸回路，KV_1、KSY 触点构成检定同步启动重合闸回路。同时应注意无电压侧 2 只连接片 XB 均应接通，同步侧连接片 XB 应一只断开、一只闭合。

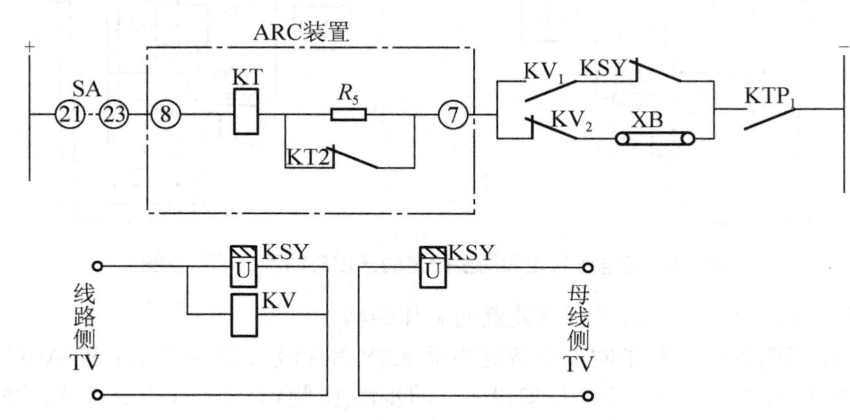

图 2.5　无电压检定和同步检定的重合闸启动回路

由以上分析可知，当无电压检定侧断路器重合闸到永久性故障时，将连续两次切断短路电流，其工作条件比同步检定侧恶劣。为使两侧断路器的工作条件尽量平衡，所以在无电压检定和同步检定重合闸装置中两侧都要装检定同期和检定无压继电器，利用连接片定期轮换其工作方式。具体原因如下：

如果采用一侧投无电压检定，另一侧投同期检定这种接线方式，那么，在使用无电压检定的那一侧，当其断路器在正常运行情况下由于某种原因(如误碰、保护误动等)而跳闸时，由于对侧并未动作，因此线路上有电压，因而就不能实现重合，这是一个很大的缺陷。为了解决这个问题，通常都是在检定无压的一侧也同时投入同期检定继电器，两者的触点并联工作，这样就可以将误跳闸的断路器重新投入。为了保证两侧断路器的工作条件一样，在检定同期侧也装设无压检定继电器。

需要指出，同步侧的无电压检定不能投入工作，即同步侧的无压连接片 XB 是断开的，否则可能会造成非同步重合闸，导致系统稳定被破坏或电气设备损坏的严重后果。若两侧无压连接片都断开，会造成故障后重合闸拒动。

(2) 非同期重合闸方式。只有当符合下列条件且认为有必要时，才可采用非同期重合闸。

① 非同期重合闸时，流过发电机、同期调相机或电力变压器的冲击电流，未超过规定的允许值。

② 在非同期重合闸所产生的振荡过程中，对重要负荷的影响较小。

③ 重合后电力系统可以很快恢复同期运行。

(3) 快速自动重合闸方式

非同期重合闸方式主要包括快速自动重合闸、解列自动重合闸与自同期自动重合闸等方式，下面简要介绍快速自动重合闸和解列自动重合闸方式：

① 快速自动重合闸方式。只有当依靠成功的重合闸来保持系统稳定运行的前提下，才应当采用快速自动重合闸方式。它要求线路两侧装有保护整条线路的快速保护(如高频保护)，而且为了保证快速重合线路上必须配备快速断路器，以保证从短路开始到重新合上的整个间隔在 0.5～0.6s 之间。

② 解列自动重合闸方式。解列重合闸主要适用于受端为小电源而且两侧电源检定同期可能性不大的输电线路上。正常运行时．由系统向小电源侧输送功率。当线路发生故障时，系统侧继电保护动作于系统侧断路器跳闸，小电源侧的保护作用于小电源侧断路器跳闸断路器，实现小电源与系统解列。两侧的断路器跳闸后，系统侧的重合闸检定线路无电压重合。重合成功则由系统恢复受电侧非重要负荷的供电，然后再在解列点实行同期并列，恢复正常供电。

2. 模拟式自动重合闸装置的功能特点

据据前面的分析，模拟式自动重合闸装置主要通过各种继电接触和阻容元件等分立元件来实现各种控制功能，因此在使用中模拟式自动重合闸装置往往要受到元件本身性能的影响，严重限制了自动重合闸装置性能的提高。如为了实现一次重合闸，往往采用“重合闸是否充满电”的原理。当手动合闸或者自动重合闸后，如果一切正常重合闸开始“充电”。只有充电时间大于 15s 后方才“充满电”。当重合闸发合闸命令前先要检查一下是否充电时间大于 15s，只有充电时间大于 15s 方才允许发合闸命令。重合闸发出合闸命令时马上把电“放掉”。当断路器重合以后又重新开始充电，如果重合于永久性故障线路上，保护马上再次将断路器跳开。等重合闸再次发合闸命令前，检查充电时间远小于 10s，所以不允许再发合闸命令，实现了一次重合闸的要求。为了在手动跳闸时不再重合，在手动跳闸时也应把电“放掉”。因此，模拟式自动重合闸装置是采用阻容元件的充放电来实现定时功能的，重合闸发合闸命令时利用电容器上的电压对 KKC 中 KM_1 电压线圈(详见图 2.3)放电。只有电容器充电时间大于 15s 后，电容器上电压才足够大，对 KM_1 电压线圈放电才足以使继电器 KM_1 动作。很明显，由于阻容元件本身参数的“分散性”和老化，通过阻容元件充放电来实现定时是很难保证精确度的，只能粗定一个范围(15～25s)。

在数字式自动重合闸装置程序中有一个计数器，用计数器的不断计数和清零来模拟电容器的充、放电。当手动合闸或者自动重合闸后，如果一切正常，定时器开始计时，模拟“充电”。重合闸装置发合闸命令前需检查计数器的计数是否达到 15s，得到肯定答复后才发合闸命令。需要“放电”时就把计数器清零。此外，凡是需要闭锁重合闸时，就只要一直对计数器清零就可以了，显然用数字式自动重合闸装置来实现“充、放电”要方便而且准确，数字式自动重合闸装置的线路和工作原理将在 2.3 节任务的解决方案中详细分析。

知识储备

在电力系统中，自动重合闸与继电保护的关系极为密切。如果自动重合闸与继电保护能很好地配合工作，在许多情况下可以简化保护，加快切除故障时间，提高供电的可靠性，对保证系统安全可靠的运行有着重要的作用。

目前在电力系统中，与继电保护配合工作的自动装置包括自动重合闸、备用电源自动投入、自动解列和按频率自动减载装置等。其中以自动重合闸与继电保护的配合关系最为密切。所以，在此着重讨论自动重合闸与继电保护的配合问题。继电保护与三相一次重合闸的配合方式有两种：自动重合闸前加速和自动重合闸后加速。

(1) 自动重合闸前加速

重合闸前加速一般简称为“前加速”。所谓“前加速”就是当线路发生短路时，第一次是由无选择性电流速断保护瞬时切除故障，然后进行重合闸，如果是瞬时性故障，则在重合闸以后就恢复了供电，纠正了无选择性的动作。如果是永久性故障，第二次保护的动作就按有选择性方式启动并切除故障。带自动重合闸的前加速保护是由无选择性电流速断和过电流保护配合组成。“前加速”的工作特点就是“前快后慢”。下面以图 2.6 所示的单侧电源辐射形电网为例说明“前加速”的工作原理。

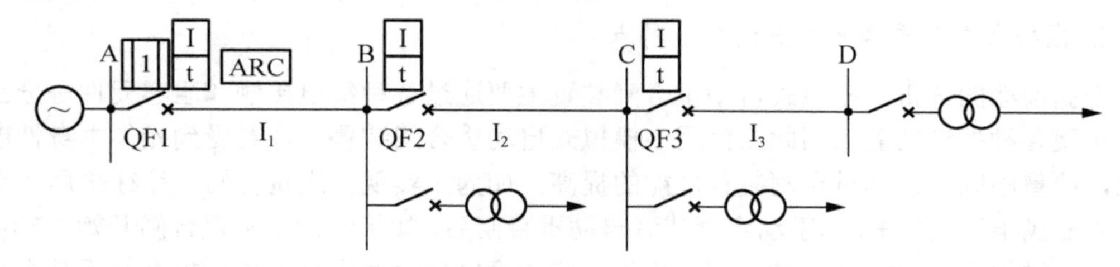

图 2.6　单侧电源辐射形电网自动重合闸“前加速”保护动作原理说明图

图 2.6 所示电网的每条线路上均装有过电流保护装置，其动作时限按阶梯原则选择，在靠近电源侧的 A 侧，线路上装有无选择性电流速断保护和自动重合闸装置。为了使无选择性电流速断的动作范围不致伸得太长，其动作电流按躲过变压器低压侧短路的最大短路电流来整定，保护瞬时动作。当相同电压等级的线路、母线(变电所 A 的母线除外)或变压器高电压侧发生短路时，装在变电所 A 侧线路 I_1 的无选择性电流速断保护瞬时将 QF1 跳闸。断路器跳闸后，由自动重合闸自动地将无选择性电流速断保护 I 闭锁，使其退出工作，然后再由自动重合闸将被跳开的断路器重合闸，若是瞬时性故障，则线路恢复工作；若是永久性故障，则由带延时的过电流保护有选择性地将故障切除。

实现重合闸前加速的方法是利用重合闸装置中具有延时返回的加速继电器 KAC 及接通 XB1 和 XB2 的 1—2 来实现，如图 2.7 所示。

当线路发生故障时，线路 1 的无选择性电流速断保护动作，启动时间继电器 KT2，KT2 瞬时接点闭合，则由电源“+”→KT2 瞬时接点→KAC 动合触点→XB1→KPJL 串联线圈→QF→KTC→电源“−”，启动 KTC，使断路器跳闸，保护是瞬时动作的。如果重合于永久性故障线路时，则保护又再次启动，但 KT2 的瞬时触点已不能通过 KAC 的动合触点去瞬时跳闸，而是通过它的瞬时动合触点和 XB2 的 1—2 使 KAC 自保持，只有当 KT2 的延时触点闭合后，才能去跳闸，即重合闸后，保护是按有选择性的方式动作的。

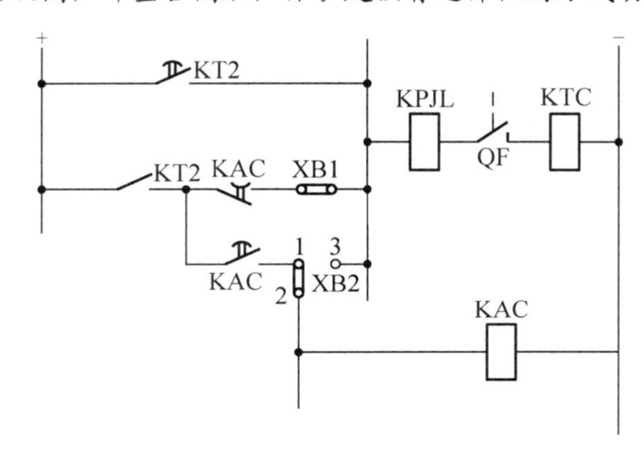

图 2.7　重合闸前加速保护动作的触点回路

重合闸前加速的优点是接线简单，动作迅速，只需一套自动重合闸装置，使瞬时性故障来不及发展成永久性故障。其缺点是，重合于永久性故障线路时，再次切除故障的时间较长，装有重合闸装置的断路器动作次数多，若断路器或自动重合闸拒绝动作合闸时，停电范围将扩大。前加速方式主要用于 35kV 及 35kV 以下由发电厂或重要变电所引出的直配线路上，主要目的是快速切除故障，保证母线电压不致下降过多。

(2) 自动重合闸后加速

自动重合闸后加速又简称“后加速”。所谓后加速就是当线路发生故障时，保护有选择性地动作而切除故障，然后进行重合闸。如果重合于永久性故障，则在断路器合闸后加速保护动作，瞬时切除故障，与第一次动作是否带有时限无关。“后加速”的工作特点就是“前慢后快”。后加速的工作原理可用图 2.8 所示的网络来说明。

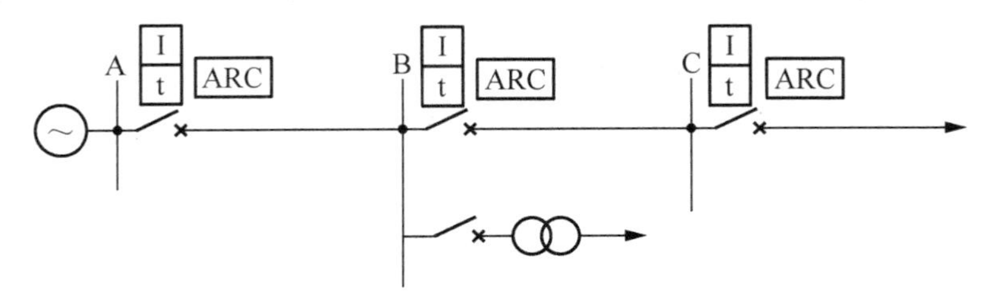

图 2.8　重合闸后加速保护动作的原理说明图

在单侧电源辐射形电网中，每条线路上电力系统继电保护都装设有选择性动作的保护和自动重合闸装置，当任一线路上发生故障时，首先由故障线路的保护有选择性地动作，将故障切除，然后由故障线路的重合闸装置将线路重新投入，同时将选择性保护的延时部分退出工作。如果是瞬时性故障，则重合成功，恢复正常供电。如果是永久性故障，故障线路的保护将加速动作，瞬时将故障再次切除。实现后加速的接线与前加速相似，只是把图 2.8 中所示的连接片 XB1 打开，XB2 的 1—3 位置接通即可，如图 2.9 所示。

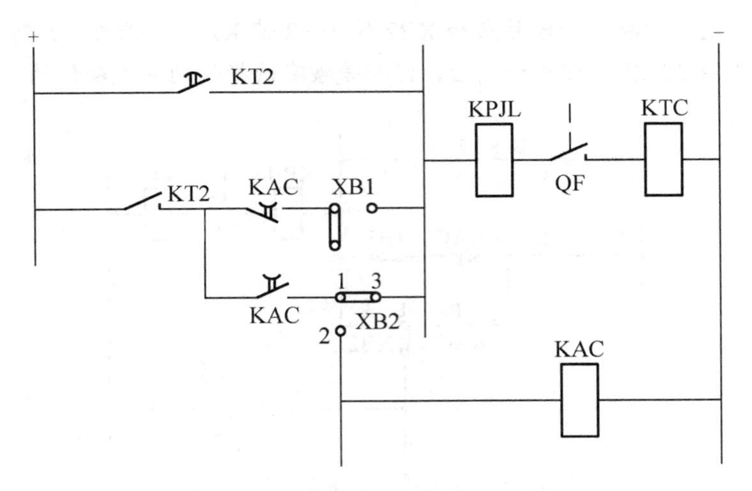

图 2.9　重合闸后加速保护动作的触点回路

当线路发生故障时，故障线路保护动作，启动时间继电器 KT2，KT2 的瞬时触点的回路已被 XB1 打开，只能按照有选择性的配合原则，待 KT2 的延时触点闭合后，才能接通 KTC，使断路器跳闸。如果是重合在永久性的故障线路上，故障线路保护的主继电器立即动作，启动 KT2，其瞬时触点闭合，立即接通断路器的跳闸回路，即由电源“+”→KT2 瞬时触点→KAC 延时断开的动合触点→XB2 的 1—3→KPJL 串联线圈→QF→KTC→电源“−”，启动 KTC，使断路器立即跳闸，实现了重合闸后的加速切除故障。

重合闸后加速的优点是：保护首次动作是有选择性地切除故障，不会扩大停电范围，特别在高压电网中，一般不允许前加速保护方式中的第一次无选择性动作，对永久性故障，能够保证有选择性地快速切除。和前加速相比，使用中不受电网结构和负荷条件的限制，一般来说，采用后加速保护对系统的运行总是有利无害的。其缺点是：保护首次切除故障可能带有延时，这样可能使瞬时性故障有机会发展为永久性故障；每个断路器处须装设一套重合闸装置，与前加速保护配置方式相比较为复杂，而且投资也较大。后加速方式广泛应用于 35kV 以上电压等级网络中及对重要负荷供电的送电线路上。

2.3　任务解决方案

通过前面对任务的详细分析，我们发现模拟式 ARC 装置尽管技术成熟，但存在定时精度不高、继电逻辑复杂、可靠性不高等缺点，所以我们引入数字式自动重合闸装置来解决这些问题。由于当前电力系统实际应用中，自动重合闸装置(包括前后加速)已经与各种继电保护单元“融合”在一起，形成了数字式线路保护测控装置。因此，我们通过引入数字式自动重合闸装置的典型方案—RCS-9612Ⅱ数字式线路保护测控装置，来详细解析 RCS-9612Ⅱ数字式线路保护测控装置的基本配置和工作原理[20]，进而掌握数字式自动重合闸装置的基本原理。

2.3.1　保护测控装置的基本配置及规格

1. 基本配置

RCS-9612Ⅱ是一种适用于 110kV 及以下电压等级的非直接接地系统或小电阻接地系统中的方向线路保护测控装置(以下简称测控装置)，可在开关柜就地安装。

测控装置保护方面的主要功能有：

(1) 三相一次重合闸(检无电压、同期、不检)；

(2) 一段定值可分别独立整定的合闸加速保护(可选前加速或后加速)；

(3) 低电压闭锁的三段式定时限方向过流保护、零序过流保护等。

测控装置测控方面的主要功能有：

(1) 9 路遥信开关信号输入采集、装置遥信变位、事故遥信；

(2) 正常断路器遥控分合、小电流接地探测遥控分合；

(3) P、Q、I_A、I_C、U_A、U_B、U_C、U_{AB}、U_{BC}、U_{CA}、U_O、F、$\cos\phi$ 13 个模拟量的遥测；

(4) 开关事故分合次数统计及事件 SOE 等；

(5) 4 路脉冲输入。

2. 测控装置主要技术数据

(1) 额定数据

直流电源：220V，110V，允许偏差+15%，−20%；

交流电压：$100/\sqrt{3}$ V，100V；

交流电流：5A，1A；

频率：50Hz。

(2) 功耗：

交流电压：<0.5V · A/相；

交流电流：<1V · A/相(I_n=5A)；
　　　　　<0.5V · A/相(I_n=1A)；

直流回路：正常<15W；
　　　　　跳闸<25W。

(3) 主要技术指标(部分)：

① 重合闸：

重合闸时间：0.1～9.9s；

定值误差：<5%。

② 定时限过流：

电流定值：$0.1I_n$～$20I_n$；

时间定值：0～100s；

定值误差：<5%。

③ 遥测量计量等级：电流 0.2 级，其他 0.5 级。

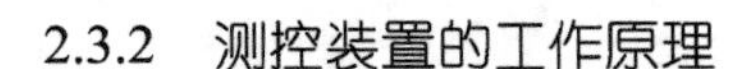

2.3.2 测控装置的工作原理

1. 测控装置的硬件工作原理

测控装置硬件配置中重合闸及遥控操作部分的逻辑框图如图2.10所示。

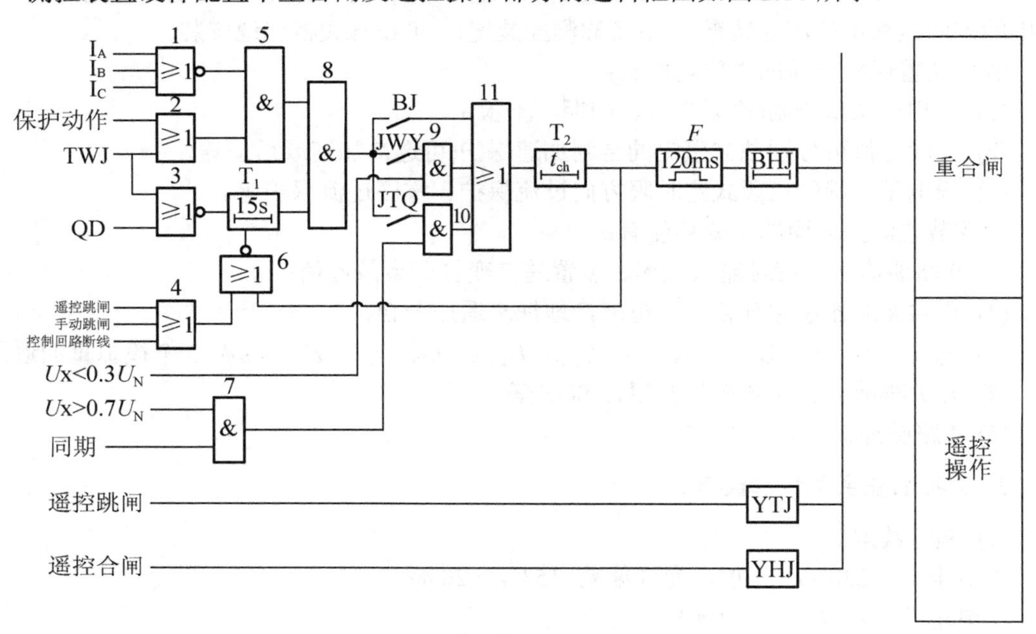

图2.10 测控装置硬件(部分)配置及逻辑框图

外部电流及电压输入经隔离互感器隔离变换后，由低通滤波器输入至模数变换器，CPU经采样数字处理后，组成各种继电器并判断计算各种遥信、遥测量。

I_a、I_b、I_c、I_{os}输入为保护用模拟量输入，I_A、I_C为测量用专用测量CT输入，保证遥测量有足够的精度。I_{os}零序电流输入除可用作零序过电流保护用之外(报警或跳闸)，也同时兼作小电流接地选线用输入。零序电流的接入最好用专用零序电流互减器接入，若无专用零序电流互感器，在保护零序电流能满足小接地系统保护选择性要求前提下用三相电流之和即CT的中性线电流。U_A、U_B、U_C电压输入在本装置中除作为测量用输入，与I_A、I_C一起计算形成本线路的P、Q、$\cos\phi$、kW·h、kvarh外，还作为低电压闭锁用电压输入。U_x主要用于重合闸检无电压或同期时所用线路电压输入。

测控装置所用模数转换器能够实现高精度14位A/D转换，结合软件每个周期采样24点，保证了装置遥测精度。另外，本装置具备操作回路，设置手动跳闸及保护跳闸两种跳闸端子输入，而手动合闸及保护合闸则不加区分，合为一种合闸端子输入。

2. 测控装置的软件功能

(1) 自动重合闸。测控装置逻辑框图(如图2.10)主要由11个逻辑门电路(已在图中标出)、2个定时器(T_1、T_2)、方波发生器F等组成，引入了断路器分闸位置继电器TWJ、ARC动作继电器QD等控制信号，输出元件分别为合闸继电器BHJ、遥控合闸继电器YHJ和遥控分闸继电器YTJ。

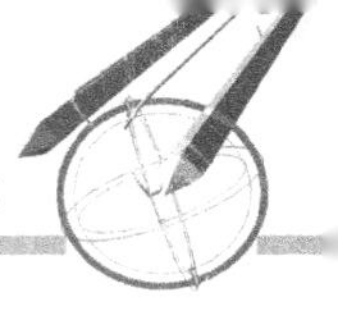

测控装置中数字式 ARC 起动方式与模拟式 ARC 起动方式一致，同样有两种起动方式：位置不对应起动方式和保护起动方式。数字式 ARC 的控制方式比较灵活方便,可通过整定控制字选择投入或退出，而且还可通过整定控制字选择是检同期、检无压和不检，检同期、检无压和不检三种状况在逻辑框图中分别用 JTQ、JWY、BJ 三个继电器的动合触点来表示。外部闭锁信号包括手动跳闸、遥控跳闸、控制回路断线等，如有外部闭锁信号将通过或门 4 和或非门 6 输出自“放电”信号，使 T_1 无法充电，将自动重合闸闭锁。

下面结合图 2.10 详细分析数字式 ARC 装置的动作过程：

① 重合闸准备过程(“充电”过程)。

线路处于正常运行状态(TWJ = 0)
ARC装置没有启动(QD = 0)　} 或非门3输出1
无闭锁信号 ⇒ 或门4输出0 ⇒ 或非门6输出1(自“放电”不起作用)
⇒ 定时器T_1充电，经15s后充电完成，T_1输出1，自动重合闸做好动作准备。

根据逻辑图，如自动重合闸没有充好电，即 T_1 输出 0，将与门 8“关闭”，使自动重合闸无法动作。

② 重合闸动作过程。假设现通过控制字将 ARC 装置设置为检同期和检无压，即动合触点 JTQ 和 JWY 闭合。

保护动作
断路器误动(TWJ = 1)　} 或门2输出1
线路没有电流 (I_A=0, I_B=0, I_C=0,) ⇒ 或非门1输出1　} 与门5输出1
T_1输出1(充电完成)　} 与门8输出1
JWY闭合
⇒ 与门9输出1 ⇒ 或门11输出1 ⇒ 延时T_{Ch}后，T_2输出1 ⇒ 启动方波发生器F
⇒ 驱动合闸继电器BHJ ⇒ 自动重合闸动作并发信号(图中没有画出)

(2) PT 断线检查。该测控装置具有 PT 断线检测功能，可通过控制字进行投退。装置检测母线电压异常时报 PT 断线，待电压恢复正常后保护也自动恢复正常。

如果自动重合闸选择检同期或检无电压方式，则线路电压异常时发出报警信号并闭锁自动重合闸，待线路电压恢复正常时自动重合闸也自动恢复正常。

(3) 定时限过电流。测控装置设三段定时限过电流保护，每段均可通过控制字选择经方向或经低电压闭锁，各段电流及时间定值可独立整定，分别设置整定控制字控制这三段保护的投退。专门设置一段加速段电流保护，在手合或重合闸后投入 3s，而不是选择加速Ⅰ段、Ⅱ段、Ⅲ段。加速段的电流及时间可独立整定，同时可通过控制字选择前加速或后加速。方向元件采用正序电压极化，方向元件和电流元件接成按相启动方式。方向元件带有记忆功能以消除近处三相短路时方向元件的动作死区。

(4) 装置闭锁和运行异常报警。当装置检测到本身硬件故障时，发出装置故障闭锁信号(BSJ 继电器返回)，同时闭锁整套保护。硬件故障包括：RAM 出错、EPROM 出错、定值出错、电源故障。

当装置检测到下列状况时，发出运行异常信号：①线路电压报警；②电压传感器断线；③频率异常；④电流互感器断线；⑤电路器位置异常；⑥控制回路断线；⑦弹簧未储能；⑧零序电流报警；⑨接地报警。

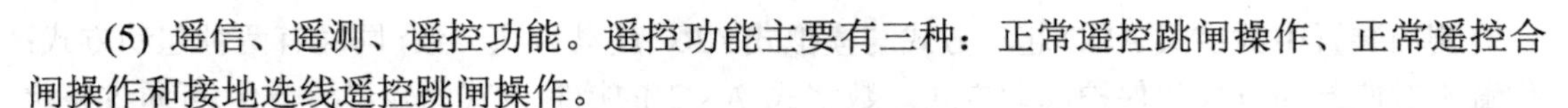

(5) 遥信、遥测、遥控功能。遥控功能主要有三种：正常遥控跳闸操作、正常遥控合闸操作和接地选线遥控跳闸操作。

遥测量主要有：I、U、$\cos\phi$、F、P、Q 和有功电度(即电能)、无功电度及脉冲电度。所有这些量都在当地实时计算和实时累加，三相有功无功的计算能够消除由于系统电压不对称而产生的误差，且计算完全不依赖于网络，精度达到 0.5 级。

遥信量主要包括 9 路遥信开关信号输入、装置变位遥信及事故遥信，而且本测控装置还能将事件顺序记录，遥信分辨率小于 2ms。RCS-9612 测控装置具有非常强大的线路测控保护功能，还具备软件或硬件脉冲对时功能。

2.4 任务解决方案的评估

通过前面对数字式自动重合闸装置典型方案的详细分析可知，采用数字式自动重合闸装置解决方案能够高效精确地实现自动重合闸，能够有效提高输电线路运行的可靠性。由于自动重合闸类型较多，本部分将进一步归纳总体的选用原则，进一步评估各种自动重合闸装置的主要特点，为今后应用具体的自动重合闸装置做好准备。

2.4.1 重合闸方式的总体选用原则

(1) 重合闸方式必须根据具体的系统结构，运行方式及运行条件，经过分析比较后选定。

(2) 凡是选用简单的三相重合闸方式能满足具体系统实际需要的线路，都应当选用三相重合闸方式。特别对于那些处于集中供电地区的密集环网中，线路跳闸后不进行重合闸也能稳定运行的线路，更宜采用整定时间适当的三相重合闸。对于这样的环网线路，快速切除故障是最重要的问题。

(3) 当发生单相接地故障时，如果使用三相重合闸不能保证系统稳定，或者地区系统会出现大面积停电，或者可能导致重要负荷停电的线路上，应当选用单相重合闸或综合重合闸方式。

(4) 在大机组出口一般不使用三相重合闸。

2.4.2 各种自动重合闸装置的特点解析

单相重合闸与三相重合闸的优缺点如下：

(1) 使用单相重合闸时会出现非全相运行，除纵联保护需要考虑一些特殊问题外，对零序电流保护的整定和配合产生了很大影响，也使中、短线路的零序电流保护不能充分发挥作用。例如，一般环网三相重合闸线路的零序电流一段都能纵续动作，即在线路一侧出口单相接地而三相跳闸后，另一侧零序电流立即增大并使其一段动作。利用这一特点，即使线路纵联保护停用，配合三相快速重合闸，仍然保持着较高的成功率。但当使用单相重合闸时，这个特点不存在了，而且为了考虑非全相运行，往往需要抬高零序电流一段的启动值，零序电流二段的灵敏度也相应降低，动作时间也可能增大。

(2) 使用三相重合闸时，各种保护的出口回路可以直接动作于断路器。使用单相重合闸时，除了本身有选相能力的保护外，所有纵联保护、相间距离保护、零序电流保护等，都必须经单相重合闸的选相元件控制，才能动作于断路器。

(3) 当线路发生单相接地，进行三相重合闸时，会比单相重合闸产生更大的操作过电压。这是由于三相跳闸，电流过零时断电，在非故障相上会保留相当于相电压峰值的残余电荷电压，而重合闸的断电时间较短，上述非故障相的电压变化不大，因而在重合时会产生较大的操作过电压。而当使用单相重合闸时，重合时的故障相电压一般只有 17%左右(由于线路本身电容分压产生)，因而没有操作过电压问题。然而，从较长时间在 110kV 及 220kV 电网采用三相重合闸的运行情况来看，对一般中、短线路操作过电压方面的问题并不突出。

(4) 采用三相重合闸时，最不利的情况是有可能重合于三相短路故障。有的线路经计算认为必须避免这种情况时，可以考虑在三相重合闸中增设简单的相间故障判别元件，使它在单相故障时实现重合，在相间故障时不重合。

当使用三相重合闸方式(三重方式)时，连保护和重合闸一起的动作过程是：对线路上发生的任何故障跳三相(保护功能)，重合三相(重合闸功能)，如果重合成功继续运行，如果重合于永久性故障再跳三相(保护功能)，不再重合。

当使用单相重合闸方式(单重方式)时，继电保护和重合闸综合在一起的动作过程是：对线路上发生的单相接地短路跳单相(保护功能)，重合闸(重合闸功能)，如果重合闸成功继续运行，如果重合于永久性故障再跳三相(保护功能)，不再重合闸。以前还曾经附加过这样的功能，即如果系统允许长期非全相运行也可以再次跳单相。但目前的情况是系统都不允许长期非全相运行，所以重合于永久性故障时都要求跳三相。对线路上发生的相间短路跳三相(保护功能)，不再重合。使用单相重合闸方式可避免重合在永久性的相间故障线路上对系统造成的严重冲击。

当使用综合重合闸方式(综重方式)时，就是将三相重合闸与单相重合闸综合起来。此时连保护和重合闸一起的动作过程是：对线路上发生的单相接地短路按单相重合闸方式工作，即由保护跳单相(保护功能)，重合(重合闸功能)，如果重合成功继续运行，如果重合于永久性故障再跳三相(保护功能)，不再重合。对线路上发生的相间短路按三相重合闸方式工作，即由保护跳三相(保护功能)，重合三相(重合闸功能)，如果重合成功继续运行，如果重合于永久性故障再跳三相(保护功能)，不再重合。使用综合重合闸方式与使用三相重合闸方式一样，有可能重合在永久性的相间故障线路上，会对系统造成较严重的冲击。

任务小结

本任务主要介绍了利用自动重合闸装置来提高输电线路运行的可靠性，进而提高整个电力系统的安全运行水平，可以从以下五个方面来把握本任务的要点：

(1) 首先要明确自动重合闸装置的核心任务是迅速恢复由于非永久性故障而造成的线路跳闸现象，以提高线路供电的可靠性，进而提高整个电力系统的运行稳定性。应掌握自动重合闸装置的概念、主要功能及类型。

(2) 对于自动重合闸装置的基本要求应重点领会。因为每项基本要求最终都会体现到具体的自动重合闸装置中。本任务根据基本要求，对自动重合闸装置进行了详细的技术分析，以便学生掌握如何选择合适的自动重合闸装置。

(3) 在介绍专业知识的同时我们结合三相一次自动重合闸装置工作原理的分析来提升课程核心能力——读图能力，提高读图能力需要学生在课程学习中反复应用和训练。

(4) 在电力系统中，自动重合闸与继电保护的关系极为密切，具体的表现就是当前在电力系统实际应用中，自动重合闸装置(包括前后加速)已经与各种继电保护单元“融合”在一起，形成了数字式线路保护测控装置，这点要在应用中充分关注。本任务中引入数字式自动重合闸装置的典型方案——RCS-9612Ⅱ数字式线路保护测控装置，详细解析了 RCS-9612Ⅱ数字式线路保护测控装置的基本配置和工作原理。

(5) 由于自动重合闸类型较多，在任务解决方案的评估中进一步归纳总结了自动重合闸装置的选用原则，进一步评估各种自动重合闸装置的主要特点，为今后应用具体的自动重合闸装置做好准备。

习　题

1. 说明自动重合闸装置的主要功能和类型。
2. 对自动重合闸装置有哪些基本要求？
3. 利用“三步法”分析三相一次自动重合闸线路(见图 2.3)的工作原理。
4. 模拟式自动重合闸装置如何实现一次重合闸？数字式自动重合闸装置如何实现一次重合闸？
5. 装有重合闸的线路、变压器，当它们的断路器跳闸后，在哪些情况下不允许或不能重合闸？
6. 在重合闸装置中有哪些闭锁重合闸的措施？
7. 为什么检定同期和检定无电压重合闸装置中两侧都要装检定同期和检定无电压继电器？
8. 请分别说明重合闸前加速和后加速的特点与应用范围。

任务3

向发电厂提供稳定的厂用电

【知识目标】

1. 掌握直流系统的概念、作用和要求；

2. 能熟练地对发电厂采用的直流系统进行分类，明确各种直流系统的特点，包括主要的优点、缺点及应用场合；

3. 了解当前发电厂直流系统的现状及特点；

4. 能够选择合适的直流系统，包括蓄电池的正确选型、各种蓄电池的维护特点和蓄电池组直流系统的选型；

5. 掌握GZDW高频开关直流电源系统的电路结构、工作原理、参数计算及选型；

6. 掌握发电厂直流系统常见故障原因的分析及处理，重点掌握发电厂直流系统故障的分析方法。

【能力目标】

能力目标	知识要点	权重/%	自测分数
认知各种直流系统	直流系统的概念、作用和要求	10	
选择合适的直流系统	蓄电池的正确选型、各种蓄电池的维护特点和蓄电池组直流系统的选型	20	
GZDW高频开关直流电源系统的分析，能够读懂高频开关直流电源系统图	GZDW高频开关直流电源系统的电路结构、工作原理、参数计算及选型	50	
发电厂直流系统常见故障原因的分析及处理	直流系统的绝缘监察	20	

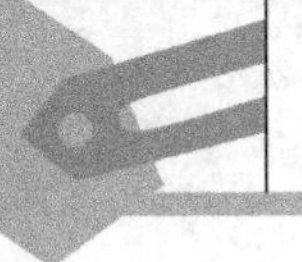

【任务导读】

厂用电作为发电厂的一级负荷，其运行质量直接关系到整个发电厂的稳定运行和设备安全，而直流系统为发电厂厂用电的主要供电电源。因此，为了提高厂用电的可靠性，一方面可采用先进的技术来提高直流系统的可靠性；另一方面可通过及时处理可能发生的故障来提高直流系统的运行稳定性。

3.1 任务导入：认识直流系统

为了提高厂用电的可靠性，可将此任务分解成两项子任务：子任务 1——采用智能高频开关直流电源来提高厂用电的可靠性；子任务 2——发电厂直流系统常见故障原因分析及处理。当然，为了完成这两项子任务，首先应明确直流系统的作用和概况。

3.1.1 直流系统概况

1. 直流系统的概念、作用和要求

在发电厂中，对继电保护装置、自动装置、信号装置、开关电器控制以及事故照明、直流油泵和交流不停电电源装置等二次回路设有专门可靠的直流供电电源，这种电源统称为直流系统。直流系统的主要用途是：

(1) 发电厂正常运行操作时，作为控制、信号、保护、自动装置等回路的电源，充当断路器合闸和分闸的操作电源；

(2) 作为操作机械和机械传动装置的电源；

(3) 在事故情况下，当厂用电中断时作为独立的事故照明电源；

(4) 孤立运行的发电厂采用晶闸管励磁的发电机重新开机需要直流起励时，作为其起励电源。

直流系统是发电厂厂用电中的核心装置，要求可靠性很高，在任何事故情况下，应能保证可靠供电。直流系统对于保证发电厂安全运行是非常重要的，因此发电厂必须采用技术上和经济上都比较合理的直流系统。直流系统应满足下列要求：

(1) 保证直流供电的可靠性；

(2) 减少设备投资，减少场地布置面积；

(3) 使用寿命长，维护工作量小；

(4) 改善运行条件，减少噪声干扰。

2. 直流系统的分类

发电厂采用的直流系统类型很多，主要有以下几种。

(1) 蓄电池组直流系统。蓄电池组直流系统是由相当数量的蓄电池串联成蓄电池组供电的，是一种独立的操作电源。蓄电池组直流系统有四种电压等级，即 220V、110V、48V、24V。

这种操作电源的优点是供电不受电网电压的影响，供电非常可靠，无论电力系统发生任何事故，甚至在交流电源全部停电的情况下，它仍能保证控制回路、信号回路、继电保

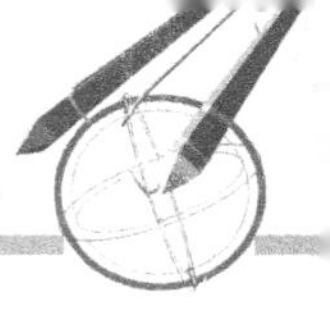

护和自动装置连续可靠地工作，同时还可以保证事故照明及发电机起励用电。但是，蓄电池价格昂贵，投资大，寿命短，所需辅助设备多，运行费用大，维护工作量大。

尽管如此，由于蓄电池组直流系统具有供电可靠的特点，目前它仍为普遍采用的直流电源。由于技术的发展，目前已生产出免维护的蓄电池，使用方便，工作可靠，价格合理，得到了广泛的应用。

(2) 硅整流电容储能装置直流系统。在小型水电站中，也可采用硅整流元件，将交流电变成直流电作为操作电源使用，同时装设储存电能的电容器组。在电力系统正常运行时，这种操作电源由水电站站用电通过降压整流供电，同时通过电容器充电储能。当系统发生故障，电压下降甚至站用电消失时，电站的控制、保护和断路器线圈跳闸的用电由电容器供给，而操作机械、机械传动装置、事故照明及断路器合闸的电源则无法供给。

与蓄电池组操作电源相比，这种电源的优点为投资少、寿命长、维护方便、易实现自动化和远动化。但是电容蓄电量有限，且不能长期连续供电，可靠性差，所以一般应用在主接线比较简单、没有复杂保护的小型水电站中。

(3) 复式整流装置直流系统。复式整流是指整流装置不但由站用变压器或电压互感器提供交流电，而且能由反映故障短路电流的电流互感器供电。当系统发生故障时，与电容储能相比，复式整流装置能输出较大的功率，并能保持电流电压恒定。但是采用复式整流必须满足以下两个条件：

① 短路电流的大小必须保证继电保护和断路器可靠地动作。

② 要有专用的电流互感器，以便在各种短路情况下都能输出足够的功率，向复式整流器供电。

与蓄电池组操作电源相比，它具有投资省、维护方便的优点。但是在全厂电源不能工作后，该系统不能长期连续供电。

3.1.2　我国发电厂直流系统的现状及特点

目前我国发电厂直流系统从制造厂家来看，首先是有多家国际电力设备大公司，如ABB、西屋公司、三菱重工和西门子等；也有引进技术的合资生产企业，如李家峡电站部分机组由东方电机厂与AAB合作完成；还有拥有自主知识产权的国营和民营科技企业，如国电公司南京自动化研究所、国电公司电力科学院、深圳奥特迅电力设备有限公司、河北工业大学电工厂、华中理工大学等10多个单位都开发了新型直流系统。从水电站直流系统的技术状况来分，无论是原装进口，还是中国制造，都有与世界水平同步的高端数字化产品，也有老、小水电站至今还沿用着的相控直流系统。水电站技术状况不同，其直流系统的技术水平也参差不齐。但是，从国内外生产厂家在中国水电站运行的各种直流系统来看，虽然各有千秋，但技术特点还是基本相同的，其主要特点和情况如下：

(1) 为了提高厂用电的可靠性，蓄电池组直流系统逐渐成为水电站直流系统的主流。

(2) 随着微电子技术、计算机技术和电力电子器件的进步，数字化技术不同程度地应用于各类直流系统中，智能高频开关系列直流电源系统已经成为中小型水电站技术改造和新电站设备选型的必然选择。

(3) 大型水电机组因可靠性、控制特性的高标准而要求直流系统的进步明显加快，这一领域基本都是高端产品的天下。该类产品侧重于性能和可靠性，对产品价格不做重点考虑。

(4) 中小型水电站包括微型水电站其总量占绝大多数，从现在的市场情况看，这一领域主要是国产直流系统的天下，老系统改造任务与新建项目各占一半，这部分直流系统的特点是基本功能具备、运行可靠、调试容易、价格低廉和维护方便。

随着我国电力系统的迅速发展，在取得成绩的同时也暴露出了一些问题：如不少农村小水电普遍存在资金比较紧缺、设备水平比较简陋和运行人员的技术水平比较低等问题。在水电站直流系统方面，很多中小型水电机组还在采用相对落后的相控电源，由于受工艺水平和器件特性的限制，上述电源长期处于低技术指标及维护保养难的状况，再加上受变压器或晶闸管自身参数的限制，上述直流系统存在很多不足之处。例如，初充电流、浮充电流不稳，系统纹波电压过高，控制特性不佳，不便于同计算机系统配接实现监控等。同时，目前充电设备与蓄电池并联运行，当电源纹波系数较大，浮充电压波动时，会出现蓄电池脉动充电、放电现象，造成蓄电池组或单体的过早损坏。特别是阀控电池对充放电的要求较高，不允许过充电和欠充电。在蓄电池初充电及正常维护的均衡充电时，均要求有性能良好，能按照蓄电池运行的程序要求自动进行均充、浮充的转换和恒压、恒流等功能的性能良好的充电装置。因此，对于采用蓄电池组直流系统的中小型水电站，目前迫切需要解决的问题是对水电站直流系统常见故障的成因加以理论分析、研究和进行系统的总结，引入现代诊断系统，并根据实际情况有效地进行技术改造，引入先进的直流系统，从而提高中小型水电站的安全运行和经济效益。

3.2 任务分析：选择合适的直流系统

为了更好地完成任务，必须对任务本身进行详细的分析，包括蓄电池的选型方法和维护特点、蓄电池组直流系统的整体构成和功能等，为解决问题做好充分的准备。

3.2.1 蓄电池的选型和维护特点

中小型发电厂中应用得最广泛的是蓄电池组直流系统，因此本书以蓄电池组直流系统为主要研究对象，下面我们首先来讨论各种蓄电池的选型方法和维护特点。

1. 蓄电池的选型

发电厂中蓄电池是最可靠的操作电源，它的电压较为稳定，不受系统电压的影响，因此广为采用。蓄电池是储蓄电能的一种设备。它能将电能转变为化学能储蓄起来，这个过程称为充电；使用时再把化学能转换为电能供给用电设备，这个过程称为放电。当蓄电池已经完全放电或部分放电后，两电极表面形成了新的化合物，这时，如果用适当的反向电流通入蓄电池，可以形成新化合物重新还原为原来的物质，又可供下次放电使用。蓄电池的充电和放电的过程是可逆的，而且可以循环重复的，蓄电池就通过这种充放电过程达到为负荷供电的目的。

各种蓄电池的运行特点。根据电解液和电极所用物质的不同，蓄电池一般分为酸性蓄电池和碱性蓄电池两大类，主要包括铅酸蓄电池、碱性蓄电池和固定型密封免维护铅酸蓄电池等。

(1) 铅酸蓄电池。铅酸蓄电池可分为固定型和移动型两类。以前所用的固定型蓄电池

大多为开口式(G 型)，酸雾直接散发到室内，所以不能防酸防爆，现在逐渐为防酸防爆式(GF 型、GM 型)蓄电池所代替。移动型蓄电池也叫启动蓄电池(Q 型)。

蓄电池由正负极板、隔板、容器和电解液等构成。蓄电池的正极板为二氧化铅(PbO_2)，负极板应用铅材料，采用多孔铅绒(Pb)的形式。

正、负极板之间用耐酸的微孔橡胶(或微孔塑料)隔板隔开，以防止极板之间发生短路，并允许电解液在其中流动，使电解液在极板间流通。极板与容器之间用弹簧支撑。

① 蓄电池的放电、充电原理。完全充电的蓄电池放电时，在电池内部电流由负极板流向正极板，使电解液中硫酸电解为带正电荷的氢离子和带负电荷的硫酸根离子。前者移向正极与氧化铅结合，形成硫酸铅和水，后者移向负极板与铅合成硫酸铅。

总的放电化学反应为

$$PbO_2+Pb+2H_2SO_4=\!=\!=2PbSO_4+2H_2O$$

蓄电池充电时，电流方向与放电方向相反。在蓄电池内部是从正极流向负极，在电流的作用下，氢离子移向负极，硫酸根离子移向正极，正、负极板上的硫酸铅和电解液中的水被分解。正极板上的硫酸铅与硫酸根离子化合，失去电子变成二氧化铅；负极板上的硫酸铅被氢离子还原成铅。

总的充电化学反应为

$$2PbSO_4+2H_2O=\!=\!=PbO_2+Pb+2H_2SO_4$$

从以上充电、放电反应式看出，充电与放电的化学反应是相反的，两种反应是可逆的。

② 蓄电池的电动势和容量。蓄电池的电动势就是外部电路开断情况时蓄电池的端电压。它主要与电解液的密度和温度有关，温度在允许范围内(5～25℃)变化时电动势的影响很小，可近似地以下面的经验公式决定，即

$$E=0.85+d \tag{3-1}$$

式中：E——蓄电池的电动势，单位为 V；

d——电解液的密度，单位为 g/cm^3；

0.85——铅酸蓄电池的电动势常数。

运行中不允许电解液的温度超过 35℃。铅酸蓄电池的额定端电压(单个)为 2V，但蓄电池充电终了时，其端电压可达 2.7V。而放电后，其端电压可下降到 1.83V。为了获得 220V 的操作电压，需蓄电池个数为$n=230/1.83=126$个。考虑到充电终了时端电压的升高，因此长期接入操作电源母线的蓄电池个数为$n_1=230/2.7=85$个，而其他$n_2=n-n_1=126-85=41$个蓄电池则用于调节电压，接在专门的调节开关上。

蓄电池的容量是指蓄电池放电到某一允许电压(称为终止电压)时，所能放出的电量，即放电电流强度与放电时间小时数的乘积，用“A・h”(安时)表示，它是蓄电池的重要特征，可用下式来计算

$$Q=I_f t_f \tag{3-2}$$

式中：Q——蓄电池的容量，单位为 A・h；

I_f——放电电流强度，单位为 A；

t_f——放电时间，单位为 h。

蓄电池的容量和许多因素有关，如板极的类型、面积和数目，电解液的密度和数量，放电电流的大小，最终放电电压及温度等。

蓄电池的额定容量Q，一般是指它的10h放电容量。如GF-100型蓄电池，若它以10A恒定电流持续放电10h，其放电电量为Q=10A×10h=100A·h，且终止电压不低于规定值。

③ 蓄电池的自放电。充足电的蓄电池，无论是工作或不工作时，其内部都有放电现象，这种现象称为蓄电池的自放电。产生自放电的主要原因是由于极板含有杂质，形成局部的小电池，而小电池的两极又形成短路回路，短路回路的电流引起蓄电池的自放电。其次，由于蓄电池电解液上、下的密度不同，极板上、下电动势的大小就不等，因而在正、负极板上下之间的均压电流也引起蓄电池的自放电。蓄电池的自放电会使极板硫化。通常，铅酸蓄电池在一昼夜内，由于自放电将使容量减小1%～2%。因此运行中应特别注意自放电问题。为防止蓄电池极板硫化，蓄电池应定期进行均衡充电，以补充自放电。

铅酸蓄电池的缺点是：需要专门的蓄电池室，占地面积大，价格贵，投资大，寿命短，维护工作量大，运行费用大。

(2) 碱性蓄电池。国内现在生产的碱性蓄电池种类较多，碱性蓄电池按其极板所采用的活性物质的性质，可分为镉镍蓄电池、铁镍蓄电池和银锌蓄电池三种，其中烧结式镉镍蓄电池在电力系统和发电厂中曾得到广泛使用。

① 碱性镉镍蓄电池的结构及工作原理。碱性镉镍蓄电池的正极板为氢氧化镍，负极板为氢氧化镉，电解液为氢氧化钠或氢氧化钾，正负极板的中间放有尼龙隔膜。将电池壳加盖胶封后，注入相对密度为1.25～1.28g/cm^{3}的氢氧化钾电解液。

全烧结式镉镍蓄电池由工程塑料外壳、正极板、负极板、隔膜、电解液、气塞等组成。正、负极板基本上是采用低密度镍粉制备在金属骨架上，并在氢气保护的高温炉内进行烧结，然后分别浸渍硝酸镍和硝酸镉，再经过碱化、结晶等化学处理，获得氢氧化镍和氢氧化镉的活性物质而制成正、负极板。

外壳采用工程塑料注塑成型，透明度好，便于观察液面，外壳上标有最高及最低液面线，要求液面在两条液面线之间。蓄电池正、负极板分别以红、绿颜色塑料垫圈作标记，气塞采用液密式结构，能通气但不漏液，使用维护方便。

碱性镉镍蓄电池的化学反应方程式如下：

$$2Ni(OH)_2+Cd(OH)_2 = 2NiOH+Cd+2H_2O$$

由上式可见，蓄电池在充电、放电的过程中，电解液不参加化学反应，只起到传导电流的作用，故工作中不会消耗电解液，成分不变，浓度变化也很微小，因此不能用测量电解液密度的办法来鉴别该型蓄电池所储藏的电量。但是电极有吸收和释放水的特性，即充电时释放出水，使电解液液面升高；放电时吸收水，使电解液液面下降，因此可通过观察蓄电池的液面高度来判别蓄电池所储藏的电量。

② 碱性镉镍蓄电池的基本特性。镉镍蓄电池一般都是以放电状态出厂，在投入运行前，必须经过充电—放电—充电—放电—充电两个循环后，经检测达到额定容量后才可投入运行。

目前使用较多的是GNG系列高倍率放电的全烧结和半烧结镉镍电池，其基本性能为：

a. 额定容量：是指按制造厂家提供的，在规定运行条件下(如放电倍率、终止电压、环境温度等)，电池所能放出的最低容量。一般是指4h的放电容量(即按0.25倍率放电)。当放电倍率增加时，蓄电池内化学反应不完全，引起内阻增加，蓄电池端电压下降较快，此时放电容量就达不到额定值。蓄电池的额定容量用A·h表示。

b. 额定电压：国际标准规定镉镍蓄电池的额定电压为1.2V。如直流操作电压为220V，则需180只蓄电池串联；直流操作电压为110V，则需90只蓄电池串联。

c. 终止电压：指电池放电时不宜继续放电的最低电压。根据不同的放电倍率，其值略有不同，小电流放电时，终止电压定得高些(一般定为 1V)，大电流放电时终止电压定得低些(一般定为 0.9V)。电池放电电压低于终止电压，将影响蓄电池的使用寿命。

d. 充放电特性：镉镍蓄电池的充放电特性与充放电倍率有关。所谓倍率，是表示充、放电时所采用的电流值为其额定容量的倍数。如 20A・h 的蓄电池以 60A 电流放电，则称电池以 3 倍率放电。

镉镍蓄电池组在正常运行中以浮充电方式进行，浮充电电压宜控制为 $1.35V\times N$，均充电压宜控制为 $1.47V\times N$(N 为蓄电池的个数)。

电池充电时，特别是初充电时应严格按照厂家说明书的规定进行，一般以额定容量电流×0.25 作为初充电流，充电时应保持恒流，充电时间一般为 6h。充电完成时，每个电池的电压不应超过 1.6V。

e. 运行温度：蓄电池最佳环境温度是(20±5)℃。当环境温度低于−5℃时，其内阻增加；当高于 45℃时，将严重影响蓄电池寿命。所以温度过高或过低时都将影响蓄电池的容量。

f. 蓄电池内阻：蓄电池内阻是极板、隔板、电解液、极柱和其他组成部件电阻的总和。

g. 蓄电池的自放电：一般按每 A・h 消耗 2～5mA 考虑。

镉镍电池在 20 世纪 90 年代应用比较广泛，但现在较少采用，原因是其生产过程中会产生污染环境的物质。

(3) 固定型密封免维护铅酸蓄电池。

近几年，一种新型免维护的铅酸蓄电池已经开始用于水电站，这种新型铅酸蓄电池保留了原有铅酸蓄电池容量大的特点，其放电过程的化学反应也不变。这种免维护的铅酸蓄电池称为固定密封免维护铅酸蓄电池，又称阀控式密封铅酸蓄电池(以下简称免维护铅酸蓄电池)，在使用过程中无须补加水(这是密封的关键，即电池在寿命期内基本不失水)，可以实现蓄电池密封，不需要维护，保证了蓄电池的运行安全可靠及优良的性能。现在应用较多的免维护蓄电池型号有 MD、FM 系列。免维护铅酸蓄电池实物外形图如图 3.1 所示。

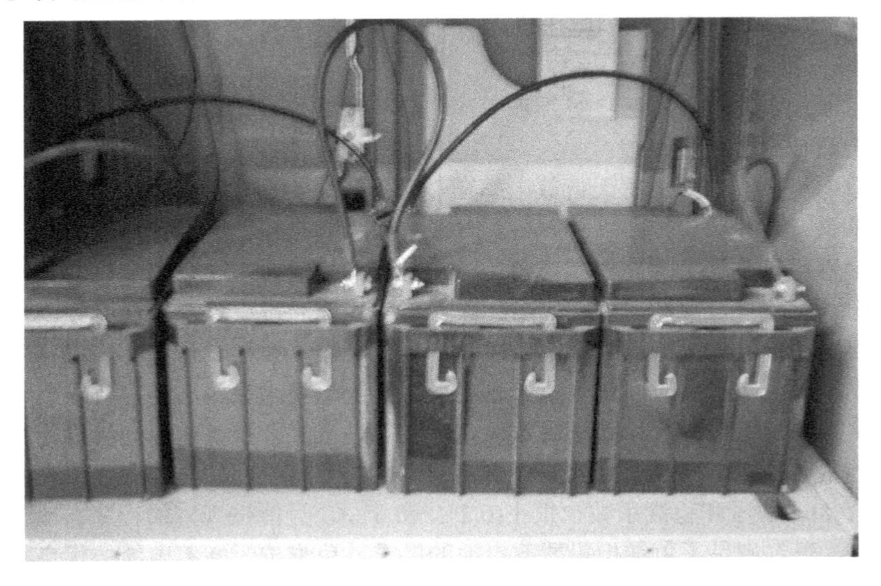

图 3.1　免维护铅酸蓄电池实物外形图

① 免维护铅酸蓄电池的结构。为了达到上述目标，免维护的铅酸蓄电池采用独特的设计，综合运用了上述两种手段。

a. 正负极板(栅)通过独特的合金配方和特别的充电方法来抑制和减少充电后期气体的产生，正极板采用铅钙合金或铅镉合金、低锑合金，负极板采用铅钙合金。

b. 通过独特的正负极活性物质和电解液配比设计，以及选用独特的隔板材料使得在过充电时，只在正极产生少量氧气，且这些氧气能穿过隔板到达负极。

c. 活物质。设计正、负极板活物质在充电过程中的异步复原反应，即当正极板活物质完全充电恢复后，负极板活物质还未完全转变为海绵状铅，这样，充电末期当正极开始产生氧气时，负极板还未变成完全充电状态，可以最大限度抑制氢气的产生。

d. 采用超细玻璃纤维隔板。设计隔板达到以下主要目的：保持正、负极板绝缘；吸附电解液，保持电解液不流动及负极板处于湿润状态；高孔隙度，使正极产生的氧气容易通过到达负极板，在负极析氢前发生化学反应生成水，实现氢氧循环复合，达到氢气内部自我吸收；隔板中加入适量粗纤维，保持隔板长时间具备良好的弹性。

e. 充电末期电极反应。正极产生的氧气，与负极活物质和稀硫酸进行反应，使负极板的一部分处于去极化状态，从而抑制了氢气的产生。

f. 采用特制安全阀，使电池保持一定内压。

总之，充电过程产生的氧气能够迅速与负极板上充电状态下的活物质发生反应变成水，结果基本没有水分的损失，这使密封成为可能。免维护铅酸蓄电池的单体电池电压为2V，钢架组件电压有2V、4V、6V、8V和12V等。若选择电池电压为12V，当直流操作电源电压为220V时，需18只蓄电池串联；当直流操作电源电压为110V时，需9只蓄电池串联；若选择电池电压为2V，当直流操作电源电压为220V时，需104只蓄电池串联；当直流操作电源电压为110V时，需52只蓄电池串联。

免维护铅酸蓄电池在正常运行中以浮充电方式运行，浮充电压值宜控制为(2.23～2.28)V×N，均衡充电电压宜控制为(2.30～2.35)V×N，在运行中主要监视蓄电池组的端电压，浮充电流值、每只蓄电池的电压值。

② 免维护铅酸蓄电池的优点。

a. 无须添加水和调酸的密度等维护工作，具有免维护功能；

b. 大电流放电性能优良；

c. 自放电流小，25℃下每天自放电率在2%以下，为其他铅酸蓄电池的20%～25%；

d. 不漏液，无酸雾，不腐蚀设备及不伤害人，对环境无污染，可与其他设备同室安装；

e. 电池寿命长，25℃浮充电状态使用，电池寿命可达10～15年；

f. 结构紧凑，密封性好，可立式或卧式安装，占地面积小，抗振性能好；

从运行情况看，免维护铅酸蓄电池性能稳定、可靠，维护工作量小，但它对温度的反应比较灵敏，不允许严重的过充电和欠充电，对充放电要求极为严格，要求充电装置具有较好的波纹系数、稳流系数和稳压系数。充电装置是直接影响蓄电池运行稳定性和使用寿命的重要因素。目前，国内外广泛采用高频开关式充电装置，它的输出直流波纹系数小(0.05%～0.1%)，稳压和稳流系数也很小(0.2%～0.5%)，且能按规定的程序自动地对蓄电池进行充放电，基本满足了免维护铅酸蓄电池的要求。免维护铅酸蓄电池的优良特性，无疑对发电厂及电力系统运行和科学管理创造了极为有利的条件，因为它不需要补加水和测比

重的麻烦操作，只需要监测电压变化及充放电容量检查，容易实现微机控制，可实现无人值守和微机集中监控的现代化管理。因此近年来免维护铅酸蓄电池在发电厂及电力系统中得到广泛的应用。

2. 各种蓄电池的维护特点

发电厂中蓄电池组的使用和维护非常重要，如果操作不当，不仅会造成蓄电池容量降低，寿命缩短，而且直接关系到发电厂及电力系统的安全，因此值班员必须按照规范对蓄电池进行正确的检查、测量、加液、充电、放电和处理。

(1) 蓄电池的初充电。所谓初充电，就是新安装好的蓄电池第一次充电。新安装的蓄电池或极板经过储藏或从容器抽出大修后，均应进行初充电。初充电的操作是否正确及质量的好坏与否，对蓄电池的寿命和容量又有很大的影响。因此新安装的蓄电池应按照制造厂的规定进行初充电。

(2) 蓄电池的充电—放电运行方式。充电—放电法的特点是充电装置按蓄电池厂家的说明，以恒流对蓄电池进行充电，充足电后，通过开关切换装置把蓄电池切换到放电回路，以恒定电流通过可调电阻器进行放电。这种方法一般在蓄电池初充电及定期活化蓄电池容量时采用，一般一年进行一次。

(3) 蓄电池的浮充电。浮充电运行方式就是先将蓄电池充足电，然后将充电设备与蓄电池并联在一起工作，充电设备既给直流母线的经常负荷供电，又以不大的电流[其值约为$(0.01\sim0.03)\times Q/36$，$Q$ 为蓄电池额定容量]向蓄电池浮充电，用来补偿由于自放电而损失的能量。这样就可以使蓄电池经常处于满充电状态，从而延长了蓄电池的寿命。当直流母线上有冲击负荷时，蓄电池组由于内阻很小，担任了冲击负荷的供电任务。而当交流系统故障而引起充电设备断电时，蓄电池就全部负担了直流负荷的供电任务，直到故障排除，充电设备恢复供电。此时，蓄电池应按充电—放电运行方式，先将蓄电池组充足电，然后再按浮充电运行方式运行。

浮充电法为蓄电池的主要运行方式，不仅可以减少运行维护的工作量，而且可以提高直流系统的工作可靠性。

(4) 强充电(均衡充电)。蓄电池如果长期仅处于浮充电状态，在长期运行中，由于每个蓄电池的浮充电流一致，但由于自放电的不同，结果会出现部分蓄电池处于欠充电状态，这样对蓄电池有害，将引起蓄电池容量的减少和产生电池容量的不相等，电池组间每个电池端电压也不相等。因此，为了使蓄电池能在健康的水平下工作，应对蓄电池进行强充电(均衡充电)。强充电的方式有两种：一种是定期进行强充电，一般是 6 个月一次；另一种是交流电源长时间中断恢复后的强充电。强充电的电流大小及具体时间应按蓄电池厂家的规定进行。

(5) 补充充电。为了弥补运行中因浮充电流调整不当造成的欠充电，补偿阀控蓄电池自放电和漏电所造成的蓄电池容量的亏损，根据需要设定时间(一般为 3 个月)充电装置将自动或手动进行一次恒流限压充电—恒压充电—浮充电过程，使蓄电池组随时具有满容量，确保运行安全可靠。

综上所述，各种蓄电池的运行特点和维护特点，目前大多数水电站技改和新电站都选用综合性能优越的免维护铅酸蓄电池。

3.2.2 蓄电池组直流系统的选型

以前我国各地的发电厂、水电站及各类变电站所使用的直流电源设备，大部分采用的是相控电源或磁饱和式电源，由于受工艺水平和器件特性的限制，上述电源长期以来处于低技术指标及维护保养难的状况，再加上受变压器或晶闸管自身参数的限制，上述电源存在很多不足之处。例如，初充电流、浮充电流不稳，系统纹波电压过高，控制特性不佳，不便于同计算机系统配接实现自动监控等。同时，目前充电设备与蓄电池并联运行，当电源纹波系数较大，浮充电压波动时，会出现蓄电池脉动充电、放电现象，造成蓄电池组或单体的过早损坏。特别是免维护铅酸蓄电池对充放电的要求较高，不允许过充和欠充，在蓄电池初充电及正常维护的均衡充电中，均要求有性能良好的充电装置，充电装置应能按照蓄电池运行的程序要求自动进行均充、浮充的转换，而且具备恒压、恒流等功能。目前在发电厂和电力系统中应用比较广泛的直流系统为 PZG(W)8 智能高频开关系列和 GZDW 智能高频开关系列直流电源系统，实物外形如图 3.2 所示。下面以 GZDW 智能高频开关直流电源系统为例进行分析。

图 3.2 GZDW 智能高频开关直流电源系统实物外形

1. GZDW 智能高频开关直流电源的系统特点

GZDW 高频开关直流电源系统适合各类变电站的高频开关直流系统及相关配套设备，主要应用在发电厂以及各类变(配)电所，为断路器分、合闸及二次回路中的仪器、仪表、继电保护和事故照明提供直流电源。与传统的相控电源相比，高频开关电源具有体积小、重量轻、效率高、输出纹波及谐波失真小、自动化程度高及可靠性好等优点，是相控电源更新换代的理想产品。GZDW 高频开关直流电源系统有以下特点：

(1) 电压输入范围宽，电网适用性强，可用于环境相对恶劣的场所。

(2) 有可靠的防雷及电气绝缘防护措施，确保系统和人身安全。

(3) 采用集散式监控系统，模块化设计，实现对电源系统的全方位监测，具有“遥控”、“遥测”、“遥调”、“遥信”功能，容易实现无人值守。

(4) 充电模块采用高频开关电源技术，$N+1$ 或 $N+2$ 冗余组合，自动均流。

(5) 监控模块采用大屏幕触摸屏，CCFL 背光，点阵式液晶中文显示，可通过点击触摸屏进行系统参数查询、设置，人机界面友好，操作简单方便。

(6) 监控系统可自动完成对电池电压、充放电电流及温度补偿的精确管理，蓄电池均充和浮充过程自动转换，按监控系统设定的充电曲线自动运行，确保蓄电池工作在最佳状态。

(7) 实时监测蓄电池的端电压与充放电电流，具有电池过欠压告警、电池过温告警、电池过充保护及蓄电池自动温度补偿等功能。

(8) 当监控模块退出工作，充电模块进入自主工作状态，可以人工进行电压及电流的调节，确保系统的正常运行。

(9) 提供多种标准的接线方案，适用于 6～500kV 变电站和发电厂直流电源系统。

(10) 提供两路交流输入接口，可完成两路交流输入的主备份自动切换和互锁。

2. GZDW 智能高频开关直流电源的结构及工作原理

GZDW 智能高频开关直流电源系统按功能分为交流输入单元、高频开关整流模块、监控模块、调压模块、直流馈电单元(包括合闸分路、控制分路)、蓄电池组、电池检测模块、绝缘监测以及防雷模块等组成；按屏框功能可分为充电柜、馈电柜、电池柜等。根据变电站、发电厂等的具体配置，不同的接线方式有不同的配置方式。系统最常用的配置为一个充电馈电柜和一个电池柜。标准配置的充电馈电柜由微机监控模块、高频整流模块、调压模块、交流输入单元、控制馈线输出单元、合闸馈线输出单元等组成。电池柜数量依电池数量不同而定。

图 3.3 为 GZDW 高频开关直流电源系统工作原理框图，两路厂用电经过交流切换输入一路交流电，给各个充电模块(整流模块)供电。充电模块将输入的三相交流电转换为直流电，给蓄电池充电，同时给合闸母线负载供电，另外合闸母线通过降压装置给控制母线供电。

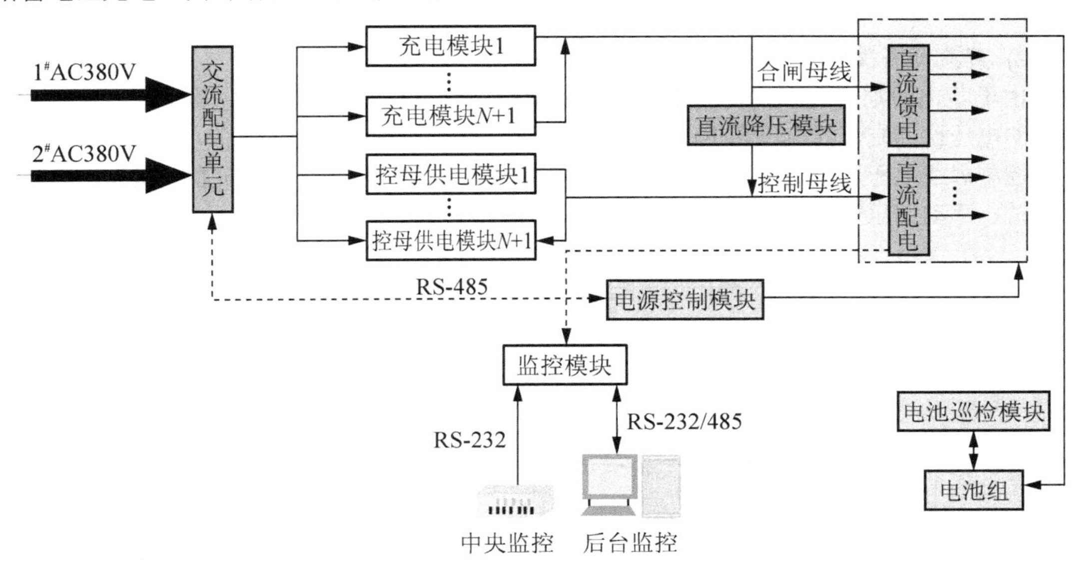

图 3.3　GZDW 高频开关直流电源系统工作原理框图

系统中的各监控单元受主监控的管理和控制，主监控能显示直流系统各种信息，用户也可通过液晶显示屏查询各种信息及操作，系统信息还可以接入到远程监控系统。系统除

本身自带的电压、电流监控功能外，还可以配置绝缘监测、电池巡检等功能单元，用来对直流系统进行全面监控。

1) 高频开关整流模块

高频开关整流模块采用模块化设计，采用先进的移相谐振高频开关电源技术，转换效率高，采用一体化的输入/输出及通信端口，并可设计带电插拔方式，方便模块更换，给调试、维修及安装都带来了方便。高频开关整流模块具有输出电流大、软启动功能和模块可叠加输出 N+1 冗余等特点。输入与输出之间通过变压器隔离。同时该充电模块可通过微机监控模块控制，具有“遥控”、“遥测”、“遥调”、“遥信”功能。高频开关整流模块有 110V/10A、110V/20A、220V/10A、220V/20A 等几种规格。

该高频开关电源采用三相三线 AC 380V 平衡输入，无中线电流损耗，在交流输入端采用先进的尖峰抑制器件及 EMI 滤波电路。由全桥整流电路将三相交流电整流为直流电，再由 DC/DC 高频变换电路(200kHz)把所得的直流电变成稳定可控的直流输出。保护输出部分具有输出过电压保护、输出限电流保护、短路保护、过电流保护和过温保护等。图 3.4 是高频开关整流模块原理框图。

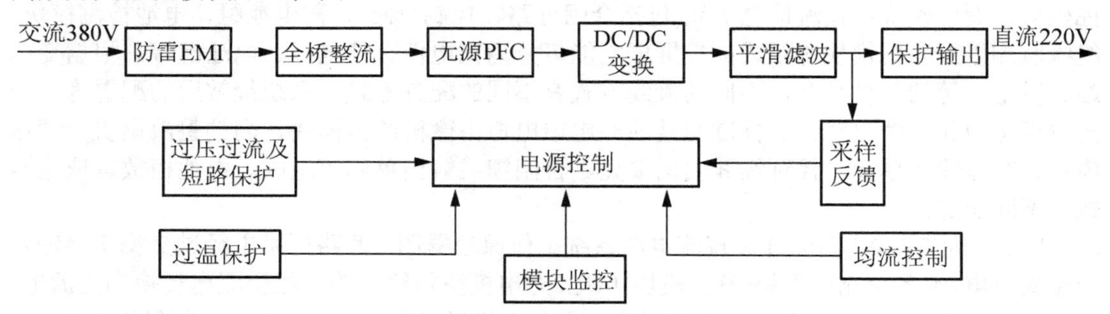

图 3.4 高频开关整流模块原理框图

2) 直流调压模块

由于蓄电池浮充电和均衡充电时蓄电池两端电压不相等，同时蓄电池组在浮充电时其两端的电压比控制母线电压高 10%左右，为了保证控制母线电压为恒定值，必须通过调压模块对控制母线电压进行调整。图 3.5 为调压模块原理图，调压单元由浮充降压硅链、均充降压硅链、手动调压空气开关、自动调压继电器组成，+WC 为控制母线，+WCL 为合闸母线。

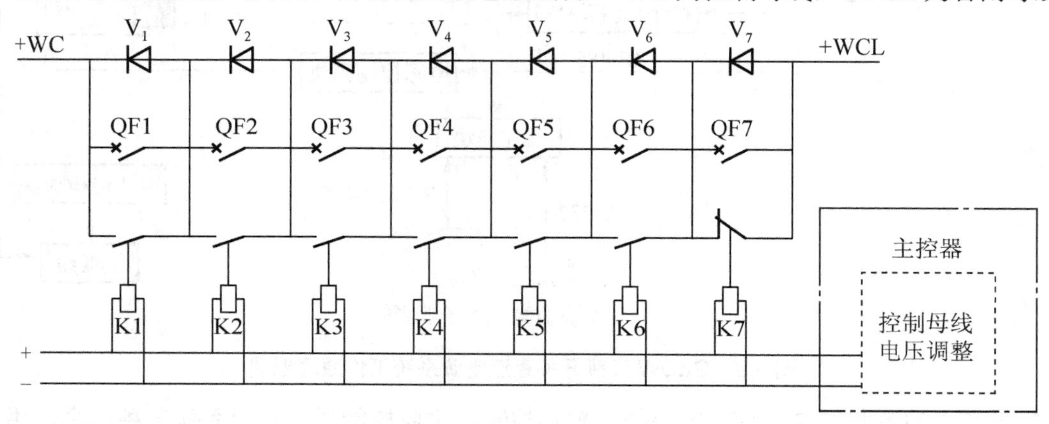

图 3.5 调压模块原理图

降压硅链共有七级，其中 V_1～V_6 为浮充降压硅链，V_7 为均充降压硅链。直流系统电压等级为 220V 时，V_1～V_6 硅链压降为 4.3V，V_7 硅链压降为 10V。直流系统电压等级为 110V 时，V_1～V_6 硅链压降为 2.3V，V_7 硅链压降为 5V。以直流系统电压等级 220V 为例，浮充时，合闸母线电压最大为 244V，六级浮充降压硅链都投入工作，则控制母线电压为 244−6×4.3=218.2V，在 220V±3%范围之内。均充时合闸母线电压比浮充时电压高 10V，因此均充时需使 V_7(10V 硅链)投入工作，而浮充时不投入工作。

调压方式有自动和手动二种方式，自动方式由监控系统的调压信号控制 K_1～K_7 进行调节，手动方式通过手动调节空气开关 QF1～QF7 的开/关进行调压。

3. GZDW 智能高频开关直流电源的型号定义

GZDW 系列电力操作电源型号定义如图 3.6 所示。

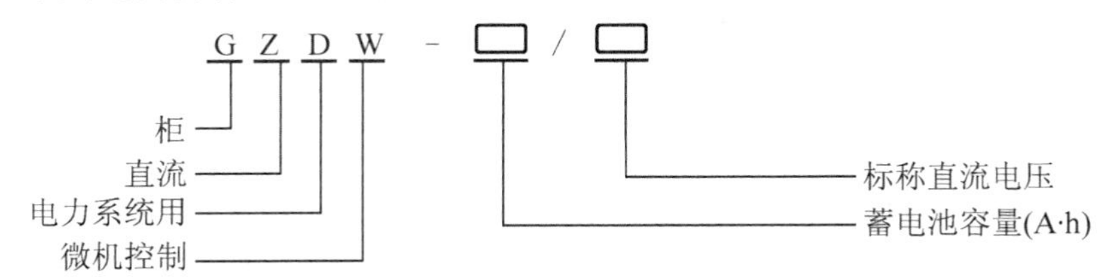

图 3.6　GZDW 操作电源型号图

4. GZDW 智能高频开关直流电源的使用环境条件及系统参数

环境温度：−15～+50℃，日最高温度：+40℃；
相对湿度不超过 90%，海拔高度不超过 2000m；
抗地震烈度：8 级相当于水平加速度 0.2g，垂直加速度 0.1g；
安装地基无剧烈震动和冲击，垂直倾度不超过 5%；
运行地点无导电或爆炸尘埃，无腐蚀性气体；
工作电压及频率：三相 AC 380V×(1±15%)，50×(1+10%)Hz；
输出电压：DC 180～270V (DC 90～135V)；
输出电流：10～180A(N×10A，N× 20A)；
稳压精度：≤±0.5%，稳流精度：≤±1%；
效率：≥90%，功率因数：≥0.92，纹波系数：≤0.5%；
噪声：≤55dB，均流不平衡度≤±3%；
电池容量：20～1 200A • h 任选。
(以上数据根据电力工程直流系统设计规范 DL/T 5004—2004)

5. GZDW 智能高频开关直流电源的参数计算及选型

(1) 系统负荷电流计算。

① 交流正常时负荷电流计算：

正常工作电流=∑控制负荷电流+0.2×∑储能合闸机构电流

② 交流停电时负荷电流计算：

停电工作电流=∑控制设备电流+0.2×∑储能合闸机构电流+事故照明电流

(2) 系统电池容量选择。

① 根据冲击负荷决定最小电池容量(采用储能合闸机构不需要此项计算)：

铅酸免维护阀控电池容量>0.5×单次最大冲击电流

镉镍电池容量>0.2×单次最大冲击电流

② 根据交流停电待机时间确定电池容量：

电池容量>停电时负荷电流×T(小时)×δ_1(修正系数)×δ_2(修正系数)

$\delta_1=1$ ($T\geqslant 10$)，$\delta_1=1.1$ ($5\leqslant T<10$)，$\delta_1=1.2$ ($3\leqslant T<5$)，$\delta_2=1.0$ (108只2V电池)，$\delta_2=1.2$ (104只2V电池)

③ 确定电池容量：

电池容量=计算电池容量最大值×电池老化系数(1.2)×设计余量(1.0～1.3)

(3) 整流模块电流计算：

整流模块电流=正常工作电流+电池充电电流

铅酸免维护阀控电池：

电池充电电流= 0.1×电池容量(A·h)

镉镍电池：

电池充电电流= 0.2×电池容量

(4) 充电模块选择：充电/浮充电装置采用多个高频开关电源模块并联，N+1或N+2热备份工作。高频开关电源模块数可按如下公式选择(即确定N的数值)：

$N\geqslant$(最大经常性负荷电流+蓄电池充电电流)/单个模块额定电流

例如：直流电源系统电压等级为DC 220V，蓄电池容量为200A·h，经常性负荷为4A(最大经常性负荷不超过6A)。

充电电流(0.1×200)+最大经常性负荷(约6A)=26A。可选择10A的电源模块3个(N=3)，再加一个备用模块，共4个电源模块并联可构成所需系统。当3+1个模块同时工作时，每个模块平均分配电流为26A/4=6.5A，当其中一个模块发生故障时，充电装置发出报警信号，这负荷由另外3个模块均流负担，此时每个模块的输出电流为8.67A，不会影响正常供电，因此可从容更换故障模块。

6. 直流系统接线图

图3.7为直流系统接线图。直流系统采用220V供电，控制母线电压为220V，合闸母线电压240V；蓄电池采用6FM-100F，额定电压为12V。共18只蓄电池串联；充电模块2个，采用SEP11020-3，额定输出电流20A，总输出电流为40A；降压装置用来自动调节控制母线电压；绝缘监测仪用来监视直流系统对地的绝缘情况。

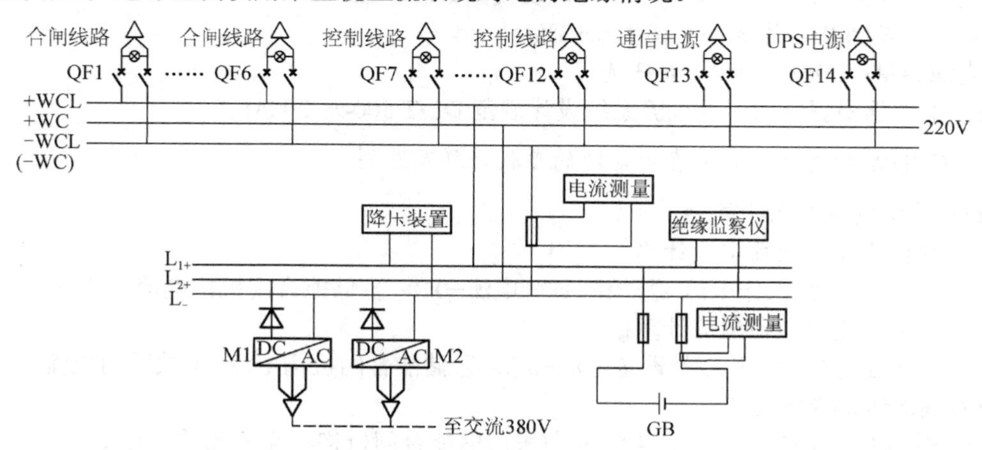

图3.7 直流系统接线图

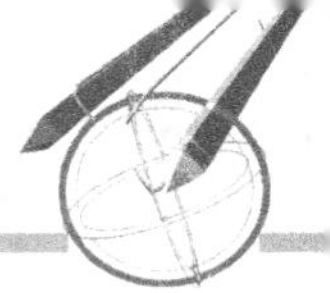

该直流系统能够显示母线电压值，当母线电压过高或过低时输出报警信号，可人工又可以自动地巡查各支路绝缘情况，值班员可方便地得到故障支路相对应的情况，又可根据需求显示正、负母线的对地绝缘电阻值及各回路的对地绝缘电阻值。负荷供电情况为：合闸回路有六路 QF1～QF6，控制回路有六路 QF7～QF12，一路接通信电源 QF13，一路接 UPS 电源 QF14；电流测量单元可以测量蓄电池充电电流及直流负荷电流。

3.3　任务的解决方案

3.3.1　采用智能高频开关直流电源来提高厂用电的可靠性

目前，电力系统使用的直流电源已大部分采用高频开关电源，但相控电源作为被淘汰产品还有部分在使用。相控电源的纹波、高次谐波干扰大，效率低及体积庞大，监控系统不完善，难以满足综合自动化及无人值班变电站或发电厂的要求。另外，由于免维护铅酸蓄电池内阻较小，例如，POWER6225 蓄电池内阻为 1.1 毫欧，在带负载浮充电运行时，太大的纹波在纹波的峰值时会对蓄电池有较大明显的充电，在纹波的谷值时会蓄电池对负载有较大明显的放电，蓄电池长期在这种较大的脉动充放电状态工作，会加速蓄电池老化过程，减小蓄电池的使用寿命。因此，在采用免维护铅酸蓄电池时应配套应用智能高频开关电源。

高频开关电源具有稳压、稳流精度高，体积小、重量轻、效率高，输出纹波及谐波失真小、自动化程度高等优点，在邮电、电力、航空航天、计算机及家电等领域已逐步取代相控电源。目前，电力部规划设计院已大力推广并使用高频开关电源，新的设计规程已发行。

江山市峡口电站于 1973 年投产发电，总装机容量为 14 000kW，220V 直流系统采用老式相控整流设备，整个系统总体性能不令人满意，因此在 2003 年结合电站微机监控改造，对直流系统进行了彻底的技术升级。

1. 选择蓄电池

根据直流系统的设计要求，直流系统负荷供电应满足以下基本要求：a.在正常或事故运行情况下，保证向所有直流负荷可靠地不间断供电，同时保证提供的电压在允许范围内；b.当系统发生故障时，保证能迅速可靠地找到故障设备及直流回路故障点，并尽可能隔离。根据上述原则，对系统中的蓄电池和充电装置进行参数确定和设备选用。

1) 确定蓄电池类型

免维护铅酸蓄电池由于正常使用中无需进行电解液检测和调酸加水等维护工作，故被称作免维护铅酸蓄电池。它与普通铅酸蓄电池相比，有较高的安全性和密闭性，使用中不会产生漏酸、气涨现象；使用寿命长，正常使用使用寿命可达 15～20 年，蓄电池气体再化合率可达 99%，具有高倍率放电能力，高倍率放电容量可达额定容量的 14 倍，能满足电力系统中大冲击负荷电流的要求，因此决定采用免维护铅酸蓄电池。

2) 确定蓄电池实际容量

按《小型水力发电站设计规范》(GB 50071—2002)要求，“蓄电池的容量除满足最大冲击负荷外，还应满足全厂事故停电时的用电容量”。对免维护铅酸蓄电池来说，即取决于断路器合闸电流及厂用电停电时需供给的事故持续容量，取二者中所需容量大者即为蓄电池所需容量。

(1) 按断路器合闸电流选择蓄电池容量，用式3-1表示：

$$蓄电池安时数=合闸电流\times50\%\times可靠系数 \tag{3-1}$$

式中，最大冲击负荷指电池在输出事故容量后，还应满足开关合闸等电磁操作要求。对免维护铅酸蓄电池来说，在剩余50%容量时，仍可以3.5A·h冲击放电。考虑到断路器、励磁开关操作及供给起励电源可靠，故取1.5倍的可靠系数。本站断路器合闸电流为98A，则蓄电池安时数为98×50%×1.5=73.5(A·h)；取靠近73.5A·h系列值为80A·h。

(2) 按满足厂用电停电时输出事故容量选择蓄电池容量，用式3-2表示：

$$蓄电池安时数=事故容量\times储备系数\times老化系数\div折扣系数 \tag{3-2}$$

式中，蓄电池标称容量与实际有效容量存在差异。对于一般的阀控式电池折扣系数取0.8；老化衰减系数一般取1.2；电池的储备系数一般取1.1；事故容量指的是电网停电到恢复正常应考虑的最长时间，乘以此期间可能的最大负荷，本站按2h来计算；本站事故放电电流按25A计，事故小时取2小时，则蓄电池安时数为25×2×1.1×1.2÷0.8=82.5 (A·h)；取靠近82.5A·h系列值为100A·h。

(3) 确定蓄电池实际容量

实际容量取大者为设计容量，考虑一定裕量选为100A·h。单体电池电压为12V，数量为18只。

2. 充电装置选择

目前，新型充电装置主要有直流相控电源系统和高频开关电源直流系统等，均采用微机控制。江山市峡口电站充电装置采用了微型高频开关电源直流系统，以N+1冗余模块并联组合供电，根据电压直流负载使用情况，选用三个模块，单个模块输出为220V/10A，总电流为30A。系统接线方式如图3.8所示。

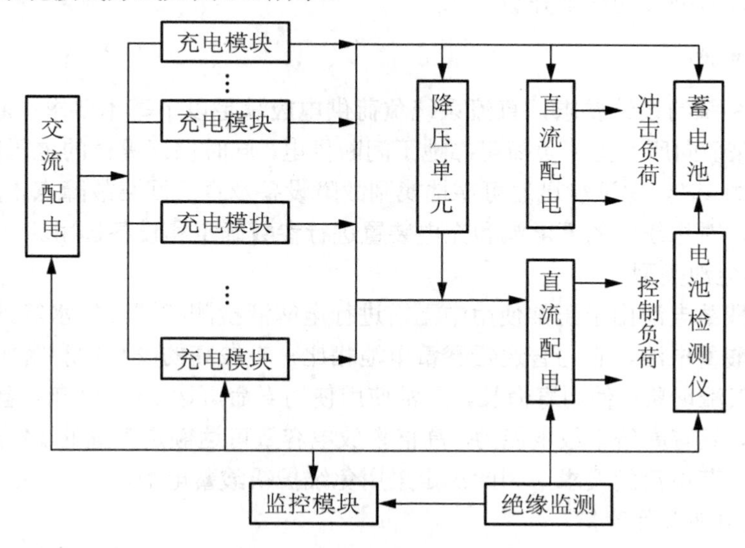

图3.8 系统接线方式框图

3. 直流馈电部分

馈线单元分为合闸回路单元和控制回路单元，合闸回路单元由合闸回路和回路检测模块组成，合闸回路有 6 路馈线，2 路 48V 通信电源，每一路配备空气开关和熔断器。控制回路单元由控制回路和回路检测模块组成，控制回路有 12 路馈线，每一路配备空气开关和熔断器。合闸回路和控制回路检测模块用来检测回路是否正常工作，它属于监控系统综合模块的子模块。

4. 系统总体性能

(1) 系统技术参数：稳压精度≤±0.5%；稳流精度≤±0.5%；纹波系数≤0.1%。

(2) 交流配电单元设置两路进线。交流电源监视模块完成对三相交流输入电压的检测和控制双路电源切换，并实现交流失压、缺相、电压越限报警；报警信号送至系统监控模块进行告警处理并打印。同时装有每相通流量 15kA、响应速度为 25 μs 的三相避雷器，能有效地防止雷击对设备造成的损坏。

(3) 高频开关电源模块采用先进的高频软开关技术和特有的模块化设计，软件硬件配合控制，$N+1$ 热备份，可平滑扩容，可靠性高，维护方便，模块可带电插投，任一模块退出运行均不影响系统的正常运行。充电装置的额定容量按蓄电池充电要求选择，由于采用完善的均流技术，模块间输出电流最大不平衡度≤±5%，具有手自动均充、浮充电功能。当蓄电池事故放电后，能对蓄电池自动进行补充电。当交流电源失电后，控母无时间间隔连续供电，交流电源恢复后，均充时间达到整定值时，能自动转入浮充电运行。另外充电装置具有良好的自动稳流、自动稳压限流、过流保护、过电压保护、交流电压缺相保护、电池过充放、三相不平衡保护和微机自检等功能，能经受长时间过电流不损坏。在过流、过压、交流缺相、三相不平衡及装置故障时，有就地信号并能向远方发信号，充电装置还具有低电压保护功能。

(4) 监控系统模块化设计，监控功能完善，高智能化，是整个直流系统的控制、管理核心，其主要任务是对系统中各功能单元和蓄电池进行长期自动监测，获取系统中的各种运行参数和状态，根据测量数据及运行状态实时进行处理，并以此为依据对系统进行控制。监控系统采取大屏幕液晶汉字显示，声光告警，同时具有完善的自诊断功能，各模块的自诊断信息在屏幕上直观地显示。监控系统配有标准 RS-232 接口，方便接入自动化系统，实施“四遥”及无人值守功能。

(5) 智能化的蓄电池管理程序，对蓄电池自动管理及自动维护保养，实时监测蓄电池组的端电压，充、放电电流，自动控制均、浮充以及定期维护性均充。能有效地延长蓄电池寿命，具备单体蓄电池监测装置，实时监测每只蓄电池的电压和环境温度，并可显示各项参数。

(6) 降压单元由浮充降压硅链、均充降压硅链、手动调压空气开关、自动调压继电器组成，可实现自动或手动调压，保证控母电压处在合格范围内。

(7) 绝缘监测装置可以同时在线监测直流系统正/负控制母线的绝缘状况，正常时，由电压表可测出正负控母对地电压及对地电阻值。当绝缘下降时，由光耦检测出对地泄漏电流，超过设定值即可动作，动作后启动本屏声光告警，并启动中央音响，动作灵敏度可通过可调电阻来选择。

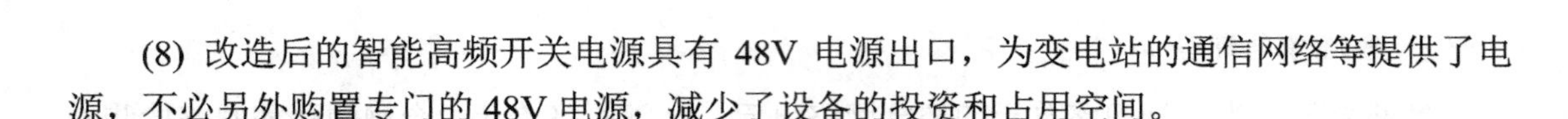

(8) 改造后的智能高频开关电源具有 48V 电源出口，为变电站的通信网络等提供了电源，不必另外购置专门的 48V 电源，减少了设备的投资和占用空间。

3.3.2 水电站直流系统常见故障原因分析及处理

1. 直流系统一点接地

水电站的直流电源分布较广，环境条件差，特别是在水轮机层和户外场所，空气潮湿，容易造成直流系统绝缘水平降低，甚至会发生绝缘损坏而接地，因此直流系统一点接地是直流系统的最常见故障。当直流系统发生一点接地时，并不引起任何危害，仍能继续运行。但是这种接地故障必须及时发现，及时排除，否则当发生另一处接地时，有可能引起信号回路、控制回路、保护回路等的不正确动作，造成严重的后果。如图 3.9 所示为直流系统两点接地的情况，当 A、B 两点发生直接接地时，电流继电器 KA_1、KA_2 的触点被短接，保护出口继电器 KOM 发生误动作，KOM 触点闭合而使断路器误跳闸。当 A、C 两点接地或 A、D 两点接地时，同样会造成断路器误跳闸。

在图 3.9 中 A、E 两点发生直接接地时，熔断器将熔断。当接地点发生在 B、E 和 C、E 两点时，在继电保护动作时，不但断路器将拒跳，而且使熔断器熔断。

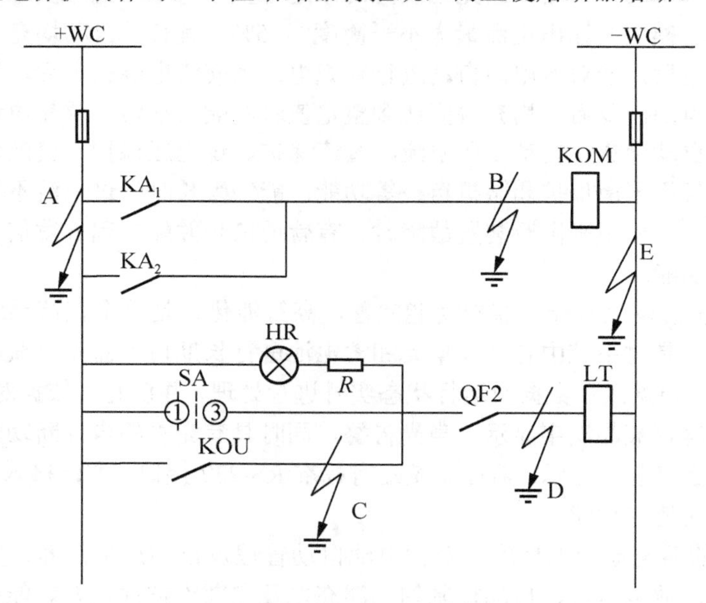

图 3.9 直流系统两点接地示意图

正因如此，发电厂中不允许直流系统长期一点接地运行。直流系统的绝缘状况，直接影响到发电厂的安全运行。为了能监视直流系统的绝缘状况，必须装设绝缘监察装置。水电站常用的直流系统绝缘监察原理接线图如图 3.10 所示。

由电压测量和绝缘监察两部分组成，测量部分由电压表 PV 和母线电压转换开关 SA 组成；绝缘监察装置主要由绝缘监察继电器 KVI 和光字牌灯泡 HL 组成。

(1) 电压测量。母线电压转换开关 SA 有三个位置，即“母线”、“正极对地”和“负极对地”位置。

① 母线电压的测量。正常状态下，SA 处于“母线”位置，其触点 1-2、5-8、9-11 接通，电压表 PV 接于正、负母线之间，监视和测量直流母线电压。

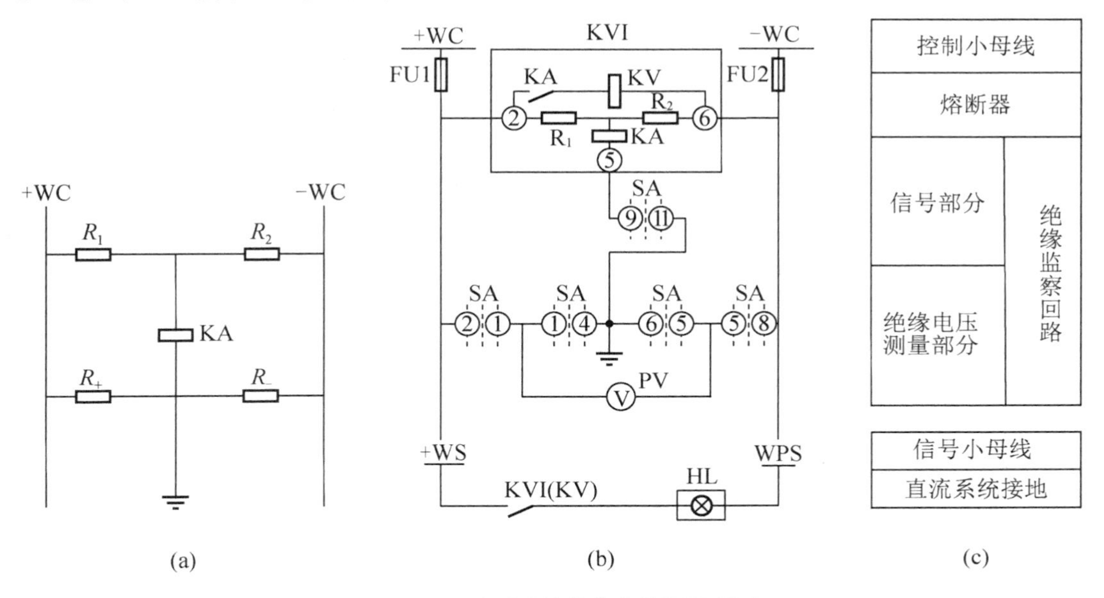

图 3.10　直流系统绝缘监察装置原理图

② 正极对地电压的测量。当把 SA 手柄逆时针转 45°，其触点 1-2、5-6 接通，电压表 PV 接于正极与地之间，测量正极对地电压。测量正极对地电压可反映负极对地的绝缘情况，若正极对地电压为零，则说明负极对地绝缘良好；反之，正极对地电压越高，说明负极对地绝缘越差。若正极对地电压为母线电压，则说明负极直接接地。

③ 负极对地电压的测量。当把 SA 手柄顺时针转 45°，其触点 1-4、5-8 接通，电压表 PV 接于负极与地之间，测量地对负极电压。测量负极对地电压可反映正极对地的绝缘情况，若负极对地电压为零，则说明正极对地绝缘良好；反之，负极对地电压越高，说明正极对地绝缘越差。若负极对地电压为母线电压，则说明正极直接接地。

特别提示

电压表 PV 必须是高内阻电压表，一般在 100 kΩ 及以上，否则在测量正、负极对地电压时，若发生直流系统一点接地，则有可能使二次回路拒动或误动。

同时通过电路理论相关知识可知，若已知母线电压 U，正极对地电压 U_+，负极对电压 U_-，电压表内阻 R_V，则可求出正极对地绝缘电阻 R_+，负极对地绝缘电阻 R_-。

$$R_+ = \left(\frac{U - U_+}{U_-} - 1\right) R_V$$

$$R_- = \left(\frac{U - U_-}{U_+} - 1\right) R_V$$

(2) 绝缘监察工作原理。KVI 所在电路的工作原理就是直流电桥的工作原理，简化原理图如图 3.10(a)所示。

图中电阻R_1、R_2是平衡电阻，R_+和R_-分别代表直流系统正极对地绝缘电阻和负极对地绝缘电阻，这四个电阻就成了电桥的四个臂，绝缘监察继电器KVI中的KA电流线圈接于电桥的对角线上。

① 直流系统绝缘良好时，此时SA处于“母线”位置，其触点9-11接通，若$R_+=R_-$，选择$R_1=R_2$，则电桥平衡，KA线圈中基本没有电流通过，所以KVI不会动作，不会发出直流接地信号。

② 当直流系统正极(或负极)接地或绝缘电阻严重下降时，则R_+与R_-不相等，电桥失去平衡，KA线圈中就有电流流过，当电流足够大时，KA动作，KA常开触点闭合，启动KV，KVI常开触点闭合，点亮光字牌灯泡HL，同时发出预告音响信号。

③ 由于这种绝缘装置有一个人为的接地点，这样当直流系统中其他地方再发生一点接地时，将形成相当于两点接地的情况，为了防止这种由于两点接地而引起继电器误动作，则要求KA的线圈有足够大的阻值。对于220V直流系统，KA线圈的阻值为30kΩ，其启动电流为1.4mA。

这种绝缘装置虽然得到了广泛的应用，但也是有缺点的，它只能反映一极绝缘下降或接地，当正、负两极绝缘电阻同时降低时，KVI不会动作，不会发出信号，此时只有通过定期测量正、负极对地电压来判断绝缘情况。

2. 直流电压监察装置

直流系统在运行过程中，若直流母线电压过高，对长期带电的设备(如继电器、信号灯等二次设备)会造成烧坏或缩短使用寿命；若电压过低，可能使继电器、保护装置和断路器操动机构拒绝动作。

为了监视直流母线电压，防止电压过高、过低，在直流母线上应装设直流电压监察装置，以便值班员及时调整直流母线电压。装置由一只过电压继电器KV_1和一只低电压继电器KV_2组成。当直流母线电压高于动作整定值($1.25U_e$)时，KV_1动作，点亮光字牌的灯HL_1并发出预告信号；当母线电压低于整定值($0.75U_e$)时，KV_2动作，点亮HL_2并发出预告信号。值班员可根据此信号及时处理。

随着微处理器的飞速发展，水电站自动化水平的日益提高，新建电站现已广泛采用微机型的直流监察装置，用以对直流系统电压、绝缘进行监测。该装置集电压、绝缘监察为一体，体积小，使用方便，监测准确。

3. 直流接地点的查找

当直流系统发生一点接地时，发出预告信号，同时光字牌的灯发出直流系统一点接地指示，值班人员应根据运行方式、操作情况和气候情况来判断可能发生接地的地点。查找接地点采取依次断开某一直流回路的方法，切断直流回路的时间越短越好。

查找接地点的切断顺序为：先寻找信号、照明直流回路，后查操作直流回路；先室外后室内；先负荷后电源。

(1) 直流系统接地点的寻找过程：

① 先测量正、负极对地电压，判断是正极接地还是负极接地以及接地的程度。

② 依次断开某一馈线的刀开关，又迅速合上(3S)，并注意接地现象是否消失。拉、合的顺序为：

a. 首先切断不重要的、容易发生接地的回路。

b. 取下中央音响信号回路熔断器。

c. 拉开直流照明电源的刀开关。

d. 拉开断路器控制保护回路电源的刀开关。

e. 检查直流电源，主要是检查蓄电池组、整流装置及充电装置回路、直流母线是否有接地故障。

当查找到某一直流回路存在接地故障时，应分别取下各支路的熔断器，找出接地点。查出接地点后，应立即进行处理，必要时停电处理。

(2) 寻找接地点时应注意的事项：

① 禁止使用灯泡来查找接地点，因为灯泡的电阻小，会引起直流回路短路，可使用高内阻的万用表来查找接地点，其内阻不得小于 2 000 Ω/V。

② 检查直流一点接地的过程中，应防止直流回路再发生另一点接地，造成直流回路短路。

③ 在拉每一条回路时，应密切监视一次设备的运行及仪表指示变化情况。

④ 寻找和处理直流接地故障时，必须有两人进行，一人操作，另一人进行监护。

GZDW 智能高频开关直流电源常见故障处理

现列举 GZDW 智能高频开关直流电源常见故障如下：

(1) 直流系统故障。当直流系统发生任何故障时，监控器均可发出直流系统故障信号。

(2) 监控器故障。主监控器故障时，监控器面板上的运行指示灯熄灭，并发出故障告警信号，同时副监控器自动投入运行，并保持系统原来的运行状态，并对充电模块、母线电压、绝缘状态、熔丝状态、交流输入状态等信息进行监视。所以监控器故障后不会影响系统的正常运行，但需及时通知厂家维修。

(3) 充电机故障。充电机故障一般包括以下几种情况：

① 因交流输入电源失压、缺相或过压引起的充电模块停机或保护关机；

② 因误操作引起的某个充电模块上的“开机/关机”按钮处于关机状态或“均/浮充”按钮处于均充状态；

③ 充电模块的输出电压低于或高出设定值；

④ 模块地址码拨错；

⑤ 某些不明原因引起的充电模块内部故障，无电压输出。

当出现充电机故障时，首先应判定故障类型，如果是第①、②、③、④类故障，可通过改善交流输入电源、纠正“开机/关机”或“均/浮充”按钮的状态，调整充电模块的输出电压或重新设定充电机过欠压报警值，改正地址拨码等措施使充电机工作恢复正常；如果是第⑤类故障，则需将故障模块停机退出运行，并在集中监控器的参数设置项下的充电机参数中将该故障模块的地址屏蔽，充电机故障告警信号即消除。并通知厂家维修。

由于充电机采用模块化结构，N+1 冗余方式设计，因此个别模块的故障不影响整个系统的运行。

(4) 交流故障。发出交流故障告警可能是交流输入开关断开或交流停电，还有一种情况是交流缺相或者三相电压不平衡。通过改善交流输入电源即可排除该故障。

(5) 接地故障。发出接地故障告警时，应根据微机绝缘监测仪给出的信息找出故障原因并加以纠正。

(6) 母线电压异常。当母线电压高于或低于设定值时，系统会发出母线电压异常的报警。当发生母线电压异常时，请检查集中监控器中的系统参数是否与出厂参数一致。

(7) 蓄电池欠压。蓄电池欠压报警是在电源故障/充电器故障情况下，或在蓄电池放电试验期间蓄电池放电到预定电压值时发出。

蓄电池欠压报警定值为 108×1.8*V*pc，表明蓄电池放电已经达到它最小设计电压，发出这种警报时，应切断负荷，避免蓄电池危险地放电状态。

(8) 熔丝故障。当发生熔丝故障告警时，请检查充电机输出熔断器和蓄电池回路熔断器是否熔断，可以通过检查每一个熔断器旁边的信号熔断器是否弹出来使底座的微动触点动作来确认哪一个熔断器熔断。请更换该熔断器和旁边的信号熔断器。

(9) 馈线故障。当发生馈线故障告警时，请检查负荷回路是否有开关跳闸，可以通过检查每一个馈线开关的状态来确定。

(10) 表计故障。当监控器的主画面上的表计量显示为一横线并闪烁，则表示该表计与集中监控器的通信中断或该表计损坏。请检查表计的通信线、拨码或更换表计。

3.4 任务解决方案的评估

3.4.1 通过采用高频开关直流电源显著提高了发电厂的经济效益

通过对上述典型水电站采用高频开关直流系统后的综合分析，可以得到以下结论：对原直流系统改造后，不仅提高了水电站运行的安全性、稳定性和自动化水平，每年还可增加经济收入，经济效益十分显著。第一，确保了水电站的安全运行，先进的技术设备保证了供电的质量；第二，提高了运行工的技术素质，技改过程中运行人员一般全过程参与工程建设管理，使他们对机组设备有更加感性的认识，掌握了最新的技术动态。近几年来浙江省许多水电站都进行了直流系统改造，技术水平大大提高，显著减轻了运行人员的劳动强度，几乎达到免修的程度。由少停机、不检修而带来的经济效益十分明显，充分证明了科技是第一生产力的真理。

3.4.2 高频开关直流电源应用的进一步探讨

峡口电站直流系统自 2003 年投入后，运行一直非常稳定、可靠，保证了电站的安全运行。同时在实际运行中，感觉对以下几点还需作进一步改进：

(1) 水电站因厂房环境潮湿导致直流系统对地绝缘情况不太好，直流回路电缆分布广，元器件多，故障点很难查找。当直流系统绝缘下降后，将影响机组控制系统的安全运行。本装置绝缘监测装置采用电桥平衡原理，缺点是不能真正反映直流母线的绝缘，只能反映正、负母线绝缘电阻的不平衡情况。当其动作报警后，只能采用传统查找直流接地的方法，即采用拉路寻找分段处理的方法人工解线找出故障点，但短时拉回路电源时可能因直流失

电，引起保护装置或自动装置由于抗干扰性能或故障判断的问题造成误动跳闸。国电公司在输电综函[2001]238 号《水电厂无人值班的若干规定》7.6.1 条中指出：严禁在设备运行中采取切直流负荷的方法，查找和处理直流接地故障。因此，有必要对此作进一步的改进和提高。

(2) 如设置专门的蓄电池室，则蓄电池室的温度应保持正常，一般在 20℃左右，过高或过低都会缩短蓄电池的使用寿命。电站蓄电池室内夏季温度高达 40℃左右，应安装空调，以改善蓄电池的工作环境。

(3) 机组自动化部分元件及控制箱工作环境应作进一步改善。

电站内许多自动化元器件在水轮机房，工作环境较为潮湿，而且在夏季由于温差关系，元件表面容易形成结露，影响直流馈线回路绝缘下降。因此在今后的技术改造中，还需选用密封性能好，有防潮设计的产品，改善通风条件，并将部分自动化回路和控制箱移到发电机层，可大大加强直流系统绝缘水平。

3.4.3　智能高频开关电源的发展方向

1. 高效率绿色电源及智能化电源管理

绿色电源基本概念是：节能省电、低噪音、低污染、低辐射。提高电源效率是改善电源省电效果的根本途径，进一步提高高频开关电源的效率。低噪音是指电源发出的噪音，高频开关电源发出的噪音主要是风机发出的噪音，噪音一般小于 55dB。为了进一步降低噪音，高频开关电源尽量采用自然散热。低污染、低辐射是指电源对电网的污染及稳压输出电压的质量。减小电网的污染是要提高功率因素，减小三次、五次、七次电压及电流谐波，输出电压的稳定是提高输出电压的稳压精度，稳流精度，纹波电压及输出峰—峰值。采用功率因数校正技术的高频开关电源，功率因数近似为 1，而且对公共电网基本上无污染。

2. 分布式电源系统

分布式电源系统研究始于 1989 年初，主要在航空、航天、巨型计算机等国防军事领域。随着高频技术及新型功率器件技术的发展，迅速推动分布式电源系统研究的开展。20 世纪 80 年代末已成为国际电力电子学的研究热点。其研究的内容包括高频化电源变换技术，高功率密度封装技术、电源单元并联技术、功率因素校正技术以及电源模块电源系统智能化技术等。

分布式电源系统是指对集中式供电而言，分布式电源系统是利用最新电源理论和技术成果做成相对较小的电源功率模块来组合成积木式，智能化的大功率供电电源系统。分布式电源系统主要优点如下：

(1) 供电质量高。因为各供电单元靠近负载，改进了负载静态和动态供电性能。

(2) 高效、节能。配电为较高电压 220V 或 380V，传输损耗降低，提高效率、节约能源。

(3) 可靠性高。采用大规模集成电路技术和混合电路技术模块化电源，可靠性远高于分立组件生产的电源，易组成冗余式供电系统，系统可靠性更高。

(4) 使用维护方便。采用积木式智能化系统，现场维护故障单元方便、敏捷，系统扩大功率比较容易。

任务小结

发电厂直流系统主要作为继电保护、自动装置回路、开关电器控制回路和信号回路的专用供电源，应保证在任何情况下都能可靠供电。因此，直流系统作为发电厂的一个重要系统，其性能质量直接关系到整个电站的稳定运行和设备安全，所以如何为发电厂提供稳定的电源是电力系统自动装置的重要任务。本任务在详细分析任务的基础上，提出了一种采用GZDW智能高频开关直流电源的解决方案，这也是与当前的工程实际高度一致的，学习中要重点放在高频开关直流电源自动控制的环节和机理上。

习　题

1. 蓄电池额定容量的定义和影响其容量的因素是什么？
2. 免维护铅酸蓄电池有什么优点？
3. 蓄电池的运行方式有哪几种？各有何特点？分别适用于什么时候？
4. 为何要对蓄电池进行强充电？
5. 直流系统为何要装设绝缘监察装置？
6. 怎样正确寻找直流系统的接地点？
7. 直流系统中通过母线电压转换开关测量正、负极对地电压的目的是什么？
8. 过充电、欠充电对蓄电池有何危害？

任务4

实现同步发电机自动并列

【知识目标】

1. 掌握自动同期装置在电力系统中的重要作用和基本类型；
2. 掌握同期并列的相关概念(并列操作、自同期、准同期、滑差角频率、滑差周期、恒定越前时间、恒定越前相位角、整步电压、线性整步电压)；
3. 掌握 ZZQ-5 型自动化同期装置的功能和组成，能够分析各模块的工作原理；
4. 掌握数字式同期装置的功能和组成，能够分析各模块的工作原理。

【能力目标】

能力目标	知识要点	权重/%	自测分数
认知发电机同期装置	自动同期装置在电力系统中的重要作用	10	
能熟练地对发电机同期装置进行分类和识别	各种同期方式的特点，包括主要的优点、缺点以及应用场合	10	
能够利用整步电压判断同期情况	同期并列的相关概念(滑差角频率、滑差周期、恒定越前时间、恒定越前相位角、整步电压、线性整步电压)	20	
典型发电机同期装置工作原理的分析，能够读懂同期装置系统图	ZZQ-5 型自动化同期装置的总体结构和工作原理	30	
数字式同期装置的分析	数字式同期装置的总体构成和工作原理	30	

【任务导读】

同步发电机只有在满足同期条件下，才能投入电力系统并列运行。电力系统中将一台待投入系统的空载发电机经过必要的调节，在满足并列运行的条件下经开关操作与系统并列，这样的操作过程称为并列操作(同期操作)。如操作不当或误操作，将产生极大的冲击电流，破坏发电机，引起系统电压波动，甚至导致系统振荡，破坏系统稳定运行，因此并列操作是电力系统中一项极重要的常规性操作。为了能可靠而简便地完成并列任务，必须根据发电厂的具体情况及电力系统的要求而选择合理的并列方式。

4.1 任务导入：认识发电机同期装置

为了能可靠而简便地完成并列任务，首先必须明确发电机各种同期方式的概念和特点，然后初步了解自动准同期装置的功能和总体结构。

4.1.1 同期的方式

目前电力系统采用的同期方式有两种：准同期方式和自同期方式。

1. 准同期方式

准同期方式是将待并发电机转速升至接近同期转速后加励磁，然后对发电机进行电压、频率的调节，使之满足三个条件后将发电机断路器合闸，合闸瞬间发电机定子电流接近于零。

为此，发电机顺利完成准同期任务应满足以下三个条件(以下简称“同期三条件”)：①电压条件，即待并发电机电压与运行系统电压大小应相等；②频率条件，即待并发电机的频率与运行系统的频率应相等；③相位条件，即待并发电机电压的相角与运行系统电压的相角应相等。

准同期并列方式的优点是当满足上述条件时并列，对发电机和系统的冲击电流较小；缺点是如果并列操作不准确(误操作)或同期装置不可靠时，可能引起非同期并列事故。例如当两端频率差太大时，实行并列操作将引起非同期振荡失步或经过较长时间振荡才能进入同期运行；当两端电压差太大时，则在合闸时会出现较大无功性质的冲击电流；当两端相角差太大时。则在合闸时会出现较大的有功性质的冲击电流。极端情况下当相角差为$\delta=180°$时，则冲击电流将大于发电机出口短路电流，从而引起发电机等关键设备严重破坏，同时引起系统的非同期振荡，甚至引起系统瓦解。

但是实际操作时若要求完全满足上述三个理想条件，将使同期操作变得相当困难，有时甚至无法实现。实际上要求完全满足上述三个条件既不可能也没有必要。因此根据允许冲击电流的条件，规程规定了准同期并列允许的电压、频率和相角偏差范围：一般要求准同期并列时电压允许偏差的范围为±(5%～10%)的额定电压；合闸时的相位差δ不超过10°；待并列发电机与运行系统的频率差不超过±(0.1～0.25)Hz。

准同期按同期过程的自动化程度可分为手动准同期、半自动准同期和自动准同期。手动同期时所有操作，包括调节机组的转速调节发电机的电压和断路器的合闸等操作均由操作员手动完成；采用半自动准同期时，一部分由手动完成，一部分由自动装置完成；自动准同期则全部操作由自动装置完成。目前在发电厂内一般装设手动和自动准同期装置，作为发电机正常并列之用；若电力系统要求且机组性能允许时，可装设手动或半自动自同期装置，作为电力系统事故情况下紧急并列之用。

2. 自同期方式

自同期并列方式是将未经励磁的发电机转速升至接近同期转速，在不超过允许转差率的情况下，先把发电机投入系统，然后再给发电机加励磁，将发电机自行“拉入”同期。

自同期并列方式的优点在于并列过程快，操作简单，避免了误操作的可能性，易于实现操作过程自动化，特别是在系统事故时能使发电机迅速并入系统；缺点是未加励磁的发电机投入系统，将产生较大的冲击电流和电磁力矩，同时使系统电压、频率短时下降。

总之，准同期方式就是先加励磁(建压)后并网，自同期方式就是先升速并网，后加励磁(建压)。

4.1.2　同期点的设置

发电厂和变电站中的诸多断路器中，并不是每个断路器都可以用于并列。只有当断路器断开时，其两侧电压来自不同的电源，该断路器必须由同期装置进行同期并列操作才能合闸，这些担任同期并列任务的断路器，称为同期点。

同期点的设置原则是：在正常运行时，待并发电机经简捷的操作就能与电力系统并列；在事故跳闸后，经最少的倒闸操作就能与系统并列，以实现在最短时间内恢复供电。

根据上述原则，发电厂中的同期点具体位置设置如下：

(1) 发电机引出端断路器或发电机-变压器组的高压侧断路器均需作为同期点。

(2) 三绕组变压器有电源的各侧断路器均为同期点

(3) 对侧有电源的双绕组变压器的低压侧或高压侧断路器为同期点。

(4) 接在母线上对侧有电源的线路断路器为同期点

4.1.3　同期电压的引入

在介绍同期电压引入方式之前，首先要搞清楚何谓“待并系统”和“运行系统”，通常情况下，把代表“发电机”的称为“待并系统”，代表电力系统的称为“运行系统”，比如发电机并网前，发电机称为“待并系统”，发电机电压母线称为“运行系统”。“待并系统”和“运行系统”随着同期点的改变而改变，因此同期点选择不同，同期电压的引入方式也不同，下面以发电机出口断路器同期电压的引入为例介绍同期电压的引入方式，同期电压引入接线图如图 4.1 所示：

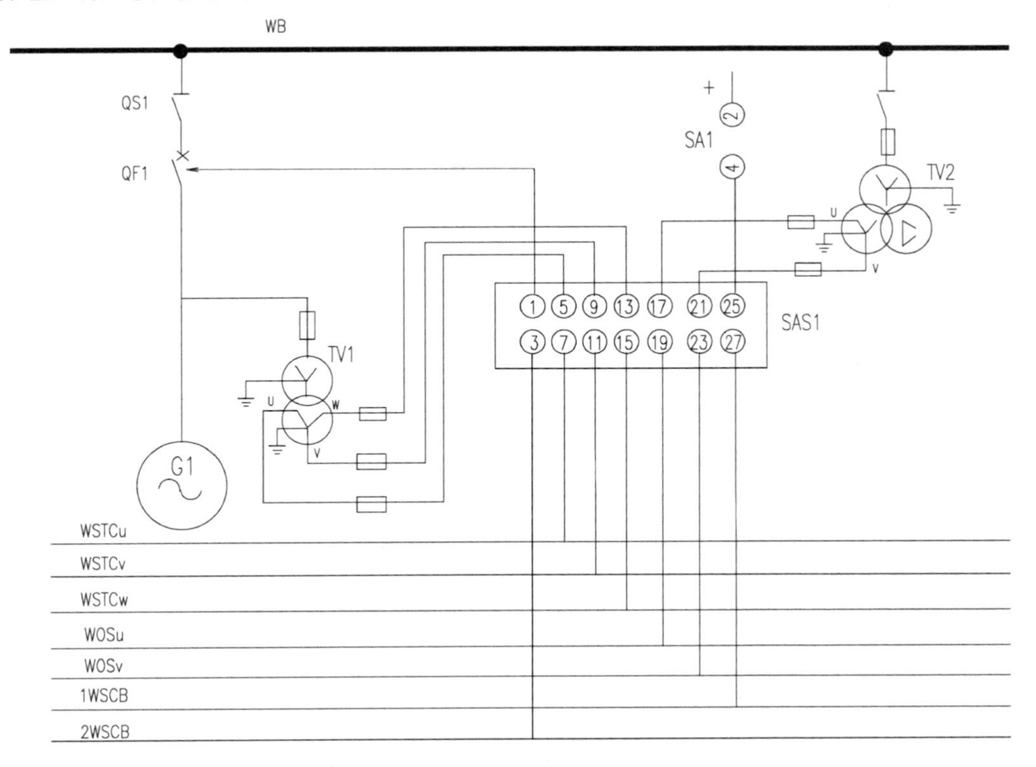

图 4.1　同期电压的引入接线图

上图表明发电机将与发电机电压母线并列，此时发电机为待并系统，母线为运行系统。由于同期表接线中不需要引入运行系统的W相电压，因此同期电压小母线有五根：运行系统的同期电压小母线WOSu、WOSv(接入运行系统的U、V相电压)；待并系统的同期电压小母线WSTCu、WSTCw(接入待并系统的U相、V、W相电压)。图4.2中待并系统发电机的电压通过电压互感器TV1的二次电压来反映，其中U、V、W三相电压通过同期开关SAS的触点5-7、9-11、12-15接到待并系统同期电压小母线WSTCu、WSTCv、WSTCw上。运行系统母线侧的电压则通过母线电压互感器TV2的二次电压来反映，其U、V两相电压通过同期代管SAS的触点17-19、21-23接到运行系统同期电压小母线WOSu、WOSv上，运行系统W相电压不许引接。

以前在水电站中电压互感器二次侧通常采用V相接地，一方面起二次侧保护接地的作用，另一方面可以简化同期系统接线，减少同期小母线根数，减少同期开关档数，根据2001年10月8号发布的中华人民共和国电力行业标准《水力发电厂二次接线设计规范》，V相接地方式。另外从《电力系统继电保护及安全自动装置反事故技术措施要点》案例分析中，也明确提出宜取消电压互感器二次侧都采用中性点接地方式，但同期系统接线比采用V相接地方式复杂得多，如对引接到同期表的电压要通过隔离变压器进行隔离。

4.1.4 自动并列的意义

准同期和自同期都可以用手动或由同期装置自动操作。由于同期操作是发电厂运行中一项经常性重要的操作，如果操作不正确，可能导致设备损坏，甚至造成严重事故。因此，发电机的并列操作应尽量采用自动同期装置，而以手动准同期作为备用。自动同期操作的意义主要体现在以下4方面。

(1) 在功能比较完善的自动装置操作下，能够实现高度准确同期，对待并机组无冲击损伤，对运行系统无影响。

(2) 可加快并列过程，在系统负荷增长及事故后急需备用机组投入时，意义更为明显。

(3) 自动准同期装置具有频率差和电压差等闭锁环节，消除了非同期并列的可能性。

(4) 减轻了操作人员的劳动强度。

4.1.5 自动准同期装置的功能和总体结构

1. 自动准同期装置的功能

自动准同期装置的作用是替代准同期并列过程中的手动操作，以实现迅速、准确地准同期并列。该装置一般具有如下功能：

(1) 能自动检测待并系统和运行系统之间的电压差、频率差和相角差的大小，当满足准同期条件时，自动发出合闸脉冲命令。在电压差和频率差不满足准同期条件时，能自动闭锁合闸脉冲命令。

(2) 能自动判断出电压差和频率差的方向，当电压差或频率差过大时，能自动对待并系统进行电压或频率的调节，以加快自动并列的过程。

2. 自动准同期装置的总体结构

图4.2是自动准同期并列装置的结构框图。图中电压互感器TV1反应待并发电机电压，输入到自动准同期装置中；电压互感器TV2反应系统电压，输入到自动准同期装置中；电

压互感器 TV3 不但反应系统电压而且向自动装置提供工作电源。

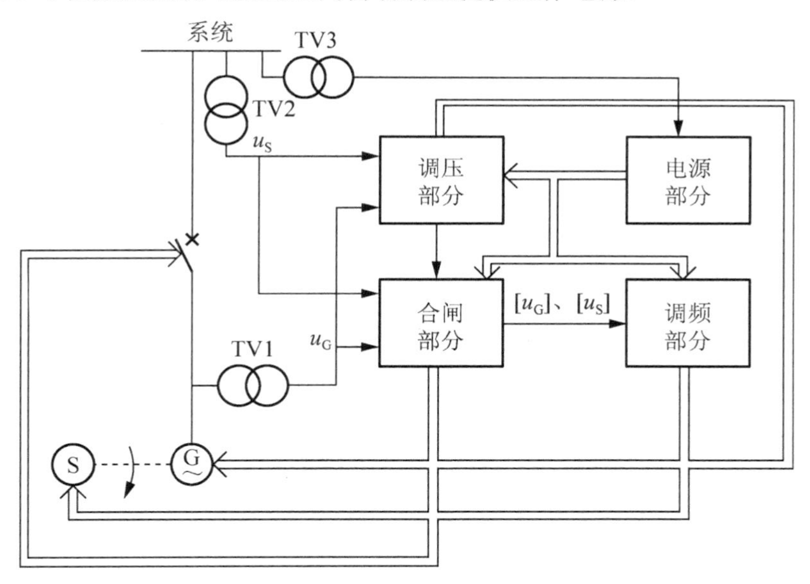

图 4.2　自动准同期并列装置结构框图

TV1～TV3—电压互感器；u_G—发电机电压；u_s—系统电压；S—原动机；
$[u_G]$—发电机方波电压；$[u_s]$—系统方波电压

4.2　任务分析：选择合适的同期系统

根据前面所述的同期三条件，自动准同期并列装置应能自动检测待并发电机与系统母线间的压差、频差大小和相位差。当满足同期三条件时，提前一个恒定时间自动发出合闸脉冲命令，顺利完成并列任务；如果压差或频差不满足要求，自动准同期并列装置应能判断出压差和频差方向，而且通过脉冲命令控制发电机调速设备和励磁系统，使待并发电机进行电压或频率的自动调整，当满足同期三条件时，再提前一个恒定时间发出合闸脉冲命令。要完成上述任务，首先要找出一个综合性参数，此参数能够综合反映待并发电机与系统的电压差、频差大小和相位差。

4.2.1　整步电压

包含同期条件信息量的电压称为整步电压，所以自动准同期装置判断待并发电机是否满足同期条件可通过整步电压来实现。整步电压一般可分为正弦整步电压和线形整步电压，线形整步电压又可分为半波线性整步电压和全波线性整步电压。

1. 正弦整步电压

现在来分析正弦整步电压。图 4.3(a)所示是一个简单的电力系统。系统 SY 为运行系统，发电机 G 是待并系统。断路器 QF 是同期点。QF 断开时，并列点两侧电压不同期。并列点两侧电压的瞬时值之差称为滑差电压，即 $u_s = u_f - u_x$。其相量关系如图 4.3(a)所示。

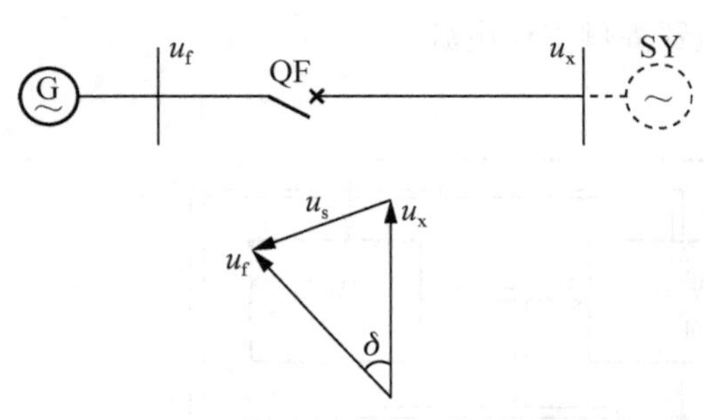

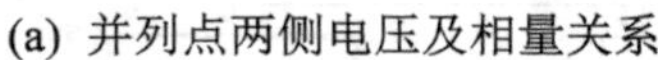
(a) 并列点两侧电压及相量关系

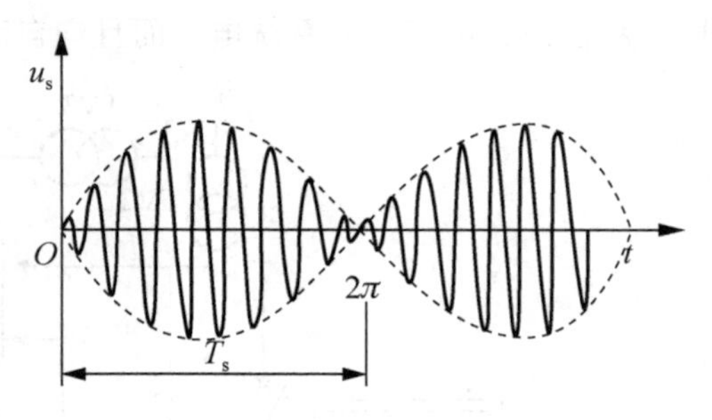

(b) 滑差电压的波形

图 4.3 滑差电压的产生及波形

获得正弦波整步电压可以分为两步：

第一步：将发电机端电压和系统母线电压相减，得到滑差电压

如设发电机端电压为$u_f = U_m \sin\omega_f t$，系统母线电压为$u_x = U_m \sin\omega_x t$，则滑差电压为$u_s = 2U_m \sin\left(\frac{1}{2}\omega_s t\right)\cos\left[\frac{1}{2}(\omega_f + \omega_x)t\right]$，式中$\omega_s = \omega_x - \omega_f$，其中$\omega_s$为滑差电压频率。图 4.3(b)表示滑差电压的波形。滑差电压波形的包络线称为正弦整步电压(用u_{zb}表示)。

第二步：将滑差电压通过整流滤波电路，可以获得正弦整步电压波形

通过图 4.4(a)所示的整流滤波电路，可以获得图 4.4(b)所示的整步电压波形。u_{zb}可表示为

$$u_{zb} = 2U_m \left|\sin\left(\frac{1}{2}\omega_s t\right)\right| \tag{4.1}$$

u_{zb}波形图见 4.3(b)。

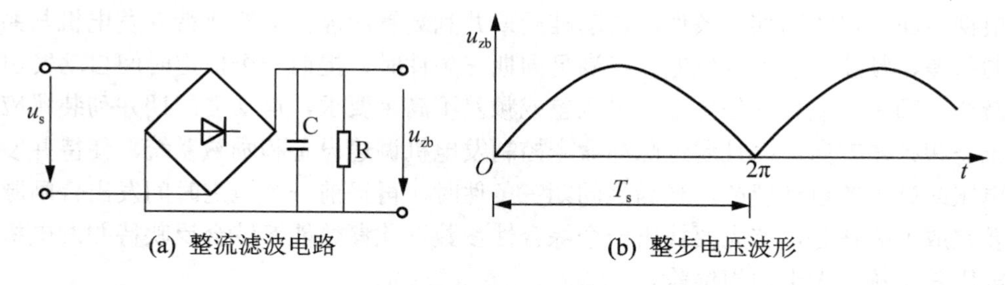

(a) 整流滤波电路　　(b) 整步电压波形

图 4.4 整流滤波电路和整步电压波形

当$\delta = \omega_s t = 0$时，$u_{zb} = 0$；当$\delta = \omega_s t = 360^0$时，$u_{zb} = 0$，即$\delta$变化$360^0$时，$u_{zb}$完成了一个周期的变化，变化周期为$T_S = \frac{2\pi}{\omega_s} = \frac{1}{f_s}$，即滑差电压周期$T_S$反映了频差的大小。同时，当$\delta = \omega_s t = 0$时，有$u_{zb} = 0$，因此在$u_{zb}$达最低值时断路器主触头闭合，可保证$u_f$和$u_x$同相的要求。另外，由图 4.4(b)可见，$\delta = 0^0$时$u_{zb}$值即为$u_f$和$u_x$之差，因此$u_{zb}$最低值大小反映了电压差大小。所以，正弦整步电压包含了“同期三条件”的所有信息量，因此可根据正弦整步电压实现自动准同期。

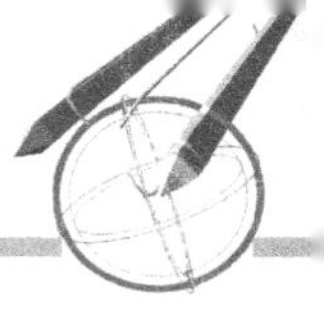

2. 线性整步电压

由于正弦波整步电压本身存在线性不佳的缺点，会影响自动同期系统的调节精度。因此，为了提高同期精度，目前同期系统中广泛应用线性整步电压。线性整步电压按波形可分半波线性整步电压和全波线性整步电压。

(1)半波线性整步电压

图 4.5 为半波线性整步电压获得的电路，其中 4.4(a)为原理框图，4.4(b)为电路实例。

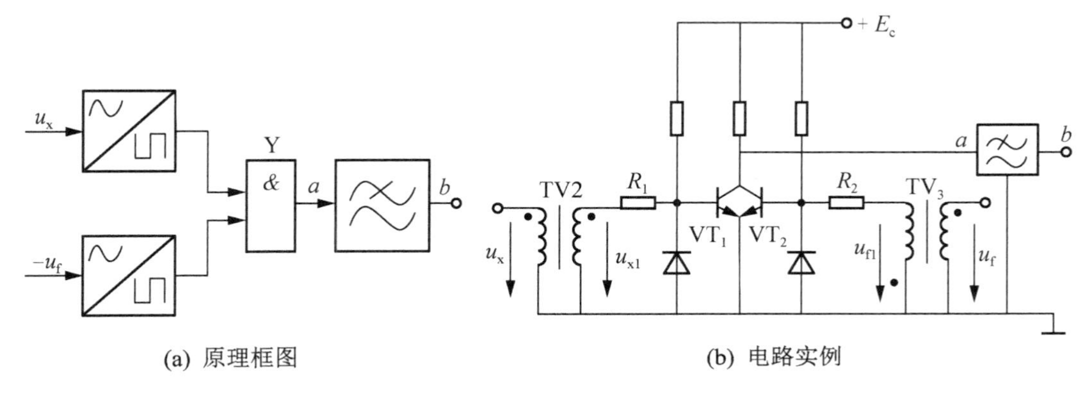

(a) 原理框图　　(b) 电路实例

图 4.5　半波线形整步电压获得电路

第一步：通过波形变换电路将正弦波变换为矩形波

在图 4.5(a)中，u_x 和$-u_f$ 分别经波形变换电路后，将正弦波形变换为矩形波，其中正半周对应于低电位，负半周对应于高电位。

第二步：将矩形波通过与门得到波形宽度周期性变化的矩形波

对高电位而言，与门 Y 的输出对应于u_x 和$-u_f$ 负半周重叠区间，所以 a 点的高电位宽度与相角差δ 成正比，a 点输出波形如图 4.6(b)所示。由于在一个工频周期内(u_f 或u_x 频率低的一周期)a 点只能得到一个脉冲，故图 4.5 电路称为半波线性整步电压电路，相应得到的整步电压称为半波线性整步电压。在图 4.5(b)中 TV2 二次电压u_{x1}与母线电压u_x 同相，TV_3二次电压u_{f1}与发电机电压u_f 反相，所以输入到VT1和VT2基极的电压相当于u_x 和$-u_f$ 。显然，VT_1、VT_2 分别组成了u_x 和$-u_f$ 的波形变换电路，集电极连在一起对高电位构成了“与”门。

第三步：将波形宽度周期性变化的矩形波通过低通滤波电路，得到半波线性整步电压

a 点电压经低通滤波的作用，就得到 b 点电压波形。实际上，低通滤波器含有 RC 积分电路和滤波电路，通过积分电路将脉冲波转换成三角波并滤去高次谐波后由 b 点输出，即得半波线性整步电压u_{zb} 。整步电压各点的波形如图 4.6 所示。

电路特点如下：

(1) 当u_x 和u_f 完全同相，即u_x 和 $-u_f$ 完全反相时，在工频一周期内无负值重叠区间，故u_{zb} 的最高值为零；当u_x 和u_f 完全反相，即u_x 和 $-u_f$ 完全同相时，在工频一周期内有最大的负值重叠区间(半周期)，故u_{zb} 的最高值为$\frac{1}{2}E_c$。很自然，u_{zb} 的变化周期为T_s，最高值固定不变，因此根据u_{zb} 的大小可初步判断u_x 与u_f 的相位关系。

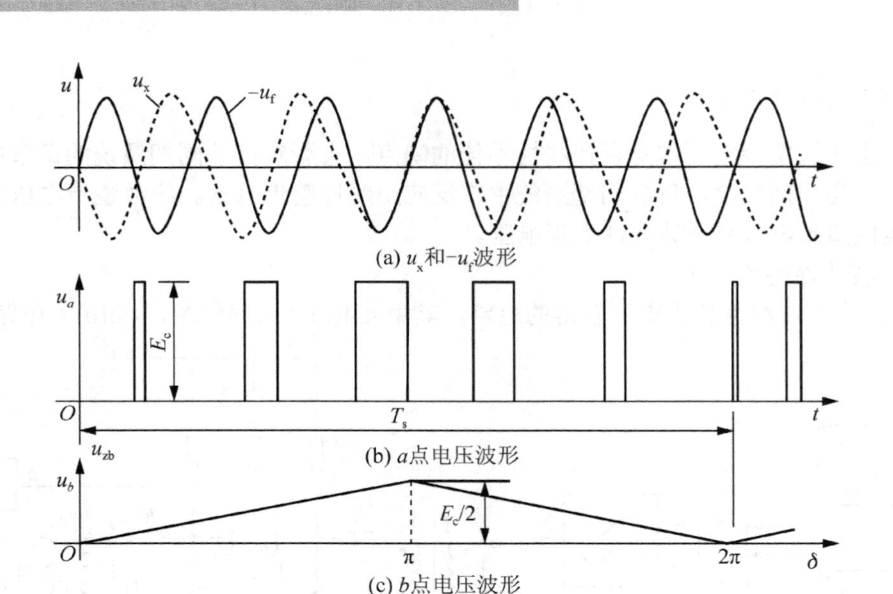

图 4.6　半波线性整步电压波形

(2) u_{zb} 的最低值 0V 对应 $\delta = 0°$ 或 $360°$；u_{zb} 的最高值对应于 $\delta = 180°$，说明 u_{zb} 的大小与运行系统、待并系统相角 δ 有对应关系。

(3) u_{zb} 上升部分的斜率和下降部分的斜率分别为：

$$\left.\frac{\mathrm{d}u_{zb}}{\mathrm{d}t}\right|_{0<t<\frac{T_s}{2}} = \frac{E_c}{T_s} = |f_s|E_c \tag{4.2}$$

$$\left.\frac{\mathrm{d}u_{zb}}{\mathrm{d}t}\right|_{0<t<\frac{T_s}{2}} = \frac{E_c}{T_s} = -|f_s|E_c \tag{4.3}$$

可见，斜率反映了频差大小。如果在 T_s 一周期内，频差不变，则 u_{zb} 波形是以最高值 $\frac{E_c}{2}$ 为对称轴的对称波形。如果 u_{zb} 前、后半周期内频差不等，前、后半周期的斜率在数值上也不相等。则波形前、后半周期不对称。

2) 全波线性整步电压

图 4.7 所示为全波线性整步电压获得的电路，图 4.7(a)为原理框图，图 4.7(b)为一电路实例。

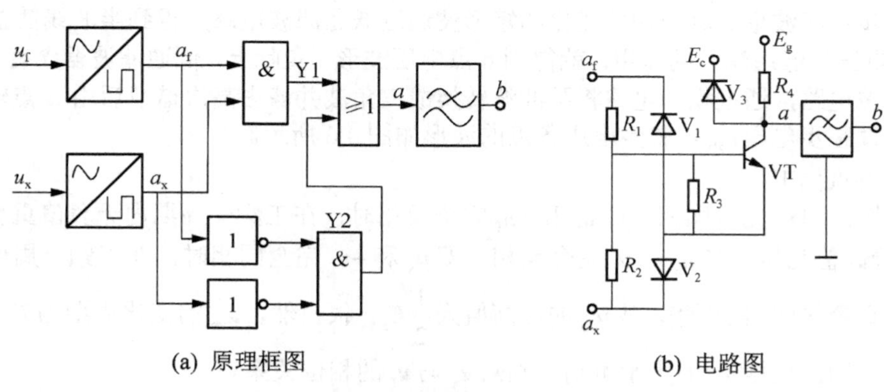

图 4.7　全波线性整步电压获得电路

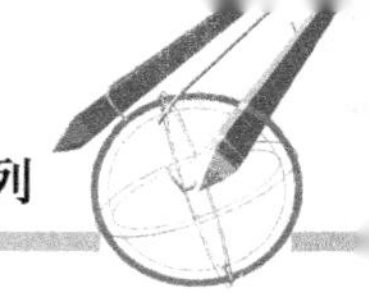

图(a)与(b)相比，与门 Y1 的输出对应于u_x和u_f负半周重叠区间。由于反相器的作用，与门 Y2 输出对应于u_x和u_f正半周重叠区间。因为u_a是与门 Y1、Y2 的或操作后的输出，所以u_a的高电位脉冲在u_x、u_f同极性区间输出，波形如图(b)所示。与半波线性整步电压获得电路相区别，因工频一周期内 a 点高电位脉冲有两个，故图(b)中，a_f和a_x同时为高电位(u_x和u_f负半周重叠区间)或同时为低电位(u_x和u_f正半周重叠区间)，即u_x和u_f有同极性时，VT 无法获得基流而截止，a 点呈高电位E_c。a_f和a_x一个低电位另一个高电位时，VT 获得基流而饱和导通，a 呈低电位 0V(实际约 1.3V)。因此，图 4.8(a)、(b)是相对应的。

与图 4.5 相同，a 点电压经低通滤波作用后，在 b 点得到全波线性整步电压u_{zb}，波形如图 4.8(c)所示。

全波线性整步电压与半波线性整步电压有类似特点，二者之间主要区别如下：

(1) 全波线性整步电压的最高值是E_c，等于 a 点电压的幅值，与半波线性整步电压相比，在相同条件下，是它的两倍，因而全波线性整步电压有较好的线性工作特性。实际上，如果取$E_c = 40V$，则比图 4.5 中$E_c = 12V$时得到的半波线性整步电压(最高值为 6V)有更好的线性度。

(2) 因图 4.7 中引入的是u_f和u_x，所以u_{zb}的最高值E_c对应于$\delta = 0°$或$360°$；最低值对应于$\delta = 180°$；如果将u_f和u_x反相接入，则u_{zb}移过去 180°，最高值E_c对应于$\delta = 180°$，最低值对应于$\delta = 0°$或$360°$。

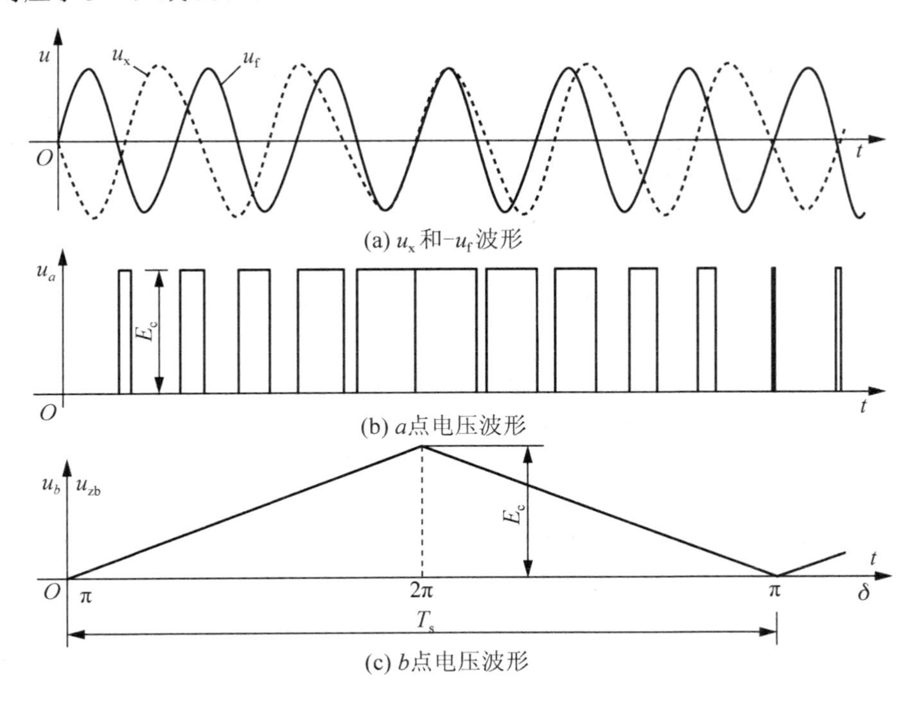

图 4.8　全波线性整步电压波形

最后还应指出，线性整步电压是通过低通滤波后获得，由于滤波电路存在时滞，因而实际上的线性整步电压要滞后于分析得到的线性整步电压，故实际线性整步电压的最高值、最低值不能表示u_f和u_x的同相或反相。

4.2.2 模拟型自动准同期装置

自动准同期装置的作用是替代准同期并列过程中的手动操作，以实现迅速、准确地准同期并列。该装置一般具有如下功能：

(1) 能自动检查待并系统和运行系统之间的电压差、频率差和相角差的大小，当满足准同期条件时，自动发出合闸脉冲命令。在电压差和频率差不满足准同期条件时，能自动闭锁合闸脉冲命令。

(2) 能检查出电压差和频率差的方向，当电压差或频率差过大时，能自动调节待并系统的电压或频率，以加快自动并列的过程。

要实现发电机自动并列，需要自动准同期装置能自动调节发电机的电压和频率，当满足准同期条件时自动发出合闸脉冲，使发电机断路器自动合闸。目前发电厂中广泛使用的自动准同期装置有模拟型和数字型两种类型。下面首先来简要地定性分析一种典型的模拟型自动准同期装置——ZZQ-5型自动准同期装置。

1. ZZQ-5型自动准同期装置的总体结构和工作原理

ZZQ-5型自动准同期装置是功能较为齐全的自动准同期装置，它是在ZZQ-3A型自动准同期装置的基础上发展起来的。ZZQ-5型自动准同期装置是利用线性整步电压实现同期，按恒定导前时间原理构成的，主要由合闸部分、调频部分、调压部分和电源四部分组成。

1) 合闸部分

考虑到断路器及其操作机构自身有一个动作时间，要让断路器主触头合上时两侧电压相位刚好同相，自动准同期装置就必须提前发出合闸命令。提前的方法有恒定导前时间法和恒定导前相角法两种。前者是在待并列两侧电压同相位前恒定一个时间发出合闸命令，后者则是在两侧电压同相位前恒定一个相角发出合闸命令。国产自动准同期装置，大都以导前时间的原理构成。合闸部分主要作用是在电压差、频率差均满足要求的情况下，导前 t_{dq} 时间发出合闸脉冲命令。当电压差或频率差不满足要求时，不发出合闸脉冲命令。其中又包括：

(1) 导前时间获得部分。导前时间连续可调，用于保证并列断路器主触头在闭合瞬间时的相角差在0°附近。为此，导前 t_{dq} 时间应等于并列断路器的合闸时间(包括所有辅助元件动作时间在内)。

(2) 频差检查部分。当频率差小于整定值时，允许发出合闸脉冲；当频率差大于整定值时，闭锁合闸脉冲，不允许并列合闸。

(3) 压差检查部分。当电压差小于整定值时，允许发出合闸脉冲；当电压差大于整定值时，闭锁合闸脉冲，不允许并列合闸。

(4) 逻辑部分。对频差检查、压差检查部分的输出和导前时间脉冲进行逻辑判断，当满足同期条件时发出合闸脉冲。实际上，合闸脉冲就是导前时间脉冲。

2) 调频部分

调频部分的作用在于鉴别频差方向，当发电机频率高于系统频率时，应发减速脉冲。当发电机频率低于系统频率时，应发增速脉冲。这种减速或增速脉冲传给机组调速器，从而降低或升高机组转速，使发电机频率趋近于系统频率。显然，由于频差检查是在 $180° < \delta < 360°$ 进行，调速脉冲应在 $0° < \delta < 180°$ 区间内发出。因此，为使发电机频率能迅速接近系统频率，而又不至于过调，要求调速性能应是按比例的，即当频差较大时(T_s 较短)，在单位时间内送出的调速脉冲数相应增多，而当频差减小时，在单位时间内送出的

调速脉冲数也随之减少。为适应不同类型调速机构的性能，调速脉冲的宽度应是可调的。

其次，当发电机电压与系统侧电压间频差很小时(小于 0.05Hz 时)，将可能出现同期不同相的现象，并列合闸过程将拖得很长。为扭转这种局面以加快并列过程，调频部分应以一定的周期发出调速脉冲(增速脉冲)。

为了达到上述要求，调频部分由以下两部分组成：

① 频差方向鉴别部分。鉴别出发电机频率和系统频率差值的方向，从而相应发出减速或增速脉冲。

② 调速脉冲形成部分。δ 角在 0°～180° 区间内，发出宽度可以调整的调速脉冲，当频差在 0.05Hz 以下时，发增速脉冲。

3) 调压部分

调压部分主要作用是鉴别压差方向，从而发出相应的降压或升压脉冲，作用于励磁电压调节器，调整发电机电压。同时，在电压差小于整定值时，向合闸部分送出解除电压差闭锁的信号，允许合闸部分发出合闸脉冲。为了适应不同调压特性的励磁调节器，调压脉冲的宽度是可调整的。这一任务由压差方向鉴别和压差闭锁、调压脉冲形成两部分来完成。

4) 电源部分

由直流系统供电，经过整流、滤波、稳压后，提供三种直流稳压工作电源，即+55V、+40V 和+12V，供装置用电。在 ZZQ-5 装置的面板上有 6 只信号灯，前 5 只分别显示各调节脉冲(红色：合闸，黄色：增速，绿色：减速，黄色：升压，绿色：降压)发出的时刻，信号灯 6(白色)显示同期点两侧电压的相角差，当相角差为零时，信号灯熄灭。图 4.9 所示为装置的电源、出口和信号等部分。

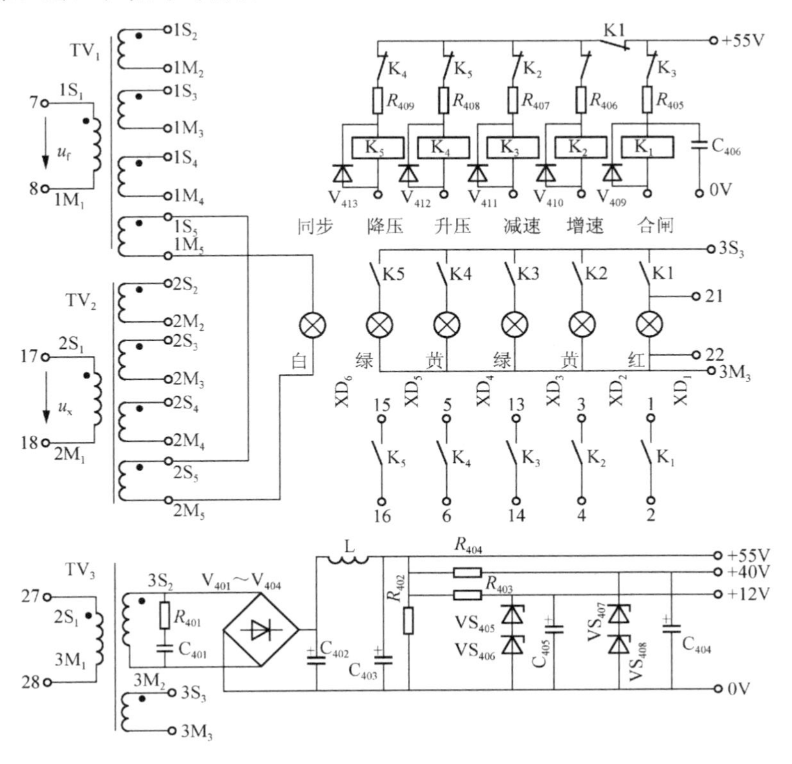

图 4.9　电源、出口和信号等部分

2. ZZQ-5型自动准同期装置的接线与操作

1) 自动准同期装置的接线

以前发电厂一般都采用集中自动准同期装置接线，全厂装设一套自动准同期装置，由它对所有的发电机进行自动同期并网。但实际上由于每一台发电机断路器的合闸时间不尽相同，因此并列操作时很难做到冲击电流很小。目前新设计的发电厂为了减小并网时的冲击电流，每台发电机分别设置自动准同期装置。集中自动准同期装置和分散自动准同期装置的主要区别在于，集中自动准同期装置需要设置公用同期电压小母线，同期系统是公用的；而分散自动准同期装置不需要设置同期电压小母线，同期系统是单独设置的。二者接线原理是相同的。下面以ZZQ-5型分散自动准同期装置为例，其接线如图4.10所示。

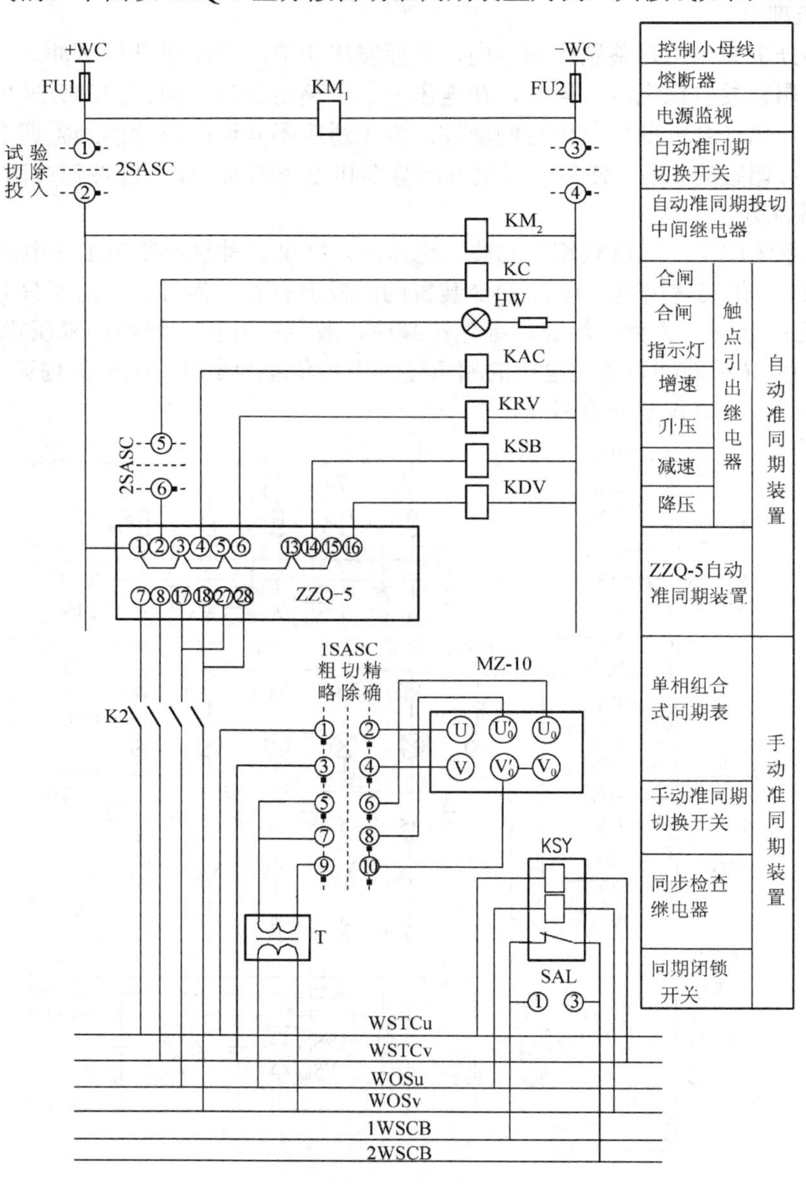

图4.10 ZZQ-5型自动准同期装置接线图

(1) 2SASC 为自动准同期切换开关，它有投入、试验和切除三个位置，当置于切除位置，所有触点均断开；当置于试验位置，触点 5-6 断开，其他触点均接通；当置于投入位置，所有触点均接通。

(2) 为防止自动准同期内部元件的故障造成非同期合闸，合闸出口回路备有试验端子和合闸信号灯，装置在试验时，将 2SASC 投入在试验位置。

(3) 利用增速中间继电器 KAC、减速中间继电器 KSB、升压中间继电器 KRV 和降压中间继电器 KDV，实现待并系统对运行系统的频率、电压的自动跟踪。

(4) 接线图中保留组合式同期表，是当自动准同期装置检修或故障时需要手动准同期并网用。

(5) 自动准同期接线中调速与调压回路，与发电机控制屏上的手动调速、调压回路应有互相闭锁接线，防止在两处同时调节操作。

选用自动准同期装置时，设计时要考虑与其他回路的正确配合，以防止影响本装置或其他回路的正确工作。

自动准同期装置在使用前应根据制造厂的说明书，按部件逐项进行严格的检查与试验；然后根据各项允许值进行整定，再做整体的试验与检查，反复验证无误后，才算合格。安装接线时，也要仔细查对。调整完毕的自动准同期装置不允许任意改变其整定值，以免影响使用，甚至造成事故。

2) 发电机自动准同期操作过程(参照图 4.10 进行)

(1) 发出开机指令，发电机在机组自动化系统作用下便自动开机、升速、建压。

(2) 将发电机同期开关 SAS 投入，然后将 2SASC 转至“投入”位置，将 ZZQ-5 型装置投入工作。装置自动跟踪系统的电压、频率，通过中间继电器，发出增速、减速脉冲，通过调速器自动调节发电机频率，发出增速和减速脉冲，通过励磁调节器自动调节发电机电压。

(3) 当满足同其条件时，合闸继电器 KC 动作，发出合闸脉冲，自动合上断路器，完成同期并网操作。

(4) 断路器合闸成功后，将 SAS、2SASC 开关转至切除位置，同期装置退出工作，并网结束。

(5) 根据调度指令带上有功、无功负荷。

4.3　任务的解决方案

要实现发电机自动并列，需要自动准同期装置能自动调节发电机的电压和频率，当满足准同期条件时自动发出合闸脉冲，使发电机断路器自动合闸。目前发电厂中广泛使用的自动准同期装置有模拟型和数字型两种类型，模拟型自动准同期装置我们在上节(4.2)中已经以 ZZQ-5 型自动准同期装置为例作了介绍，下面我们重点分析数字式自动准同期装置的总体结构和工作原理。

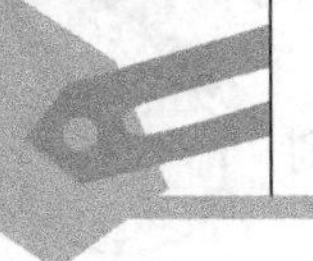

4.3.1 数字型自动准同期装置的基本原理

由于模拟式自动准同期装置，只能采用比较简单的控制规律，如恒定超前时间规律等。它采用脉动电压作为输入信息，脉动电压是机组电压与系统电压的相量差。曾经有学者对此进行了较深入的研究，认为它不能保证同期并列的高性能，理由是脉动电压的包络线是非线性的，与两个同期电压(机组电压和系统电压)的幅值差有关。因此，实际的超前时间并不是恒定的，而与滑差和电压差值有关。因此模拟式自动准同期装置在原理设计上存在缺陷，会使并列时间延长，有时甚至发生危及发电机安全的误并列。随着微处理器的飞速发展，发电厂自动化水平日益提高，以微机为核心的数字式自动准同期装置得到了广泛应用。

为了满足前面提到的允许误差要求，必须采用更为复杂的调节控制算法(其中 PID 控制规律是最常用的)和确定发断路器关合命令时刻的算法，这些都是模拟式自动准同期装置无法完成的。此外，模拟式自动准同期装置采用元件较多，调试困难，运行过程中整定的参数会发生变化，因此可靠性不够高。再者，发电机运行过程中：断路器关合时间会发生变化，模拟式自动准同期装置无法与之相适应，从而产生关合误差。此外，这些装置不能快速捕捉关合时机，延长了同期并列的过程，这也是电力系统所不希望的。特别是在系统发生严重事故、系统频率和电压发生急剧变化时，问题更为严重，并列时间更长，而此时，电力系统正需要机组迅速并入系统带负荷。由于上述原因，人们开始转向数字型同期装置。国内外均出现了一批以微机为控制核心的自动准同期装置即数字型自动准同期装置。现在，发电机组中采用数字型自动准同期装置已得到普及。

1. 数字型自动准同期装置总体结构

采用数字型自动准同期装置时，其控制规律是通过软件来实现。数字型自动准同期装置的系统结构可以用图 4.11 来表示。

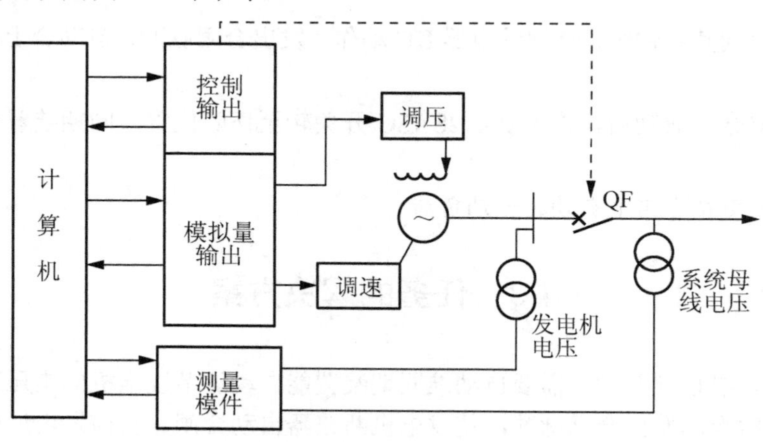

图 4.11 数字型同期装置系统结构图

数字型自动准同期装置中微机通过测量模件采集所需的信息(发电机电压、系统电压)，不断地对同期的三个条件(频率差、电压差、相位差)进行计算和校核。当“同期三条件”不满足时，发出相应的调速和调压命令，通过调速器和励磁系统调整机组的转速和电压，

使上述条件得到满足。一旦满足同期三个条件后，即发出断路器合闸命令，将发电机并入系统。

2. 数字型自动准同期中关键参数的测量

数字型自动准同期装置要测量的值有电压差、频率差和相位差。由于快速并列要求，数字型自动准同期装置都有自己独立的快速测量模件，不与机组的电量检测部分共用。此外，有的装置还有实际测定断路器关合时间的功能，以适应机组运行过程中断路器关合时间发生变化的情况。

1)电压差的测量

(1) 模拟式测量法

最简单的办法是将发电机电压和系统电压分别整流，再将整流后的值相减，即可得电压差。这种方法比较简单，但要有相应的整流电路，还带来一定的延时。

(2) 数字式测量法

数字式测量方法是直接测待并发电机和系统电压的波形，即采用多点采样法，这样可以省去整流电路，消除整流电路的延时。其工作原理如下：根据采样得到一组待并发电机和系统电压瞬时值，计算两者之差，采用逐个比较的方法求出其最大值，充分利用微机的软件功能计算电压差的幅值。同时，为了提高比较精度，必须要有一个高频采样频率，一般取 8kHz 左右，可以保证最大理论误差约为 0.04%。

2) 相位差的测量

相位差的测量可采用脉冲计数法，其基本原理可用图 4.12 说明。

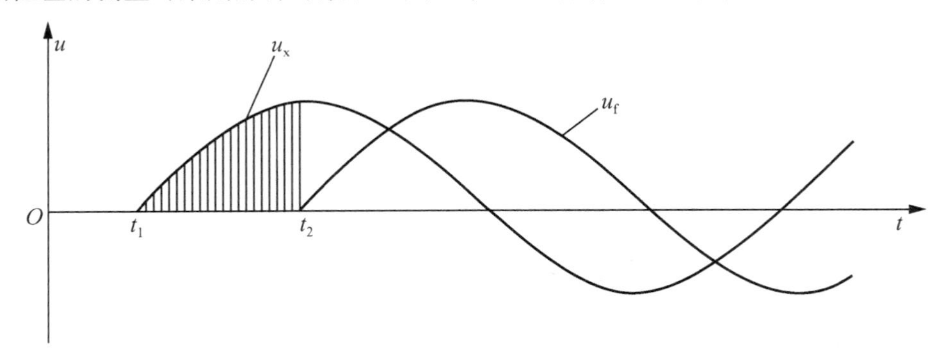

图 4.12　同期过程中脉冲计数测相位差

t_1—开始计算时刻；t_2—停脉冲计数时刻；u_x —系统电压；u_f —发电机电压

系统与待并列机组之间电压的相位差是通过计算两个电压波正向过零点之间的高频基准脉冲数获得。这一高频基准脉冲可取自微机内部的时钟脉冲。通过的脉冲数越多，相位差越大，如果脉冲数为零，表示相位差为零。计数方法如下：

(1) 当系统电压正向过零时，一个触发器触发，打开计数门，放入高频基准脉冲，计数器开始计数。

(2) 当待并发电机电压正向过零时，触发器复归，关断计数门，停止放入高频脉冲，计数器内留下的数表示相位差。

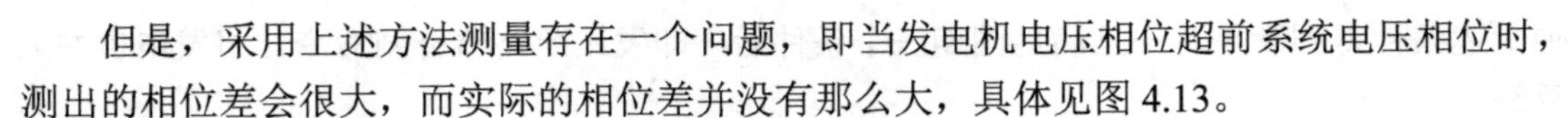

但是，采用上述方法测量存在一个问题，即当发电机电压相位超前系统电压相位时，测出的相位差会很大，而实际的相位差并没有那么大，具体见图4.13。

当发电机电压相位滞后系统电压相位时，α角显示相位差是正确的。当发电机电压相位超前系统电压相位时，α角显示相位差是不正确的，实际的相位差应是$\beta = 360^\circ - \alpha$。如果不采取措施，就会误认为相位差太大，不宜进行同期并列，延误并列时间。这可采用以下方法来修正：

(1) 如发电机电压正向过零时系统电压为正，则测量系统电压正向过零点到发电机电压正向过零点之间的相位差。

(2) 如果发电机电压正向过零时系统电压为负，则测量发电机电压正向过零点到系统电压正向过零点之间的相位差。

从上述测量相位差可以看出，电压正向过零点的确定是非常关键的。一般采用波形变换电路将正弦波转换成方波进行槛值测量。但这种方法不够精确，因为这种转换要在电压比零大某一槛值时才会发生，即跳跃点要稍迟后于真正的零点。而且这种跳跃也不够稳定，可能有前有后，导致误差。这一问题现在采用了一种多点采样插值的方法获得了解决。

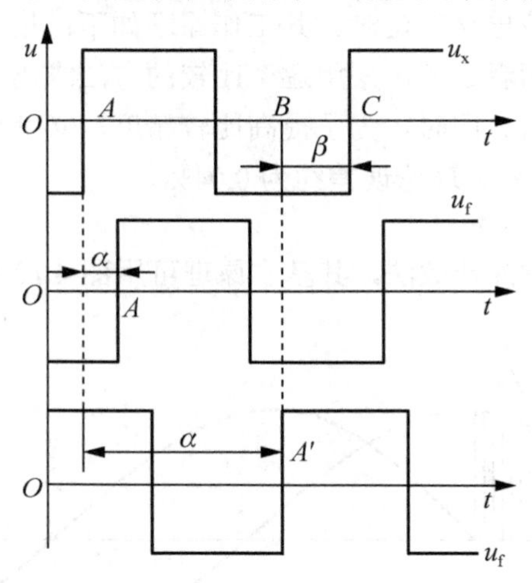

图4.13 发电机电压滞后和超前系统电压相位的波形图

3) 频率差的测量

(1) 通过相位差测频法

用上述方法测得相位差，计算出前后两次相位差的差值，此差值即为频率差。如果后一次计数(相位差)比前一次计数大，这说明发电机电压滞后系统电压的相位越来越大，即发电机频率低于系统频率，此时，定义频率差为正；反之，后一次计数比前一次计数小，即发电机电压滞后系统电压的相位越来越小，说明发电机频率高于系统频率，频率差为负。如果前后两次计数相等，说明相位差保持不变，发电机频率与系统频率相等，频率差为零。

(2) 直接测频法

测量频差也可不采用测相位差的间接方法，而通过一定的软件直接测量频差。直接测量相应电压的频率，再求它们之间的差，即为频率差。测频率是采用软件鉴零的方法测量电压正弦波的周期，具体过程如图4.14所示。为了提高精度，通常测量4个周期。采样频

率可取 8kHz。第一次电压正向过零时，计数器开始计数，直至电压第 5 次正向过零时中止。此时，被测频率的计算为

$$f=\frac{\text{采样频率}\times\text{周期数}}{N}=\frac{8\,000\times 4}{N}=\frac{3\,200}{N} \tag{4.4}$$

式中：N——计数器的预定存留数。

当 N=640 时，f=50Hz。此时的误差为$\pm\frac{1}{640}$，相当于±0.2%误差。

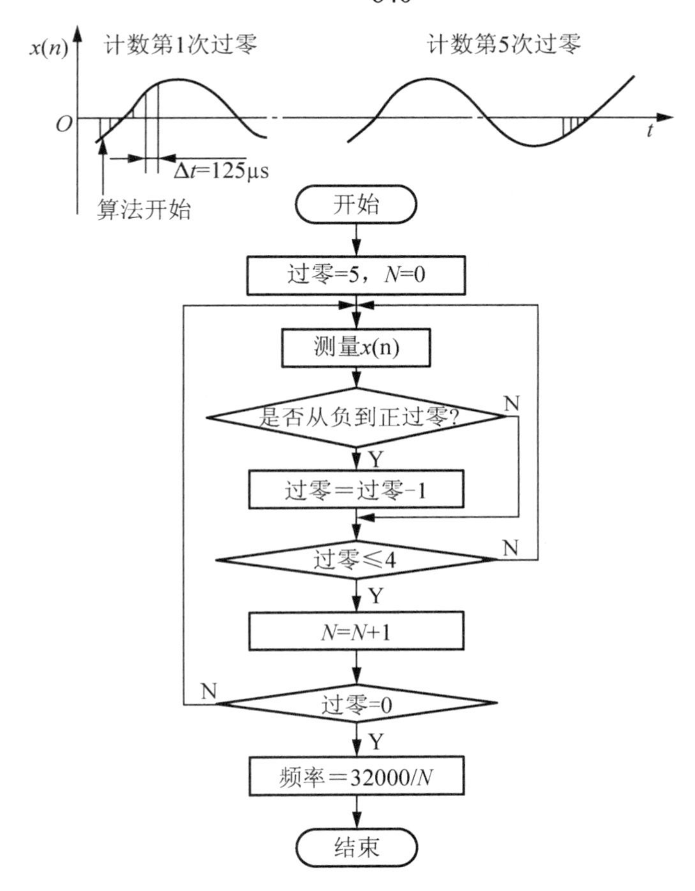

图 4.14　根据电压正弦波形测定频率

4) 断路器实际合闸时间的测量

在采用测相位差的同期装置中，可以在发出合闸命令后，通过触发器触发计数门电路，放人基频脉冲，计数器开始计数，而关合后的相角差为零，此时另一触发器触发，关断计数门电路，从而可以根据记录情况来计算断路器的实际合闸时间。

断路器倒闸时间不是一成不变的，即使实测了这一次的合闸时间，也不能保证下一次的合闸时间就等于这一次的合闸时间。因此，要准确测定该时间，就必须对合闸时间进行预测，以提高其精确性。

通过对合闸时间的分析可知，影响合闸时间的因素有两个，一个是随时间和动作次数增加而缓变的分量，另一个是与传动机构的间隙、电源或油压波动及执行继电器、接触器

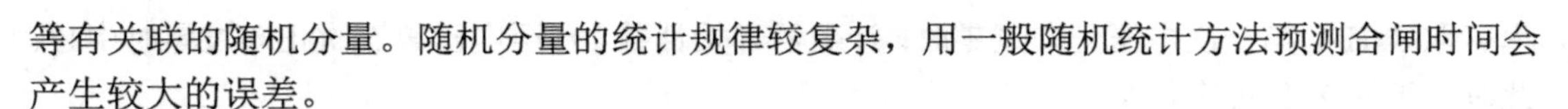

等有关联的随机分量。随机分量的统计规律较复杂，用一般随机统计方法预测合闸时间会产生较大的误差。

5) 断路器合闸命令发出时刻的确定

当同期并列条件得到满足以后，就要捕捉同期并列的时机，即确定何时发出断路器合闸脉冲。对发出断路器合闸命令时刻的要求是，断路器合闸命令发出后，经过一段时间(合闸时间)，断路器主触头闭合，要求闭合时刻相位差正好等于零。这样，对机组和系统都不会有冲击。同期合闸的导前时间或导前相角是同期合闸脉冲发出的必备参数，他的求取直接影响到同期并列的效果。一种方法是通过测量得到的频率差和相位差来计算合闸导前时间，当计算导前时间接近于整定值时，就发出合闸脉冲。另一种方法是根据所测频率差和断路器合闸等固有动作来计算合闸脉冲的导前相角，当实时测量的相位差等于计算合闸脉冲的导前相角时，就发出合闸脉冲。

3. 数字型自动准同期装置的基本原理

现结合国内有些水电站已被采用的微机同期装置介绍其实现原理。系统电压u_x和待并发电机电压u_f的旋转相量如图4.15所示，如果角频率差是常数，则u_x和u_f夹角$\delta=\omega_s t=(\omega_x-\omega_f)t$，考虑到将发电机并人系统断路器有一个固有合闸时间$t_{正}$，因此理想的发出合闸脉冲的时刻应提前一个导前时间$t_{dq}$或一个导前相角$\delta_{dq}$，它们之间的关系应满足下式关系式，即$\delta_{dq}=\omega_s t_{dq}=\omega_s t_c$，显然，$\omega_s$越大，则导前相角$\delta_{dq}$也越大，实际上在发电机并列过程中，$\omega_s$并非恒定，因此，按$\delta_{dq}=\omega_s t_{dq}=\omega_s t_c$式，在$\omega_s$等于常数而得到的导前相角难免存在附加的合闸误差$\Delta\omega_s$。

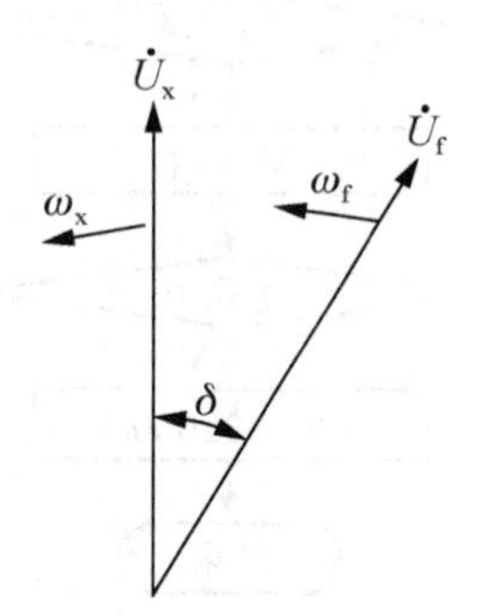

图4.15 系统和待并发电机电压相量图

待并发电机在并列过程中不仅存在着与系统的频率差，同时也存在频率差的一阶导数，即频率差变化率。当略去频率差高阶导数的存在，理想导前合闸角应写成

$$\delta_{dq}=\omega_s t_{dq}+\frac{1}{2}\frac{d\omega_s}{dt}t_{dq}^2 \tag{4.5}$$

式中：$d\omega_s/dt$——频率差变化率。

通常将频率差变化率为频差加速度，它可以是正值，也可以是负值。式(4.5)即为所要介绍微机自动准同期导前相角的依据。同期装置同期过程如下：在调节电压和频率满足同期条件下，装置从输入的正弦系统电压u_x和待并发电机u_f中获得频率差ω_s及频率差加速度$d\omega_s/dt$的信息，再根据给定的t_{dq}，按式(4.5)计算出导前合闸相角δ_{dq}；同时微机还要不断地计算实时的相位差角 δ ，当 $\delta = \delta_{dq}$ 时，装置立即发出合闸脉冲将发电机并入系统。

数字型自动准同期过程的流程图如图 4.16 所示。微机要扫描各发电机同期标志，当有请求时，取该待并发电机导前时间 t_{dq} ，允许频率差值 ω_{en} 及允许电压差 ΔU_{en} 。采样待并发电机端电压 u_f 和并列点系统电压 u_x ；检查 u_f 与 u_x 的电压差 ΔU ，如果电压差 ΔU 超出允许值，则对待并发电机进行调压，直至电压差 ΔU 在允许的范围内；计算并检查频率差 ω_s 是否超出允许值 ω_{en} ，如果超出差值则对待并发电机组进行转速调整，直到 ω_s 等于或小于 ω_{en} 为止。根据计算得到的 ω_s 和 $d\omega_s / dt$ 值，以及给定的 t_{dq} ，按式(4.5)计算出理想导前合闸相角 δ_{dq} ，同时检测并计算每一时刻的实际相角差 δ ，并与 δ_{dq} 相比较，当 $\delta = \delta_{dq}$ 时，立即发出电机断路器合闸并列命令。

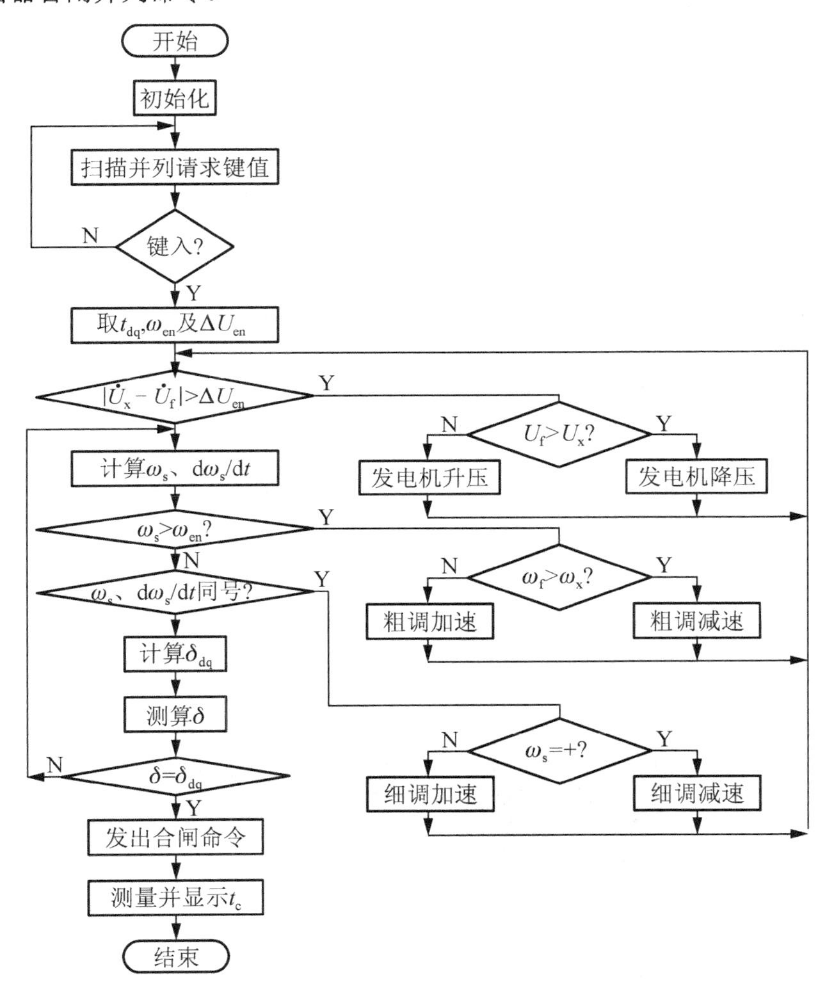

图 4.16　微机自动准周期过程流程

4.3.2　典型数字型自动准同期装置实例分析

近年来，我国研制了许多类型数字型同期装置，如电力自动化研究院研制的 SJ-11 型和 SJ-12 型数字型同期装置(SJ-12 型为 SJ-11 型的改进型)。深圳市智能设备开发有限公司研制的 SID-2V 型多功能准同期控制器，江苏国瑞自动化工程有限公司研制的 WX-98G/X 型的数字型同期装置等(应用于浙江首泰顺仙居电站)，也从国外引进了一些数字型同期装置，如 ABB 公司的 RES010 数字型同期装置。下面我们来详细分析一下 SJ-11 型数字型同期装置和 SID-2V 型多功能准同期装置的总体结构和同期原理。

1. SID-2V 型数字同期装置

SID-2V 型数字同期装置总体结构如图 4.17 所示，外形如图 4.18 所示。CPU 配 8K EPROM、2K EEPROM、8K RAM 和若干定时计数器及并行接口等芯片，组成一个专用微机控制系统，下面就各主要功能的原理进行介绍。

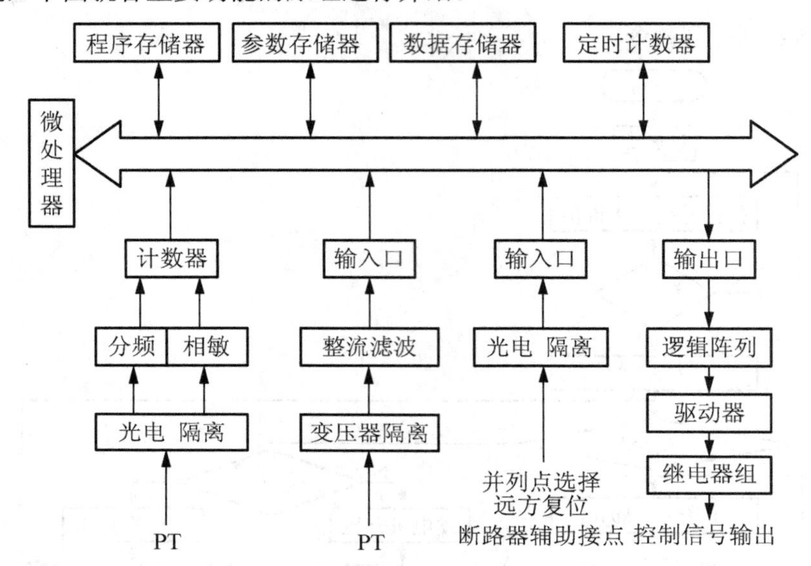

图 4.17 SID-2V 型数字周期装置工作原理框图

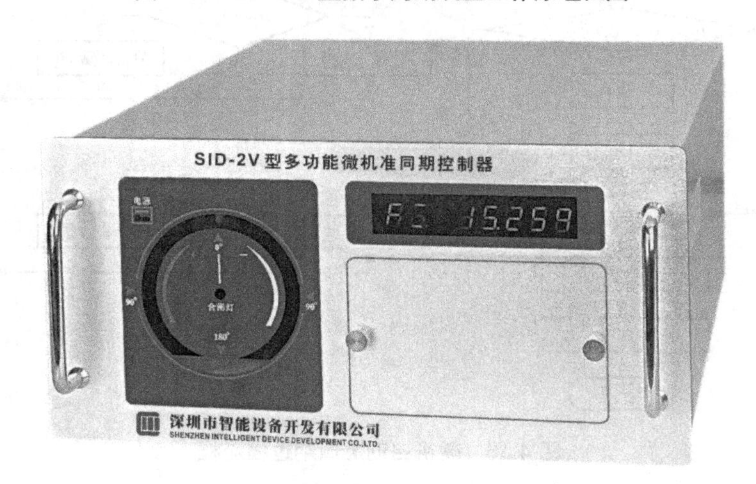

图 4.18 SID-2V 型数字同期装置外形图

1) 工作过程简述

待并发电机并列选择信号由中央控制室同期开关经光电隔离后送入控制器，控制器自

动选择该机组有关同期参数，并将待并发电机组和系统的电压经变压器和光电隔离器后送入控制器。系统和待并发电机的电压、频率、相位等参数，在控制器中进行处理和比较。若同期条件不满足，即发出相应控制待并发电机的信号包括：加速、减速、升压、降压等，同时在硬件、软件上同时闭锁合闸回路。

另外，对合闸信号还引入了最大相角闭锁、最小相角闭锁、频率变化率闭锁等措施。控制器的合闸回路由 8 个继电器的接点串联起来，从而完全避免了误合闸的可能性。如同期条件满足，则控制器发出合闸脉冲完成机组并网操作。

2) 自动准同期并列

当待并发电机的电压、频率与系统相应值相近(即压差、频差在允许范围内)时，待并机组断路器的主触头应在相角差 $\delta=0°$ 时闭合。这时冲击电流在相应频差、压差允许条件下最小，从而大大减少了机组的冲击受损。允许差值越小，其冲击电流越小，但这将影响并列的快速性。因此，允许值可根据实际要求选择。

众所周知，机组在并网过程中的转速是变化的。特别是作为运行备用的水轮机组、燃气轮机组、柴油发电机组等是由静止状态启动加速至额定转速的。因此，不能忽视频差变化率在准同期过程中所带来的影响，频差 Δf 和其变化率 $\Delta f' / \Delta t$ 分别是表征机组较之系统转速的快慢及其发展趋势。特别对于断路器合闸时间较长的情况，如果不计及 $\Delta f'$ 的影响，则势必产生较大的合闸误差角，甚至在发出合闸脉冲后出现频差符号改变的情况，即同步表反转。因此，引起的后果有时会很严重。为此 SID-2V 型数字同期装置的理想合闸导前角由以下数学模型确定。

$$\delta_{dq}=\omega_s t_{dq}+\frac{1}{2}\frac{d\omega_s}{dt}t_{dq}^2$$

SID-2V 型数字同期装置每半个工频周期测量一次实时的相角差 δ 值，并在每两个工频周期计算一次理想合闸导前角 δ_{dq}，当 $\delta=\delta_{dq}$ 时控制器即发出合闸脉冲。考虑到 δ 的测量以及 δ_{dq} 的计算均是离散的，为了不漏掉合闸机会，控制器采用了一种合闸角的预测算法，从而确保在频差及压差已满足允许值时，能不失时机地捕捉到第一次出现的并网机会。

3) 断路器合闸时间的测量

断路器合闸时间是指发出合闸命令至断路器主触头闭合这段时间。用 SID-2V 型控制器的计时功能可以在发出并网命令时开始计时，直至因开关主触头闭合停止计时，从而获得开关合闸回路的总体合闸时间。停止计时信号取自于断路器辅助接点，断路器分闸状态时，该辅助接点断开。

控制器在每次并网后测得并列点断路器的实际合闸时间，并在八位数码显示器上显示实测值，如实测值与原整定值偏差较大 ，可考虑重新就地整定导前时间参数。应该指出，为了能读出测量的合闸时间，装置在并网结束后要保证不能立即断开供电电源。

4) 均压控制

考虑到发电机一般都具有灵敏稳定的励磁调节器，因此在机组并网过程中维持正常的机端电压是不难的。在 SID-2V 型控制器中采用了纯硬件的电压比较电路实现均压控制。通过两个电压比较器可分别设定允许电压差的上下限值 V_H 及 V_L。当并网时的电压差超过允许值范围，控制器将发出降压或升压命令，控制信号是一组可由软件整定宽度的脉冲序列。控制量的大小取决于均压控制系数，这个系数也是在机组运行时进行试设，取一个控

制品质最好的值。

5) 发电机过电压保护

SID-2V 型数字同期装置设置了并网过程中机组的过压保护，当发电机电压达到了115%额定电压时，控制器将切断加速回路并将持续发出降压命令，直至发电机电压降至115%额定电压以下为止。这一功能是由电压比较器以硬件方式实现的。整定值可由用户设定。

6) 自检

为保证数字同期装置随时都处在正常工作状态，并及时发现硬件故障，SID-2V 型控制器设计了一套先进的自检软件，在数字同期装置工作过程中对全部硬件，包括微处理器、随机存储器、只读存储器、接口电路、继电器等进行自检，任何部位的故障都将及时显示出来并以继电器空接点输出报警，此时控制器将闭锁合闸回路，不产生任何对外控制，以杜绝错误操作。

7) 电源

为减少电源功耗，控制机箱温升，保证数字同期装置的工作稳定性，SID-2V 型控制器采用了高效率低波纹开关稳压电源，并配备了冷却排风扇。数字型同期装置电源不仅可由交流 220V 电源供电，也可由发电厂的直流 220V 或 110V 电源供电，从而提供了交直流电源通用的便利。

为提高抗干扰能力，交直流 220V 电源经噪音滤波器除去干扰再进入开关稳压电源。考虑到不同电路在电气上隔离以抑制干扰的需要，机内设计了互不共地的若干个独立电源。

另外，数字同期装置的所有输入、输出信号分别采用继电器、变压器、光电隔离器等器件进行隔离 ，同时在结构上还采用了完整的电磁屏蔽措施，大大加强了数字同期装置的抗干扰能力，提高了数字同期装置的可靠性。

SID-2V 型数字同期装置可作为发电站自动控制系统中上位控制计算机的一个终端，它作为发电厂开机自动化过程中的一个执行环节。为了便于实现发电厂的全厂自动化，减少开机过程中的相互影响，往往为每台发电机独立配备一台 SID-2V 型控制器，这样在必要时可实现发电厂内多台机同时开机并网。这对于在电力系统事故情况下尽快投入备用发电机组有重要作用。

SID-2V 与上位控制计算机的联机通讯非常简单，因为它们之间不存在交换数据的必要，所有参数都已预先存入 SID-2V 的 EEPROM 中。在上位机认为需要投入 SID-2V 进行发电机并网，或在并网结束后要 SID-2V 退出工作，只需给出两个开关量(空接点)信号即可。

2. SJ-11 型数字型同期装置

1) 硬件组成

SJ-11 数字型同步装置为并联型双微机系统，两套微机系统都接在同步变压器(即电压互感品)后面，输出信号经继电器触点相与后输出。输入、输出间两机硬件相互独立，由 CPU 片上的串行口实现同步，这样可以提高装置的可靠性。SJ-11 型数字型同步装置的电路原理示意图如图 4.19 所示。

微机采用 INTEL8031 单片机系统。整个微机系统可分输入部分、输出部分、主机电路、显示部分和参数设置部分。

输入部分主要由频差测量和电压差测量电路组成。频差测量电路将系统电压 u_x 和机组电压 u_f 分别滤波整流为与各自频率成反比例的方波信号，再将此两信号相异或形成与相角差成正比的矩形波送至CPU的中断口，供CPU测量相角差的大小。电压差测量电路是将 u_x、u_f 两电压分别整流形成与各自电压幅值成正比的直流电压信号，经比较器决定电压差值。

输出电路主要是光电隔离器。由单片机系统输出的调节命令、断路器合闸命令和故障信号全部经光电隔离器送至外部，最后通过驱动继电器来执行命令。

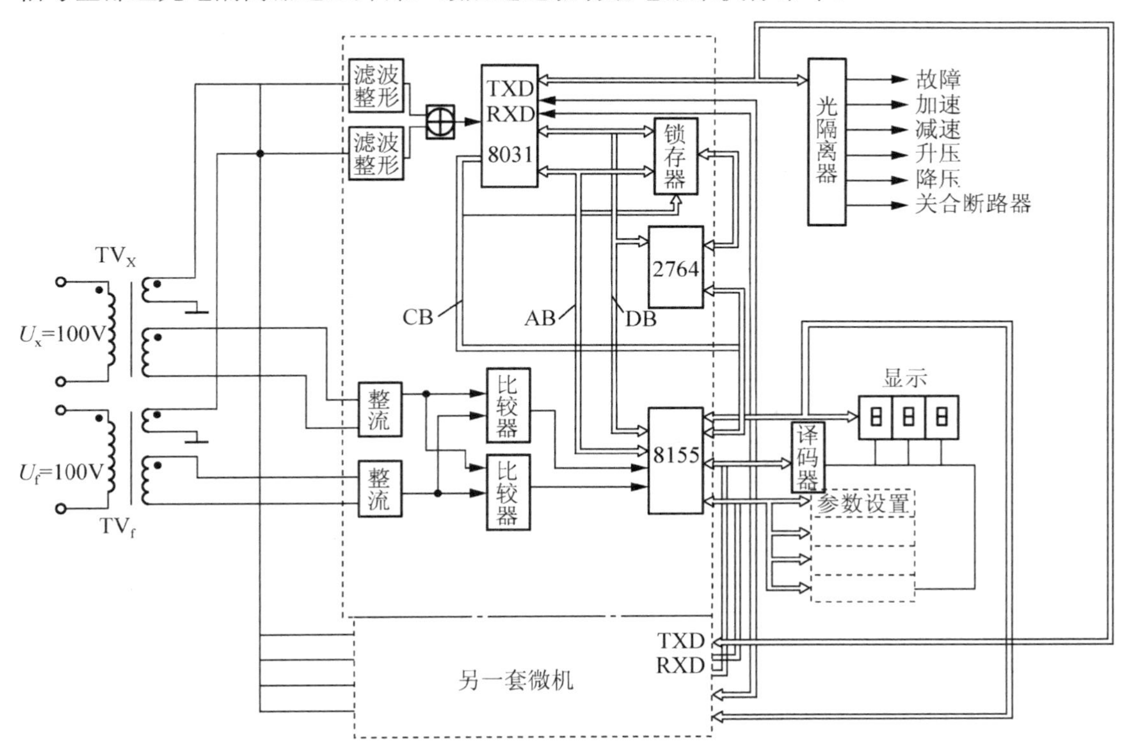

图 4.19　SJ-11 数字型同期装置原理示意图

单片机系统由 8031、LS373、2764、8155 等芯片组成。相角差直接由 CPU 中断口测量获得，CPU 还负责输出信号管理及与并联的另一 CPU 的通信。8155 负责电压差的测量、显示和参数整定电路的管理。

显示部分由三片七段 LED 组成。可显示整定参数、合闸时间、故障信息等。参数整定电路由四级 DIP 开关组成，分别整定合闸时间、调节脉宽、调速周期、调压周期等，以便现场可灵活设置参数。

装置既可与上位机相连作为一台智能终端，也可作独立装置使用。

2) 软件

软件模块由主同步模块、副同步模块、调节模块、中断处理模块、自检模块、合闸时间测量模块和显示模块等组成。各模块主要用 PLM-51 语言写成。软件流程如图 4.20 所示。

装置采用预测理论来预测相位差角，并根据此预测的相位差角确定发断路器合闸脉冲的时刻。还采用灰色预测理论来预测断路器关合(即合闸)时间。装置的主要参数如下：

① 允许关合的最小频率差周期为 1s，可由软件整定。②允许的电压差由硬件整定，在

±10%范围内可连续调整。当频率差周期为1s时，关合相位差应小于1°。③允许发出断路器合闸脉冲的关合闭锁角为0～170°，由软件整定。④装置允许在频率差一阶导数$\frac{df_s}{dt}\leqslant$0.5Hz/s，频率差二阶导数$\frac{d^2 f_s}{dt^2}\leqslant$1Hz/s²范围内进行同期。⑤在系统故障时的同期，允许频率波动周期≥2s，幅值≤1.5Hz，电压波动周期≥0.5s，幅值≤±10%。

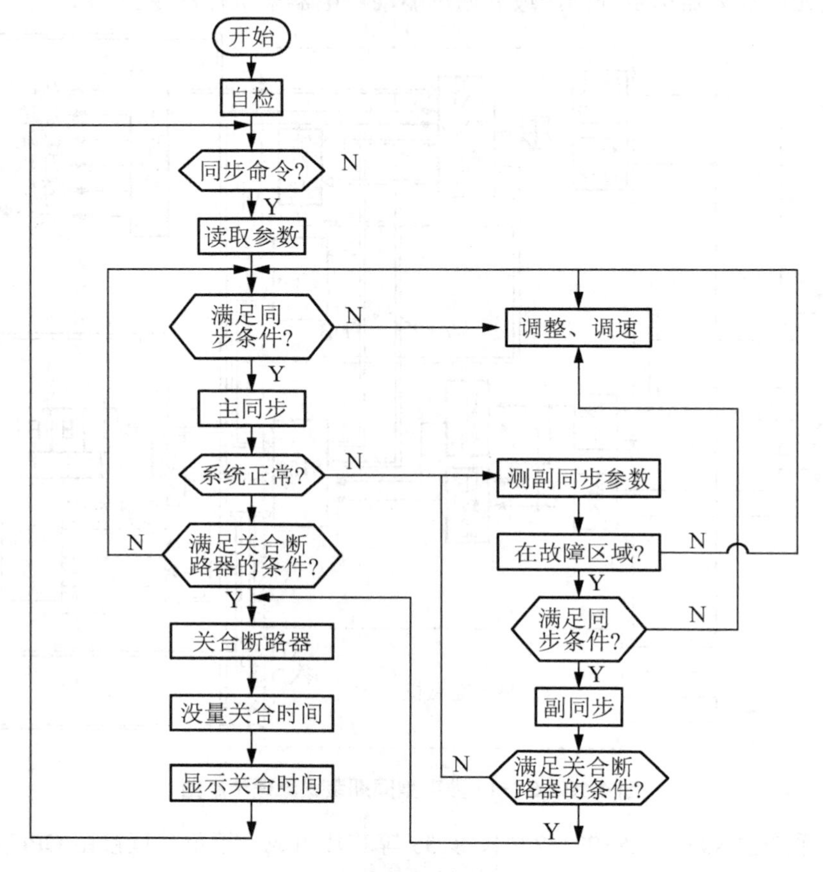

图4.20　SJ-11型数字同期装置软件流程图

3. SJ-12D双微机手自动同期装置

SJ-12D双微机手自动同期装置是在SJ-12A、SJ-12B、SJ-12C后开发的第四代微机同期装置，在总结前几代产品运行经验的基础上，对硬件和软件设计作了较大的改进。除了保留原有产品的优点外，还增加了同期相位表、录波功能及与上位机通讯的功能。装置采用新一代基于DSP和超大规模集成在线可编程技术的硬件平台。整体大面板，全封闭机箱，硬件电路采用后插拔式的插件式结构，强弱电分离。CPU电路板和MMI电路板采用四层板，表面贴装技术，提高了装置的可靠性。同时，装置采用频率跟踪交流采样技术，不断监测发电机和系统的电压、频率，并可根据频差、压差大小发出宽窄不同的调节脉冲，直到频差、压差满足要求。在压差、频差满足要求的情况下，不断监测发电机电压和系统电压的相位差，准确预测断路器的合闸时刻，实现快速无冲击合闸。

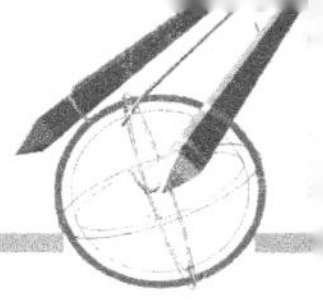

1) 硬件组成

SJ-12D 双微机手自动同期装置主要由 CPU 板、MMI 板、电源板、交流信号输入板(简称交流板)、开关信号输出板(简称开出板)、开关信号输入板(简称开入板)、背板等组成。SJ-12D 双微机手自动同期装置装置硬件框图如图 4.21 所示。

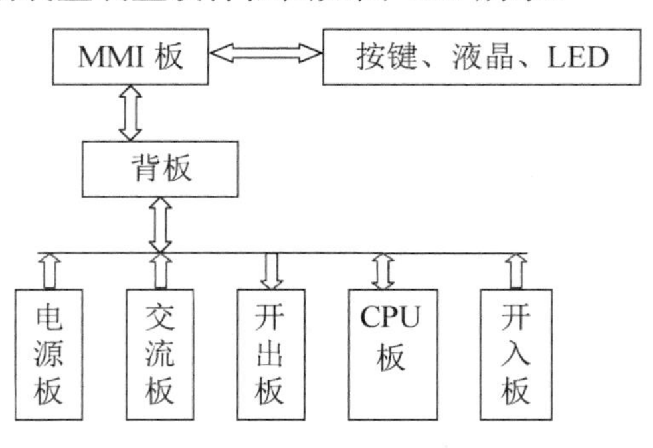

图 4.21　SJ-12D 双微机手自动同期装置装置硬件框图

(1) CPU 板是装置的核心处理单元，主要完成对象开入的识别，电压、频率、相角差的测量，捕捉同期点，完成相应开出信号并提供输出指示灯。

(2) MMI 板完成人机接口的任务和相角闭锁，通过串行通讯接口和 CPU 板进行数据交换；接收键盘输入信息；相位表及液晶显示。

(3) 交流板将输入的 PT 信号转换为 DSP 内置 A/D 可以接受的模拟量信号(0～3V)以及用于频率和相角差测量的方波信号。

(4) 开出板将 CPU 板的控制输出转换为继电器的控制输出，主要有合闸(主辅两个)、升压、降压、增速、减速、失败、故障。

(5) 开入板主要用于 16 个对象的选择。

(6) 电源板提供装置各插件所需的 24V、±15V 及 5V 电源。背板为各插件间提供信号传递。

2) 装置主要特点

(1) 装置采用双 CPU 设计。先进的数字信号处理器(DSP)和单片机并行处理，充分发挥两者的优势，保证系统具有强大的数据处理能力、灵活的功能可扩充性。双 CPU 之间相互独立，因而装置具备很高的可靠性。与同类装置相比较，本装置具备高集成度、高可靠性、元器件少和性能完善的特点。DSP 内置 12 位高精度 A/D、自动跟踪频率同步控制交流采样技术、模拟量通道的自动校正技术等保证系统数据采集、处理的精确性和准确性。

(2) 调节发电机电压和频率快速、平稳地满足并网条件，并不失时机地捕捉到第一次出现的零相角差时机，在软件及硬件上对合闸输出采用了多重冗余闭锁，误合闸概率接近于零。

(3) 装置最多可用于 16 个同期对象，每个对象可以设置为机组型的开关对象或输电线路型的开关对象。可以对断路器两侧电压进行相角补偿和幅值补偿。

(4) 人机界面友好。面板配有液晶屏显示，采用菜单式工作方式。具有丰富直观的数据分析处理能力，按键操作简单、方便。同时设有电子式相位表，结合面板上直观的指示灯，使运行状态一目了然，十分方便运行人员的监视。前置 RS-232 串口可以进行参数的设置以及录波输出，后置 RS-485 串口可以实现装置与上位机的通讯，以实现同期装置的远程监视。

(5) 装置运行状态分为工作态和调试态。同期操作只能在工作态时进行，而参数修改、标定及装置测试则只能在调试态时进行。自检及自恢复功能，具备软件和硬件看门狗，受到干扰时，都能使系统复位，避免死机。

(6) 增加了手动闭锁功能，类似于传统手动同期功能中通过闭锁继电器对相角差进行闭锁。采用该装置的手动方式，可以在范围内设定闭锁角度，并根据需要自动对电压频率等进行调节。

SJ-12D 双微机手自动同期装置适用于各种类型的水电厂、火电厂，对于变电站同样适用，可充分满足电厂、变电站实现并网自动化的要求。

4.4 任务解决方案的评估

从以上分析可知，解决同步发电机自动并列的方法主要有模拟型和数字型两种类型。模拟型自动准同期装置在 2000 年之前应用非常普遍，随着微机技术的快速发展，2000 年之后数字型自动准同期装置在发电厂中得到了广泛的应用。

模拟型自动准同期装置采用分立元件较多，调试困难，运行过程中整定的参数会发生变化，从而影响装置的可靠性。其次，由于发电机断路器在运行过程中合闸时间会发生变化，模拟型自动准同期装置无法与之相适应，从而产生关合误差。第三，横纵装置不能快速捕捉关合时机，延长了同期并列的过程。由于模拟型自动准同期装置在原理上存在缺陷，因而会使并列时间延长，有时甚至发生危及发电机安全的误并列。

数字型自动准同期装置可以有效克服模拟自动准同期装置存在的问题，具有以下的特点：

(1) 原理上保证发电机断路器合闸时冲击电流接近于零。

(2) 当准同期条件第一次满足时，就能抓住时机准确地将发电机投入系统。

(3) 可以实现对待并列发电机电压及频率的调节，加快并列速度。

(4) 具有结构简单、方便扩充功能的特点。

(5) 每次并列操作后，能够提供并列点断路器的实际合闸时间，以作为整定导前时间的可靠依据。

通常，数字型自动准同期装置是作为独立设备存在的。过去为了节约投资，采用几台机组合用一套或两套同期装置。随着机组容量的增大和微机价格的下降，现在基本上都是设置各独立的数字型自动准同期装置。

4.5 综合实训：发电机自动准同期装置调试实训

4.5.1 ZZQ-5 型自动准同期装置现场调试实训

1. 实训目的

(1) 加深理解 ZZQ-5 型自动准同期装置的工作原理。

(2) 掌握装置导前时间 t_{dq}、导前相角 δ_{dq}、电压差值 U 等参数的整定。

2. 实训设备及器件

(1) ZZQ-5型自动准同期装置一套。

(2) 调压器2台，输入电压220V，输出电压250V。

(3) 0.5级交流电压表2只。

(4) 变频信号发生器1台(可用工频振荡器)，以模拟发电机电压。

(5) 401型电动秒表1只。

(6) 刀开关、连接导线若干。

3. 实训步骤

1) 装置整定方法

装置整定主要包括导前时间t_{dq}、频差周期T、导前相角δ_{dq}、电压差值U等参数，其中以t_{dq}、T为主要整定值。下面分别详细叙述：

(1) 导前时间t_{dq}的整定。导前时间t_{dq}的大小主要由合闸断路器本身固有时间决定。因此，合闸断路器固有时间应由安装单位准确测出。装置面板设有t_{dq}刻度电位器及和此刻度值相乘的倍数。例如：t_{dq}整定0.2s，即可把t_{dq}电位器放在0.1处，倍数波段开关放置在“2”挡即可。该刻度值误差出厂是按t_{dq}+频差周期的±1%保证的，如上述设$T=8$s，则0.2s处容许误差为$t_{dq}=(0.2\pm0.08)$s。

(2) 频差周期T的确定。在t_{dq}整定后，应根据机组容量大小确定频差周期T。国内大容量机组推荐值为8～10s，小机组一般为5～8s。若选T过长，频差太小，各种参数调整困难，会延长合闸时间。用户应综合本地情况，确定合适值。

(3) 导前相角δ_{dq}的整定。在上述两参数确定下，导前相角可按下式确定：

$\delta_{dq}=\dfrac{t_{dq}}{T}\times360^\circ$，如$t_{dq}=0.2$s, $T=7$s 则$\delta_{dq}=\dfrac{0.2}{8}\times360^\circ=9^\circ$，把面板上相角刻度电位器红线对准9°左右即可。

(4) 电压差U值的确定。U值要视机组容量大小而定。大容量机组U值可选小一些，小容量机组U值可选大一些。用户要结合具体情况而定。出厂U值的整定范围为±(3～8)V，转动U刻度电位器红线对准所要整定值即可。

(5) 调压脉冲宽度(以下简称脉宽)的确定。调压脉冲时间的长短应视励磁机调节特性而定。如果励磁机调节系统反应灵敏，脉宽可选短一些，如取0.2～0.3s；若反应迟钝，可选长一点时间，可取1～1.5s。同时，与脉冲宽度配合调整的还有一个调压脉冲间隔电位器R_{333}，在装置底板内，调整它可得到3～6s的调压脉冲间隔。

(6) 增、减速脉宽的确定。增、减速脉宽长短要视发电机调速系统情况而定。若电调系统调节灵敏，惯性大，脉宽可取短一些，如0.1～0.2s；若调速系统反应迟钝，脉宽可选长一些，如0.2～0.4s。整定时把面板上各脉宽时间刻度电位器放到所需处即可。

2) 现场调试方法

现场调试主要包括合闸回路的导前时间、导前相角及调压回路的电压差值等参数，以下将分别加以叙述。

(1) 导前时间t_{dq}的调试。调试时先把压差刻度电位器放至中间处，导前相角电位器放至40°处，以解除它们对合闸的闭锁。其具体方法如下：

① 变频信号发生器输出接装置发电机端，调节电压输出为 100V；

② 辅助电源与系统电压输入端并连在一起，接入 100V 交流电压；

③ 用装置合闸继电器触点①、②作为秒表启动触点，装置零点继电器触点⑨、⑩作为停表触点。缓慢调节信号源频率，使装置同步灯亮暗变化减慢，至合闸继电器动作启动秒表，当发电机端电压与系统电压同相时，装置零点继电器动作，停止秒表计时。此时间即为导前时间。微调 t_{dq} 刻度电位器使其符合所测之值。用此法测试时不要选 8s 以下的频差周期，否则因零点继电器在过大频差周期下的不稳定，造成误差增大。

(2) 导前相角 δ_{dq} 的调试。保持上接线不变，如果整定 t_{dq} =0.2s，T=8s，则对应频差 Δf=1/T=1/8=0.125Hz。若用频率计测出的系统频率为 50Hz，则导前相角频差闭锁范围为(50±0.125)Hz。改变信号源频率，使其大于 49.875Hz 时，装置应能合闸，小于 49.875Hz 时，装置应闭锁合闸，微调 Φ 刻度电位器使其满足上面假设条件。

(3) 电压差 U 值的调试。上述接线仍不变，假设整定电压差 U=±3V，系统电压为 100V，缓慢升高信号发生器电压至 103V 时，降压继电器应动作；缓慢降低信号发生器输出电压至 97V，升压继电器应动作。微调电压差 U 值刻度电位器使 U 整定符合要求。因调压脉冲有间隔延时，故调节电压时速度要缓慢。

(4) 脉宽时间的调试。接线仍保持不变。用 401 型电动秒表“Ⅰ”和“Ⅲ”端直接测试。如调压脉宽整定 0.2s，降低信号发生器输出电压，使升压继电器动作，其触点闭合时间即为调压脉宽时间。改变信号发生器频率，使其大于 50Hz，装置减速继电器动作，其触点闭合时间即为减速脉宽时间，微调面板各刻度电位器使其达到即可。

4. 装置投入前的整机调试

装置在上述调试以后，在用于发电机和系统并列前应作整机动态试验，确认装置和回路正常。

(1) 检查同期装置的整定旋钮位置应符合要求。

(2) 发电机断路器在断开位置，投入并列点断路器的同期开关，使二次侧电压引入同期装置。

(3) 调节发电机的频率使之与系统电压的频率接近(在整定频差范围内)，然后升高或降低发电机电压，至闭锁灯发亮，复核电压差闭锁范围。电压差闭锁时，闭锁灯常亮。

(4) 调节发电机的电压使之与系统电压接近(在整定电压差范围内)，缓慢调节发电机电压至闭锁灯亮。根据同步表指针旋转一周的时间，估算频差闭锁范围。频差闭锁时，闭锁灯在同步灯由亮转暗的时候亮，在同步灯由暗转亮时候亮灭。

(5) 在装置的端子 7、17 之间(装置的 8 与 8 相连接)接入 0～300V 交流电压，检查同步灯的亮、灭应与电压差的变化一致。即电压差最大时，同步灯最亮；电压差为零时，同步灯灭。

(6) 保持发电机电压和系统电压基本相同，在 $f_f > f_x$ 和 $f_f < f_x$ 两种情况下，投入准同期装置调速开关，检查调频效果。调频过快或调频过慢，可调整调频脉宽。在频差到达不闭锁范围的第一个周期，就应发合闸脉冲(合闸灯亮)。

(7) 检查正常以后进行模拟并列，当确认无误后，再按电厂同期操作规程进行并网。

5. 实训报告

按实训步骤的要求写实训报告，重点是相关参数的整定和整机调试步骤。

4.5.2　SID-2V 数字型自动准同期装置参数整定操作实训

1. 实训目的

(1) 加深理解 SID-2V 数字自动准同期装置工作原理。
(2) 掌握装置导前时间 t_{dq}、导前相角 δ_{dq}、电压差值 U 等参数的整定。

2. 实训条件

(1) 具有 SID-2V 数字准同期装置的实训场所进行。
(2) 具有配置 SID-2V 数字准同期装置校外实习基地进行。

3. 实训步骤

1) 操作面板

前面板如图 4.22 所示，左面为相位指示灯(一个由软件控制的同步表)，控制器工作时，动态指示发电机与系统电压的相位差。当准同期条件满足时，发出合闸信号，圆心位置的指示灯亮。右上角为由 8 个 LED 数码显示管组成的显示器，在自检、参数设置和工作时，显示相应的数据和状态。右下角小面板内有一个 20 芯键盘接口(key port)插座，用于本装置的调试。

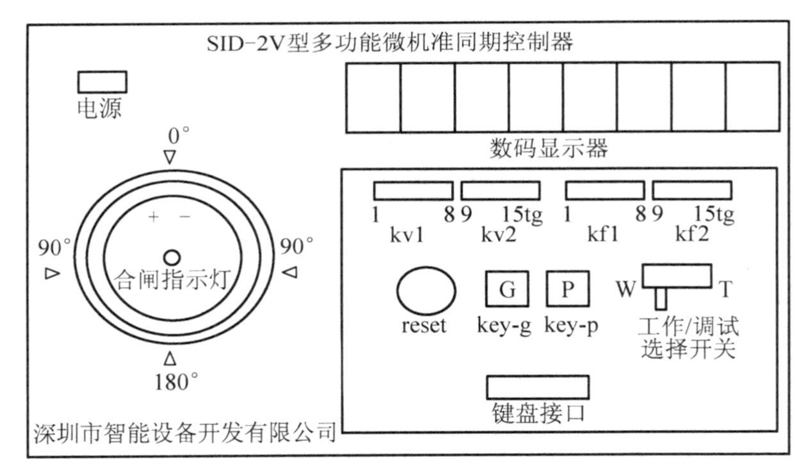

图 4.22　操作面板

红色复位(reset)按键，用于控制器的复位。另外，还设有工作/调试(work/test)选择开关，以及 key-p、key-g 和 kv1、kv2、kf1、kf2 微型拨动开关，供参数设置和控制方式选择之用。

2) 参数设置及功能选择

控制器在投入使用之前，先要设置“断路器合闸导前时间”、“合闸允许频差”、“均频控制系数”和“均压控制系数”这四个参数，以及进行是否需要均频、均压控制等功能的选择。设置的具体方法如下：

(1) 准备阶段：将前面板右下方的小面板取下，将工作状态/参数设置(work/test)选择开关拨向参数设置(test)侧，合上电源(若已合上，则只需按一下 reset 键)，参数设置指示灯亮，数码显示器在最左端随即显示提示符“P”，此时即可进行参数及功能选择设置(用开发装置的键盘调试也在此状态下进行)。

(2) 设置阶段：

① 参数设置。参数设置由 key-g 和 key-p 两按键完成，key-g 键用以选择待设置参数并同时显示该参数原整定值，及确认新整定值。当连续按下 key-g 键时，八位显示器将依次循环显示各机组(1～15 台)的上述 4 个待定参数原整定值。按最先的 4 下依次显示的是第一号机组的 4 个参数，其显示顺序如表 4-1 所示。

表 4-1　参数显示及格式

顺序	机组编号标志参数整定值	说　明
1	□□□□□×××	断路器合闸导前时间/ms　20～995，步距 1ms
2	□□□□□□××	合闸允许频差/Hz　0.05～0.50，步距 0.01Hz
3	□□□□□□××	均频控制系数：0～1.00，步距 0.01
4	□□□□□□××	均压控制系数：0～1.00，步距 0.01

继续按 key-g 键，将按以上格式顺序依次循环显示各机组的四个参数。当显示完最后一台机组的均压控制系数后，再按一次 key-g 键则返回显示第一号机组的断路器合闸时间。

若要重新设置和修正某台机组某个参数，首先持续按 key-g 键，当显示器出现该机组编号下的该参数标志时即松开此按键，再按下参数修改键 key-p，这时显示器所显示的参数值按给定步距递增(若超过程序所设上限值，则自动返回下限值)，当增至所需设定的值时，则放开 key-p 键,然后再按一下 key-g 键，则所设参数被确认。例如，要设定五号机的均频控制为 0.20 时，则按下 key-g 键，当显示器出现“×.××”时，松开 key-g 键，按下 key-p 键，所显示的数码将按 0.01 的步距递增，当增至“×.××”时放开 key-p 键，再按一下 key-g 键，显示器熄灭一下并在显示器位 5 显示“P”(表示确认该参数)后立即显示下一个待设置参数“×.××”刚才设定的 0.20 已被确认，至此修改完毕。这时所设参数被永久存入 EEPROM 中(即使断电，也不消失)，直到下次修改为止。

此外机组编号(如“1F”)也可按用户要求给定，由调试人员用开发装置输入。若想检查所设参数是否正确，应按一下复位(reset)键，便可逐个检查参数。

② 均压控制功能选择。kv1 和 kv2 两个八位微型开关的 1～15 位分别为 1～15 号机组均压控制功能选择开关，即是否需要控制器对发电机实施电压调节。当拨向 on 位置时为投入状态，当拨向 off 位置时则为不投入状态，如表 4-2 所示，不投入并不表明控制器不受压差闭锁，只是不由控制器调节发电机电压。

③ 均频控制功能选择。kf1 和 kf2 两个八位微型开关的 1～15 位分别为 1～15 号机组均频控制功能选择开关，当拨向 on 位置时为投入状态，当拨向 off 位置时则为不投入状态，如表 4-2 所示。不投入并不表明控制器不受频差闭锁，只是不由控制器调节发电机频率。

装置不论是否选择自动均频控制，在并网过程中出现“同频”状态时，装置都将自动发出加速控制信号，目的是摆脱同频状态，创造并网条件。因此在设计同期二次接线时，装置对调速器的均频控制电缆(特别是加速控制)必须敷设。这是由于现在使用跟踪式调速器的机组越来越多，极易出现“同频”状态。

如果将某号机组的均频控制系数设定为零，则相当于退出控制器对该机组的均频控制功能，这与将 kf 开关的该对应位拨向 off 位等效。同样，如果将某号机组的均压控制系数设定为零，也相当于将 kv 开关的该对应位拨向 off 位等效。

④ 模拟电压信号功能选择 (此功能为方便调试所设)。kv2 八位微型开关上的 tg 位为模拟发电机电压信号功能选择开关，当拨向 on 位置时为投入状态,表示发电机电压信号由控制器内部模拟；当拨向 off 位置时为不投入状态，见表 4-2。正常工作时，必须拨向 off 位置。

表 4-2　SID-2V 型装置控制功能选择设置表

kv1-1	Kv1-2	kv1-3	kv1-4	kv1-5	kv1-6	kv1-7	kv1-8	kv2-1	kv2-2	kv2-3	kv2-4	kv2-5	kv2-6	kv2-7	kv2-tg
1F 均压控制	2F 均压控制	3F 均压控制	4F 均压控制	5F 均压控制	6F 均压控制	7F 均压控制	8F 均压控制	9F 均压控制	10F 均压控制	11F 均压控制	12F 均压控制	13F 均压控制	14F 均压控制	15F 均压控制	内部产生机频信号
kf1-1	kf1-2	kf1-3	kf1-4	kf1-5	kf1-6	kf1-7	kf1-8	kf2-1	kf2-2	kf2-3	kf2-4	kf2-5	kf2-6	kf2-7	kf2-ts
1F 均频控制	2F 均频控制	3F 均频控制	4F 均频控制	5F 均频控制	6F 均频控制	7F 均频控制	8F 均频控制	9F 均频控制	10F 均频控制	11F 均频控制	12F 均频控制	13F 均频控制	14F 均频控制	15F 均频控制	内部产生网频信号

kf2 八位微型开关上的 ts 位为模拟系统电压信号功能选择开关，当拨向 on 位置时为投入状态，表示系统电压信号由控制器内部模拟；当拨向 off 位置时为不投入状态,表示需要外接系统电压信号。正常工作时，必须拨向 off 位置。

另外可用 key-g、key-p 两键来显示模拟电压的频率，及修改其中的发电机模拟电压频率。当 tg、ts 两开关处于 on 位置，按下 key-g 键减模拟发电机频率，按 key-p 键则增加。如同时按下 key-g 和 key-p 键则显示系统频率(ts 在 on 位置显示模拟系统频率，ts 在 off 位置显示真正的系统频率)还必须强调指出：参数设置完毕后,必须把 W/T 开关拨向 W 位置(此时小指示灯灭)；ts、tg 两个开关拨向 off 位置，然后盖上小面板，在无必要情况下，请勿轻易打开。

3) 工作状态

参数设置完毕并使诸开关处于工作位置后，当接通电源，控制器便进入同期工作状态。希望不断电便转入同期控制工作状态，通过按下远方复位控制键或面板上的复位键便可实现。

(1) 自检显示。当接通电源或在不断电情况下进行复位操作，控制器即对其内部各部件工作正常与否进行自诊断。若有错，则显示器显示出错部位，见表 4-3。

表 4-3　自检出错信号

出错部位	数码管显示状态(数字代表序数)							
	7	6	5	4	3	2	1	0
进入自检状态	从左至右依次显示相应位数即正常							
EPROM 出错	E	P					C	C
RAM 出错	A	A					C	C
输入板出错	S	r					C	C
EEPROM 出错	E	E	P				C	C
无待并列点(即 N=0)		.						
待并列点不止一个(N≥2)		.						

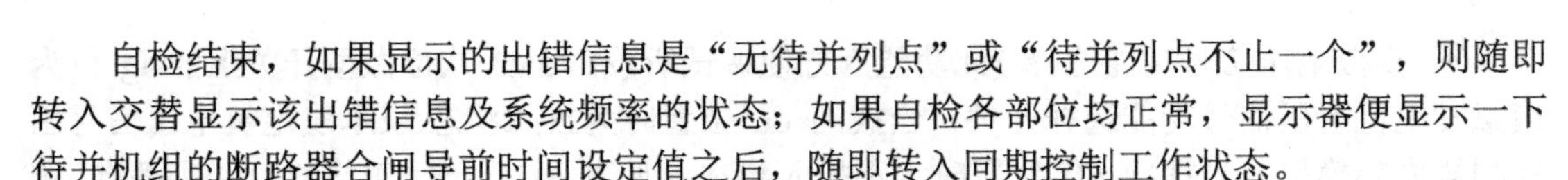

自检结束，如果显示的出错信息是“无待并列点”或“待并列点不止一个”，则随即转入交替显示该出错信息及系统频率的状态；如果自检各部位均正常，显示器便显示一下待并机组的断路器合闸导前时间设定值之后，随即转入同期控制工作状态。

(2) 工作状态显示。在同期工作程序执行过程中，无论各控制功能的选择设置如何，显示器各位(从右至左依次为 0～7 位)所要显示的内容见表 4-4。

表 4-4　显示信息含义表

序号	显示信息								显示信息含义
	位7	位6	位5	位4	位3	位2	位1	位0	
1	p	d							频差低于整定值(机频低)装置作加速控制
2	p	g							频差超出整定值(机频高)装置作减速控制
3	t	p							频差小于 0.02Hz，出现同频，装置减速
4						d	y	d	压差低于整定值(机压低)装置作升压控制
5						d	y	g	压差超出整定值(机压高)装置作降压控制
6	p	g				d	y	g	频差及压差均超出整定值，装置作减速，降压控制
7					9				位3 由0，1，2，…，9，A，B，…，F循环表明程序执行正常
8					8	c			位 4 出现此符号表示 8 个同期条件都满足
9	d	s	s	=	0	3	2	5	并列后显示断路器实际合闸时间
10	c	p					F	H	装置已发出合闸脉冲，但未回收到断路器接通信号
11			c	s	b	s			在使用机内频率信号试验时闭锁合闸回路
12	□		□		□		□		装置合闸命令发出后出错
13	J	J	d						合闸命令发出后 15ms 合闸继电器还未启动
14			F	S	>	5	5		系统频率偏出实际允许值
15	V	S		L	V	L	O	K	系统低压闭锁
16	V	g		L	V	L	O	K	发电机低压闭锁

位 7、位 6：显示频差状态及所需控制状态。“pd”表示超出允许频差，需加速；“pg”表示超出允许频差，需减速；“tp”表示同频不同相，需加速，以破坏此状态。

位 2、位 1、位 0：显示压差状态及所需控制状态。“dyd”表示超出允许压差，需升压；“dyg”表示超出允许压差，需降压。

位 3：指示程序执行是否正常。当依次循环显示“0，1，2，…，9，A，B，…，F”十六进制数时，表示程序执行正常。否则不正常。

位 4：指示满足同期合闸条件个数。LED 数码管的每段代表一个合闸条件，亮“8c”时，则表示合闸条件全部满足。

当合闸条件全部满足，控制器即发出合闸命令，同时显示器位 1、3、5、7 显示符号“□”(假并列)；如真并列，且接入待并开关辅助接点信号，则显示开关实际合闸时间。

4. 实训报告

按实训步骤的要求写实训报告，重点是相关参数的整定和整机调试步骤。

任 务 小 结

并列操作是电力系统中一项极重要的常规性操作，因此可靠而简便地完成并列任务是电力系统自动装置的关键任务之一。

1. 完成并列任务首先应根据发电厂的具体情况及电力系统的要求而选择合理的并列方式。

目前电力系统采用的同期方式有两种：准同期方式和自同期方式。准同期方式就是先加励磁(建压)后并网，自同期方式就是先升速并网，后加励磁(建压)。由于准同期方式能够实现迅速、准确地准同期并列，而且冲击电流小，因此当前绝大部分发电机正常运行情况下均采用准同期并列，而且是自动准同期并列。若采用手动准同期方式，由于捕捉满足并列条件的瞬间比较困难，往往造成并列时间过长。因此，有条件的都应该尽量采用自动准同期并列装置。

2. 为了能可靠而简便地完成并列任务，我们首先必须明确发电机实现自动准同期的技术路线。

自动准同期装置的作用是替代准同期并列过程中的手动操作，以实现迅速、准确地准同期并列。自动准同期并列装置应能自动检测待并发电机与系统母线间的压差、频差大小和相位差。当满足同期三条件时，提前一个恒定时间自动发出合闸脉冲命令，顺利完成并列任务；如果压差或频差不满足要求，自动准同期并列装置应能判断出压差和频差方向，而且通过脉冲命令控制发电机调速设备和励磁系统，使待并发电机进行电压或频率的自动调整。当满足同期三条件时，再提前一个恒定时间发出合闸脉冲命令。

要完成上述任务，我们首先要找出一个综合性参数，此参数能够综合反映待并发电机与系统的电压差、频差大小和相位差。通过分析我们发现整步电压包含了所有的同期条件信息量，所以自动准同期装置判断待并发电机是否满足同期条件可通过整步电压来实现。整步电压一般可分为正弦整步电压和线形整步电压，线形整步电压又可分为半波线性整步电压和全波线性整步电压，其中精度最高、最常用的是全波线性整步电压。

3. 为了能可靠而简便地完成并列任务，我们重点要掌握自动准同期装置的总体结构和工作原理。

完成发电厂并列任务主要有两种选择，即目前发电厂中广泛使用的模拟型自动准同期装置和数字型自动准同期装置两种类型。

1) 任务 4 中我们简要地定性分析了一种典型的模拟型自动准同期装置——ZZQ-5 型自动准同期装置。ZZQ-5 型自动准同期装置是功能较为齐全的自动准同期装置，是利用线性整步电压按恒定导前时间原理构成的，主要由合闸部分、调频部分、调压部分和电源四部分组成。ZZQ-5 型自动准同期并列装置在 20 世纪 90 年代应用比较广泛，现新建设的发电厂一般不再采用。

2) 由于模拟式自动准同期装置，只能采用比较简单的控制规律，同时模拟式自动准同期装置采用元件较多，调试困难，而且运行过程中整定的参数会发生变化，因此模拟式自动准同期装置已经无法满足发电厂自动化水平提高的要求。为了满足更为复杂的调节控制算法(其中 PID 控制规律是最常用的)，随着微处理器的飞速发展，发电厂自动化水平日益提高，以微机为核心的数字式自动准同期装置得到了广泛应用。数字式自动准同期装置的控制规律是由软件方式实现，硬件简单，高度可靠，可以实现并列时冲击电流很小而并列速度很快的要求。

对于数字型同期装置，我们主要分析了数字型自动准同期装置的总体结构和工作原理。任务 4 中我们详细分析了 SJ-11 型数字型同期装置和 SID-2V 型多功能准同期装置的总体结构和同期原理。数字型自动准同期装置在进行准同期过程中，能有效地进行均频控制和均压控制，尽快促成准同期条件的到来；每次并网时，都自动测量和显示“断路器操作回路实际合闸时间”，作为是否需要修改原来设置的“断路器合闸导前时间”整定值的依据，以使下次合闸更加精确无误；机组的各种控制参数均可独立设置，这些参数包括：断路器合闸导前时间、合闸允许频差、均频控制系数、均压控制系数。因此数字型自动准同期装置具有并网安全可靠、快速、稳定、精度高、功能多的优点。

习　题

1. 什么是并列操作(同期操作)？并列操作不当会带来哪些后果？
2. 电力系统同期方式有哪两种？两者的区别是什么？
3. 发电机顺利完成准同期任务应满足哪些条件？实际运行中指标范围如何？
4. 说明整步电压的内涵和作用。如何得到正弦波整步电压？
5 滑差电压、滑差频率、滑差周期三者之间有什么关系？
6. 如何利用正弦波整步电压来判断发电机是否满足准同步并列条件？如何利用线性整步电压来判断发电机是否满足准同步并列条件？
7. 自动准同步装置发合闸脉冲为什么需要导前时间？断路器合闸脉冲导前时间主要考虑什么因素？
8. 在 ZZQ-5 自动准同步装置中，四大部分各完成哪些功能？
9. 请用“读图三步法”分别分析 SID-2V 型(如图 4.17 所示)和 SJ-11 型数字式自动准同期装置(如图 4.19 所示)的工作原理。
10. 数字式自动准同期装置一般具有哪些优点？

任务5

为发电机转子提供可控的直流电

【知识目标】

1. 掌握同步发电机励磁系统的作用和基本要求；

2. 掌握同步发电机各种励磁方式的特点，分析各种励磁方式的特点，包括主要的优点、缺点以及应用场合；

3. 掌握励磁调节与机端电压以及输出的无功功率之间的关系；

4. 掌握同步发电机励磁系统的基本结构、各部分电路的工作原理及其工作特性，重点掌握励磁系统的分析方法；

5. 熟练掌握励磁系统中可控整流电路的作用和调节励磁的原理，熟练掌握控制角与励磁电压的关系；

6. 掌握数字式励磁系统的总体构成和工作原理。

【能力目标】

能力目标	知识要点	权重/%	自测分数
认知同步发电机励磁系统	同步发电机励磁系统的作用和基本要求	10	
能熟练地对同步发电机的励磁系统进行分类和识别	各种励磁方式的特点，包括主要的优点、缺点以及应用场合	10	
典型晶闸管励磁系统工作原理的分析，能够读懂励磁系统图	同步发电机励磁系统的基本结构、各部分电路的工作原理及其工作特性	30	
能够画出各种控制角下的波形图	晶闸管控制角的概念，熟练掌握控制角与励磁电压的关系	20	
数字式励磁系统的分析	数字式励磁系统的总体构成和工作原理	30	

【任务导读】

发电机工作时，转子线圈通以直流电形成直流恒定磁场，在原动机(汽轮发电机指汽轮机，水轮发电机指水轮机)的带动下转子快速旋转，恒定磁场也随之旋转，定子线圈被磁场磁力线切割产生感应电动势，发电机发出电能。转子及其恒定磁场被原动机带动快速旋转时，在转子与定子之间小而均匀的间隙中形成一个旋转的磁场，称为转子磁场或主磁场。平常工作时发电机的定子线圈即电枢都接有负载，定子线圈被磁场磁力线切割后产生的感应电动势通过负载形成感应电流，此电流流过定子线圈也会在间隙中产生一个磁场，称为定子磁场或电枢磁场。这样在转子、定子之间小而均匀的间隙中出现了转子磁场和定子磁场，这两个磁场相互作用构成一个合成磁场。发电机就是由合成磁场的磁力线切割定子线圈而发电的。由于定子磁场是由转子磁场引起的，且它们之间总是保持着一先一后并且同速的同步关系，所以称这种发电机为同步发电机。

5.1 任务导入：认识发电机励磁系统

同步发电机的转子绕组所需要的直流电流是由发电机励磁系统提供的，这也是励磁系统的基本功能。

励磁系统作为同步发电机的一个重要组成部分，它的运行状况直接决定发电机组的运行工况，进而影响整个发电厂的安全运行水平。所以，如何为发电机的转子绕组提供稳定的直流电流是电力系统自动装置的重要任务。为了完成这项重要任务，首先应掌握晶闸管励磁系统的总体结构和作用。

5.1.1 晶闸管励磁系统的总体结构

晶闸管用于同步发电机励磁系统，取代原有的励磁机调节器，称之为同步发电机晶闸管励磁系统。晶闸管励磁系统是同步发电机极其重要的组成部分，因此自20世纪60年代同步发电机开始采用晶闸管励磁技术以来，经过40多年的发展已在大、中、小同步发电机上得到了广泛的应用。晶闸管励磁系统由功率单元、励磁调节单元以及保护回路等组成，该系统提供由交流电源转换的直流电压和电流作为发电机励磁能源。晶闸管励磁系统能随负载的变化自动地改变励磁电压和电流，以维持发电机的电压恒定。当电网负载突然卸去或发生过载等事故时，晶闸管励磁系统能迅速给予响应，提供相应的最大或最小的励磁功率，使同步发电机免遭损害而保持正常的运行工况。

根据对励磁系统(系统原理框图如图5.1所示)的整体结构进行分析，晶闸管励磁系统实质上是建立在负反馈理论上的自动调节系统，系统中的调节对象是同步发电机，端电压U_0是被调量，TA、TV及励磁调节单元组成反馈环节，U_f充当反馈量。

5.1.2 晶闸管励磁系统的作用和要求

1. 晶闸管励磁系统的作用

1) 维持电力系统电压在一定水平上

当电网负载增加时，发电机的端电压下降，通过励磁调节器作用，使晶闸管控制角减

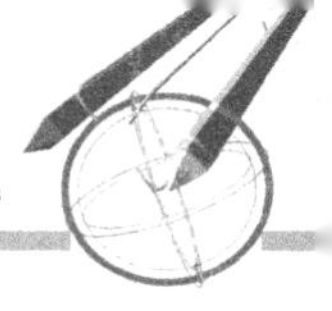

小，导通角增大，励磁电流增加，励磁电压增大，将发电机端电压提升到原来额定值；当电网负载减少时，发电机的电压上升，使晶闸管控制角增大，导通角减少，励磁电流下降，励磁输出电压下降，使发电机端电压下降。因此，通过晶闸管系统使发电机端电压维持在一定水平上，保证了供电电压恒定。

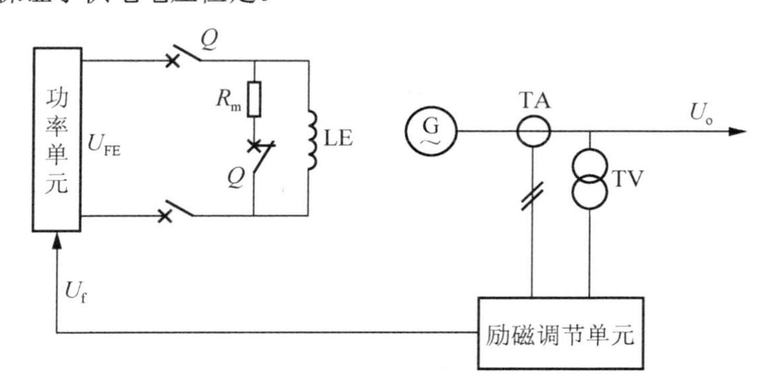

图 5.1　同步发电机励磁系统框图

G—同步发电机；LE—发电机转子绕组(励磁绕组)；R_m—灭磁电阻；TA—电流互感器
Q—灭磁开关；TV—电压互感器

2) 控制无功功率分配

根据发电机调差率控制并联运行的发电机之间的无功分配是励磁系统的一个重要功能。当发电机并联于电力系统运行时，它输出的有功功率决定于从原动机输入的功率，而发电机输出的无功功率则和励磁电流有关，调节励磁可改变发电机输出的无功功率。实际运行中，改变励磁会使端电压和输出无功功率都发生变化，但端电压变化较小，而输出的无功功率会有较大的变化。

3) 提高继电保护装置的动作可靠性

当系统中发生短路事故时，由于励磁系统的强励作用，从而使短路电流衰减很慢，有时甚至不衰减，这就保证了短路电流超过继电保护装置的动作值，使继电保护装置仍能可靠动作，使继电保护、特别是带时限的继电保护的动作灵敏度得到了提高。

4) 同步发电机突然卸载时限制电压上升

同步发电机电压与转速成正比，且由励磁的方式决定。当某种原因使水轮发电机突然卸去大量负载时，则可能使端电压迅速上升，自动励磁装置中强行减磁装置在电压升高到某一数值后即迅速减小励磁电流，限制发电机的最高电压，防止卸载后电压上升而对水轮发电机造成损害。

5) 改善系统的工作条件

系统中有多台装有自动调节励磁装置的同步发电机器并列运行，且当其中一台发电机因事故失去励磁时，这台发电机对系统是一个相当大的感性负载，自动调节励磁装置能提供满足其所需的电感性无功功率，使系统电压不致因一台发电机失励而大大降低。当异步运行的发电机在自同期并列运行时，自动调节励磁装置能快速增加励磁，加速拉入同步，缩短并列过程。同时，通过强励作用，加速短路消除后系统电压的恢复，改善异步电动机自启动条件。

6) 快速灭磁

当发电机或升压变压器(单元接线)内部发生故障时，晶闸管励磁系统能够实现快速灭磁，以降低故障所造成的损害。

2. 对晶闸管励磁系统的要求

(1) 晶闸管励磁系统能够在各种负荷情况下根据要求维持发电机端电压在给定水平，而且装置容量应满足发电机各种运行方式的励磁调节需要。

(2) 为了在机组间合理分配无功功率，调节装置必须有适当的调差特性。在多台发电机机端母线并列运行的情况下发电机为向下倾斜的正调差的特性，而多台发电机-变压器组并列于高压母线的情况下则采用向上倾斜的负调差特性，一般不采用无差调节特性(见图5.2)。

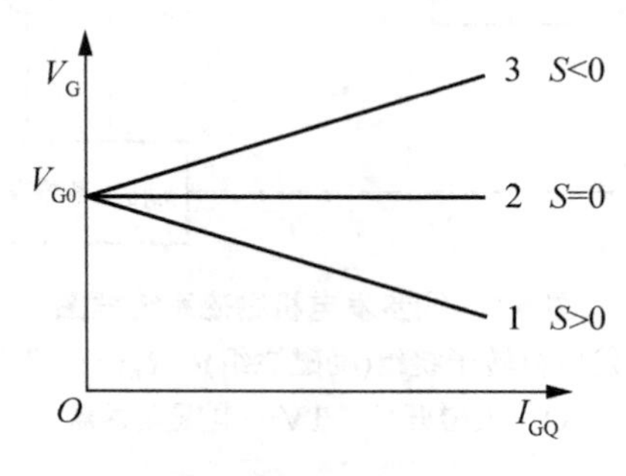

图5.2 发电机调差特性

(3) 晶闸管励磁系统应反应灵敏，动作迅速，特别是当系统发生短路等事故而引起电压显著下降时，调节装置能作用于励磁电源，使励磁电流达到顶值，达到强行励磁的目的，以维护系统的整体稳定。

(4) 晶闸管励磁系统在调节过程中应保证整个系统的稳定。调节过程中不论是调节装置本身还是励磁电源，被调量不是一次达到新的稳定值，而是经过一个振荡过程才达到这个稳定值，总体上要求在动态调节过程中调节速度快，超调量小，稳定性好。

(5) 晶闸管励磁系统静态调节应精度高，频率特性好。调节精度是指运行条件(包括负载、环境温度、频率、电压等)变化时机端电压与给定值的相符合的程度。

(6) 晶闸管励磁系统应具有快速减磁和灭磁功能。

(7) 装置结构简单可靠，调试方便，消耗功率小。

5.1.3 常见的同步发电机励磁系统类型

作为同步发电机的重要组成部分，励磁系统随技术的进步出现了很多类型。目前电力领域内通行两种分类方法。

第一种分类方法是按照励磁系统本身能量的来源(供电方式)分类，可分为他励和自励两大类。他励是指发电机的励磁电源由与发电机无直接电联系的电源经整流电路整流供给励磁系统能源，如直流励磁机、交流励磁机等。他励励磁电源不受发电机运行状态的影响，可靠性较高。自励是指励磁电源取自发电机本身，采用励磁变压器作为交流励磁电源，励磁变压器接在发电机输出端或厂用电母线上，如晶闸管自并励、晶闸管自复励等，自励系统的功率单元由静止电力电子元件——晶闸管构成，取消了旋转电机，因此运行维护方便。

第二种分类方法是按照励磁系统中励磁调节单元的调节手段分类，可分为模拟式励磁系统和数字式励磁系统两大类。励磁调节单元中主要通过硬件来进行调节的励磁系统称为

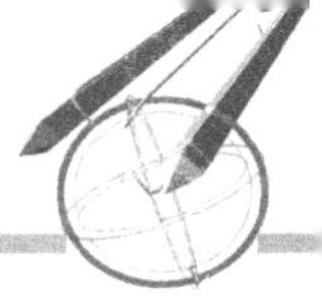

模拟式励磁系统，励磁调节单元中主要通过软件来进行调节的励磁系统称为数字式励磁系统。

1. 他励系统和自励系统

1) 他励系统

(1) 直流励磁机励磁系统。图 5.3 所示为直流励磁机励磁系统。发电机的励磁电流由直流励磁机 GE 供给，励磁机的励磁电流则由励磁机自并励电流 i_{ZL} 和自动调节励磁装置输出电流 i_{AAVR} 供给，总的励磁电流为 $i_L=i_{ZL}+i_{AAVR}$，调节励磁机励磁电流 i_L 就可改变励磁机的电压，从而改变发电机的励磁绕组电流，实现发电机电压调整的目的。励磁机励磁电流的调节方法是：①手动调整磁场电位器 R_c 以改变 i_{ZL} 值；②根据端电压偏差信号由励磁调节单元自动调节 i_{AAVR} 以保持端电压为给定值。

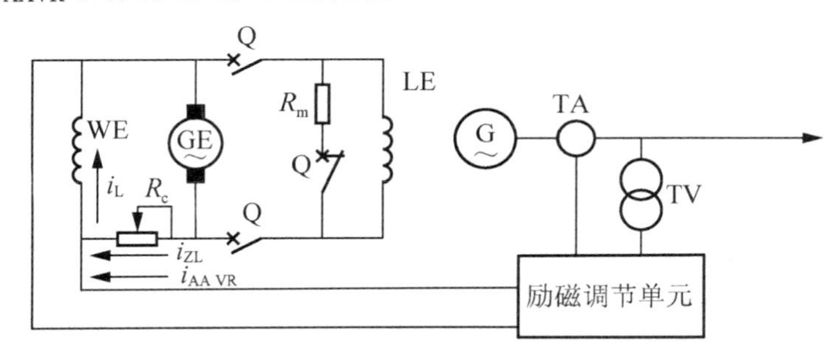

图 5.3　直流励磁机励磁系统

G—同步发电机；R_m—灭磁电阻；GE—直流励磁机；LE—同步发电机励磁绕组；Q—灭磁开关；R_c—磁场电位器；WE——直流励磁机励磁绕组

直流励磁机励磁系统是一种相当成熟的励磁方式，由于运行稳定和调节方便，以前在同步发电机中获得了广泛的采用。但由于该系统存在固有的换向器磨损、冒火花等问题，而且不利于数字化改造，因此目前在新建发电厂已经不采用。

(2) 交流励磁机——旋转整流器励磁系统(又称无刷励磁)。图 5.4 所示为交流励磁机-旋转整流器励磁系统。发电机的励磁电流由交流励磁机电枢输出功率经三相全波整流供给。硅整流元件、快速熔断器和连接线装于发电机转子空心轴中，随轴一起旋转。交流励磁机的励磁电流由发电机端提供。发电机励磁调节通过励磁调节单元改变晶闸管的导通角，从而改变交流励磁机的励磁电流进行的。

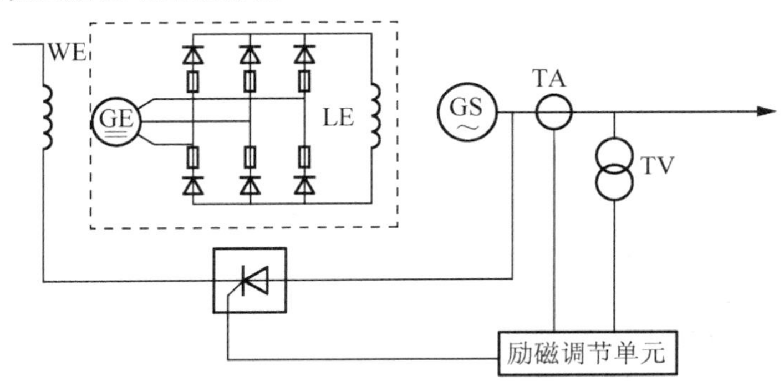

图 5.4　交流励磁机-旋转整流器励磁系统

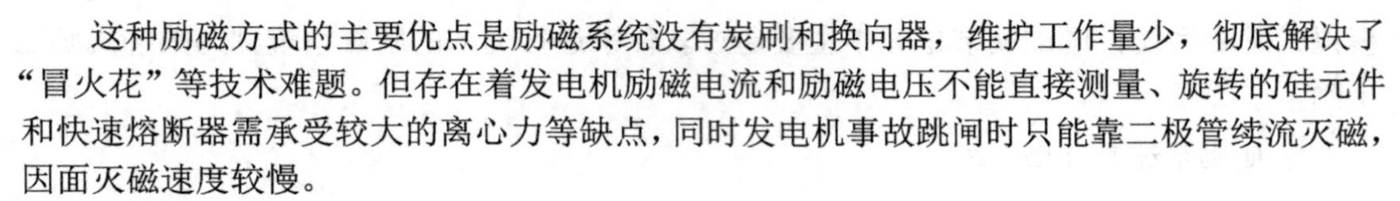

这种励磁方式的主要优点是励磁系统没有炭刷和换向器，维护工作量少，彻底解决了“冒火花”等技术难题。但存在着发电机励磁电流和励磁电压不能直接测量、旋转的硅元件和快速熔断器需承受较大的离心力等缺点，同时发电机事故跳闸时只能靠二极管续流灭磁，因面灭磁速度较慢。

2) 自励系统

(1) 自并励晶闸管静止励磁系统。图5.5所示为自并励晶闸管静止励磁系统。自并励磁系统是自励系统中最典型的一种励磁方式，也是当今应用最广泛的励磁方式。发电机的励磁电源通过励磁调节单元控制晶闸管的导通角进行调节。

这种励磁方式的主要优点是：

① 取消直流励磁机，因此不存在电刷和换向器磨损及环火等问题。

② 使发电机设备和接线简化。

③ 调节速度快，动态性能好。

④ 缩短机组长度，减少厂房投资。

⑤ 励磁变压器增加400V第三绕组，可改为厂用电他励，还可作为发电机检修用短路干燥电源。

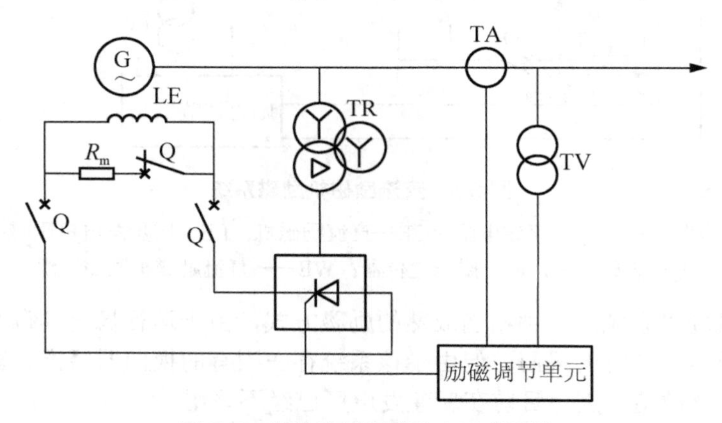

图5.5 自并励晶闸管静止励磁系统

该励磁方式的缺点是：由于强行励磁能力与机端电压有关，因此当发电机发生机端三相短路时，由于机端电压很低，励磁系统将失去强行励磁能力，影响继电保护动作灵敏度，而且影响发电机在电力系统短路被切除后运行的暂态稳定性。

(2) 自复励晶闸管静止励磁系统。该系统原理图如图5.6 (a)所示，与自并励晶闸管静止励磁系统相比，励磁电压由励磁变流器TA1二次电压和励磁变压器TR二次电压串联后加到整流桥上。

励磁变流器的铁心带有间隙，类似电抗变压器，其输出电压正比于定子电流，这样加到整流桥上的电压可表示为

$$\dot{U} = n_{TV}\dot{U}_G + jX_K\dot{I}_G$$

式中：n_{TV}——励磁变压器的变比;

X_K ——变流器的转移电抗。

图 5.6(b)为电压相量图，由图可见，励磁整流电压不仅与定子电流有关，还与发电机电流电压的相角差有关。因为，当负载电流和功率因数变化时，发电机电压会作相应的变化，可以起到补偿作用。由于导通角控制仅取决于发电机电压，从而晶闸管导通角变化不

大，调节容量可以相对小些，有利于励磁响应速度的提高。

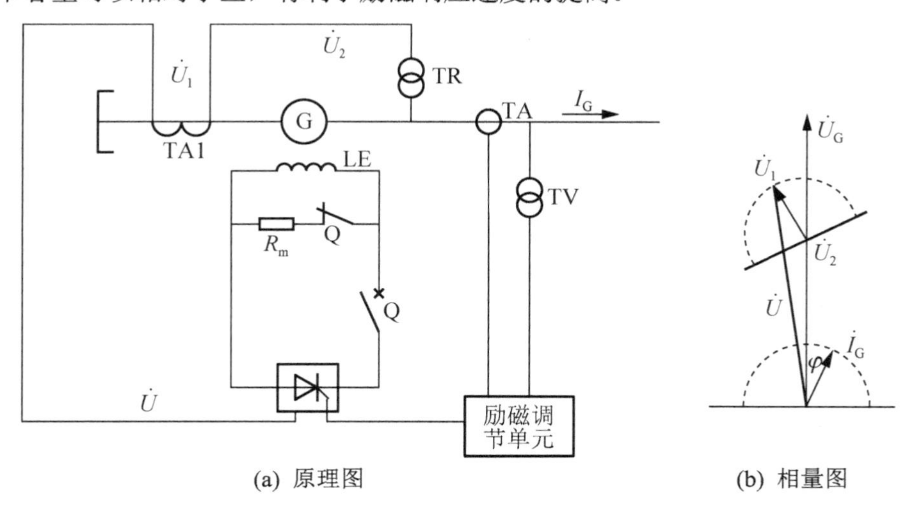

(a) 原理图　　(b) 相量图

图 5.6　自复励晶闸管静止励磁系统

2. *模拟式励磁系统和数字式励磁系统*

1) 模拟式励磁系统

励磁调节单元是同步发电机励磁系统的重要部件。早期的励磁调节单元为振动型和变阻器型，都具有机械部件，称为机电型励磁调节单元。由于它不能连续调节、响应速度缓慢、并有死区，早已被淘汰。20 世纪 50 年代以来，磁放大器出现后，电力系统广泛采用磁放大器和电磁元件组成的电磁型调节单元。由于磁放大器具有时滞性，因此调节器的时间常数较大，调节速度较慢，但其可靠性高，通常用于直流励磁机系统。20 世纪 60 年代初期，随着半导体技术的发展，电力系统开始采用由半导体元件组成的半导体励磁调节单元。由于半导体元件几乎没有时滞，功率放大倍数也较高。因此，半导体励磁调节单元调节速度较快。到 20 世纪 70 年代初期，半导体励磁调节单元已获得广泛应用。前述的电磁型、半导体型励磁调节单元，均属于模拟式励磁调节单元，其中主要环节的功能全由硬件电子电路完成，因此均属于模拟式励磁系统。模拟式励磁系统如果要实现自动调压、低励限制、过励限制、电力系统稳定器(PSS)等多种控制功能，必须增加更复杂的硬件电路，因此励磁调节单元的元器件将大大增加，会带来运行操作烦琐和维护困难的不良后果。

2) 数字式励磁系统

随着发电机单机容量和电网容量的不断增大，电力系统及发电机组对励磁控制在快速性、可靠性、多功能性等方面提出了更高的要求，如更优的励磁调节性能、更多的励磁限制、报警、保护等附加功能。显然，模拟式励磁系统难以满足如此高的性能要求，在这种情况下，随着数字控制技术、计算机技术及微电子技术的飞速发展和日趋成熟，同步发电机组采用数字式励磁系统已成为发展趋势。数字式励磁系统中励磁调节单元的主要控制功能都由软件来完成，不需增加相应功能的硬件电路。由于数字式励磁系统中励磁调节单元以各种微机为核心部件，因此又可称为微机型励磁系统。总体而言，数字式励磁系统各种控制功能都可以根据需要进行取舍，十分灵活。在模拟式励磁系统中很难实现甚至无法实现的许多控制功能，在数字式励磁系统中通过软件功能的提升很容易实现。

我国数字式励磁系统的研制和开发工作开展得较早。第一台投入现场运行的微机励磁

控制器是电力部南京自动化研究所(现国电自动化研究院)研制的WLT-1型励磁调节器，于1985年在福建池潭发电厂投入运行，WLT-1型励磁控制器以8位单板机8085为核心，采用PID调节方式。清华大学分别与哈尔滨电机厂和北京重型电机厂合作，研制了全数字式励磁控制器。中国电力科学研究院与南京自动化设备厂(现国电南京自动化股份有限公司)合作研制的微机自动励磁控制器，在控制规律上以PID控制为主，同时引入了PSS附加控制。华中科技大学先后与东方电机股份有限公司和葛洲坝电厂能达通用电气有限公司合作，开发了线性最优和自适应最优微机励磁控制器。此外，广州电器科学研究所、长江水利委员会陆管局自动化研究所、武汉洪山电工技术研究所、河北工业大学、福州大学以及武汉华工大电力技术研究所等科研生产单位也在微机励磁控制器的研究方面开展了相关工作。

5.1.4 继电强行增磁和强行减磁

1. 强行增磁和强行减磁的作用

1) 强行增磁的作用

强行增磁就是指在电力系统发生短路事故时，使发电机电压降低到80%～85%时，从提高电力系统稳定性和继电保护动作灵敏度出发，由励磁系统迅速将发电机励磁电流增至最大值。归纳起来，强行增磁的主要作用有：

(1) 提高电力系统的暂态稳定性。

(2) 加快故障切除后的电压恢复过程。

(3) 提高继电保护的动作灵敏度。

(4) 改善异步电动机的启动条件。

2) 强行减磁的作用

当发电机突然卸载后，由于转速上升，引起发电机电压急剧升高时，由励磁系统迅速将发电机励磁电流减至最小值，称为强行减磁。

强行减磁的作用是：

(1) 发电机甩负荷时，机组过速，使发电机电压升高，可能危及发电机定子绝缘，强行减磁能迅速将电压降至空载电压；

(2) 发电机内部故障跳闸时，为了消除发电机感应电势继续供给故障点短路电流，必须在断路器跳闸的同时，联动跳灭磁开关，迅速灭磁，而在灭磁开关跳闸时，直流励磁机甩负荷，又可能在换向器上产生过电压，通过强行减磁能够迅速降低励磁电流。

2. 强行增磁和强行减磁的原理接线

强行增磁和强行减磁的原理接线如图5.7所示。

1) 强增励磁的工作原理

强增励磁由低电压继电器KV_1、KV_2，中间继电器K_1、K_2，直流接触器KM_1等元件组成。机组正常运行时，发电机母线电压正常，KV_1、KV_2不动作，其常闭触点打开；KM_1不动作，其主触点断开。此时调节R_C就能改变发电机励磁电流。

当发电机端电压降至额定值的80%～85%时，KV_1、KV_2同时动作，分别启动K_1、K_2，它们的常开触点闭合使KM_1动作，KM_1的主触点闭合将磁场变阻器R_C短接，励磁机励磁电流迅速增至最大值，实行强行励磁；另外KM_1的辅助常开触点闭合，点亮信号灯发出强励动作信号。

当系统电压恢复正常时，低压继电器 KV_1、KV_2 返回，其常闭触点打开，K_1、K_2、KM_1 失磁返回，强行励磁装置复归。在接线中采用两只低电压继电器分别接于发电机端及母线电压互感器的二次侧，可防止电压互感器熔断器熔断造成强行励磁误动作；用发电机断路器辅助常开触点闭锁 K_1、K_2 操作回路，可使强行励磁装置在屡路器跳闸后退出；连接片 XB 用来投入或切除强行励磁装置。

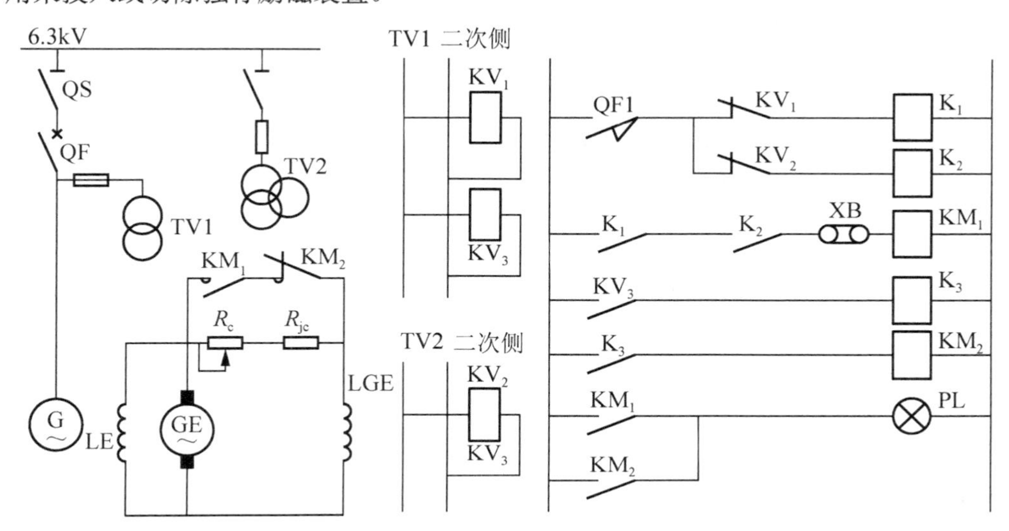

图 5.7　强行增磁和强行减磁原理接线图

2) 强行减磁的工作原理

强行减磁由过电压继电器 KV_3，中间断电器 K_3，直流接触器 KM_2 等元件组成。机组正常运行时，发电机电压正常，KV_3 不动作，KM_2 不动作，其常闭主触点闭合，将减磁电阻 R_{jc} 短接。

当发电机甩负荷时，发电机电压升高到额定值的 115%时，KV_3 动作，其常开触点闭合，K_3 动作使接触器 KM_2 动作，KM_2 的主触点断开将减磁电阻 R_{jc}，投入，使励磁机励磁电流迅速降低，实行强行减磁；另外 KM_2 的辅助常开触点闭合，点亮信号灯发出强减动作信号。当发电机电压恢复正常时，电压继电器 KM_3 返回，KV_3 常开触点打开，K_2、KM_2 失磁返回，强行减磁装置复归。

5.1.5　同步发电机的灭磁

发电机在运行中，如果发生定子绕组相间短路或匝间短路事故，发电机继电保护会迅速将发电机从系统中切除，但发电机转子还在旋转，励磁电流不能马上消失，发电机仍产生感应电势，会继续向短路点提供电流，这将导致事故扩大和恶化。因此，在继电保护将发电机断路器跳闸后，还应迅速灭磁。灭磁就是将发电机转子的剩余磁场能量尽快地减弱到最小程度。灭磁系统的要求有两个：(1)灭磁时间要短，这是评价灭磁系统的重要指标；(2)灭磁过程中转子绕组的电压不能超过其额定电压的 4～5 倍。

发电机断路器联动于灭磁开关(励磁回路主开关)是最快的方法，但转子绕组是个大电感元件，突然断开势必产生很高的电压，危及转子绕组绝缘安全，所以在灭磁开关跳闸的同时要通过灭磁电阻或其它方法来消耗磁场能量。目前，在电力系统中有四种常用的灭磁

方式，包括励磁绕组对灭磁电阻放电、逆变灭磁、灭弧栅灭磁和交流灭磁四种，本书主要介绍前面两种灭磁方式。

1. *励磁绕组对灭磁电阻放电的灭磁方式*

前图 5.3 直流励磁机励磁系统中就采用了对灭磁电阻放电的灭磁方式，灭磁开关包括一组常开触点和常闭触点。当继电保护动作时，通过发电机断路器联动断开灭磁开关时，常闭触点复归，投入灭磁电阻进行灭磁。根据电感电路过渡过程的理论分析，灭磁电阻 R_m 越大，电流衰减越快，灭磁时间越短；但灭磁电阻 R_M 越大，绕组电压也大，容易引起跳火，因此对于灭磁电阻 R_m 数值大小有一定限制。

2. *利用三相全控桥的逆变灭磁方式*

逆变灭磁方式的基本原理是当晶闸管控制角在适当角度时，三相全控桥将从整流状态进入逆变状态，此时储存在转子绕组中的能量反馈给交流电源，实现快速灭磁。逆变灭磁具体原理将在后续的内容(5.3 节)中进行分析。

5.1.6 常见的励磁系统运行方式

1. *恒电压运行方式*

恒电压运行方式即按给定电压运行的标准方式。该方式下当机端电压 U_0 波动时，发电机发出的无功功率也要发生波动。U_0 升高无功功率减小，U_f 降低无功功率增大。这种运行方式有助于系统无功功率的平衡和电压的稳定。

2. *恒励磁电流运行方式*

恒励磁电流运行方式即按给定励磁电流运行的方式。该方式调节的结果是使励磁电流实际值 I_{LC} 等于励磁电流给定值 I_{Lg}，这种方式对小水电站很适用，可以使励磁电流保持额定值，从而达到抢发无功的目的。

3. *恒无功功率运行方式*

恒无功功率运行方式即按给定无功功率的运行方式。在该运行方式下，发电机机组能保持稳定的无功输出。

5.2 任务分析：选择合适的励磁系统

为了更好地完成任务，必须对任务本身进行详细的分析，首先结合模拟式励磁系统的介绍分析励磁系统的基本构成及原理，然后重点阐述数字式励磁系统的结构及功能特点等，为应用数字式励磁系统解决问题做好充分的准备。

5.2.1 励磁系统的基本构成

由于自并励晶闸管励磁系统具有接线简单、设备少、占地面积小、运行可靠和便于制造等一系列的优点，因而目前在同步发电机励磁系统中已成为主流。现在我国同步发电机中使用的模拟式自并励晶闸管励磁系统，型号很多，技术上各有特点，但其主体部分一般均由功率单元和励磁调节单元两大部分构成，再配上相应的辅助保护环节(包括辅助控制环节和励磁限制环节)。下面结合典型模拟式励磁系统(TKL-11 型晶闸管励磁装置)的分析来介绍励磁系统的基本构成及工作原理，主要着力于励磁系统如何向同步发电机的转子绕组提供一个可调的直流电流，其原理框图如图 5.8 所示。

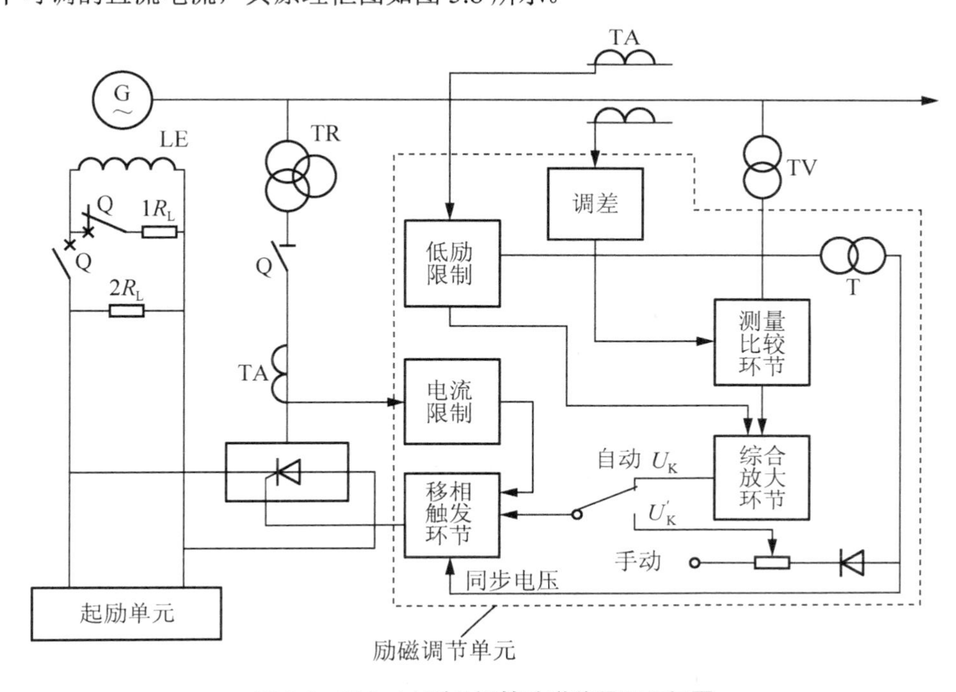

图 5.8　TKL-11 型晶闸管励磁装置原理框图

1. 功率单元——三相半控桥

根据上述原理方框图，励磁装置的功率单元从同步发电机机端取得电源，首先通过励磁变压器 TR 降压，然后通过三相半控桥整流电路提供励磁电流。显然，这种情况下励磁电源的能量从同步发电机机端取得，因此属于自并励励磁方式。

1) 电路结构

图 5.9 是模拟式励磁系统中最常用的三相半控桥整流电路，由三只晶闸管(VT_1、VT_2、VT_3)和三只整流管(VD_1、VD_2、VD_3)构成，其中三只晶闸管(VT_1、VT_2、VT_3)构成共阴极组，三只整流管(VD_1、VD_2、VD_3)构成共阳极组。共阴极组和共阳极组的导通原则分别是：**共阴极组的导通原则是电位最高且加上触发脉冲的那一相导通，共阳极组的导通原则是电位最低的那一相导通。**

2) 工作原理

(1) 当控制角 $0 \leqslant \alpha < 30°$ 时：下面以控制角$\alpha=0°$ 为例进行分析，波形图 5.10 表示了控制角$\alpha=0°$ 时的输出电压波形(特别需要指出的是三相交流波形中通常将第 1 个换相点作为控制角的起点即$\alpha=0°$)。由图中可见，在 t_1—t_1' 期间，U 相电位(u_{2U})电位最高，而且由于$\alpha=0°$ 时在 t_1 时刻给 VT_1 管加入触发脉冲 u_{G1}，因此共阴极组中晶闸管 VT_1 处于正向导通状态；同时，V 相电位(u_{2V})相电位最低，共阳极组中与该相电源相连的 VD_2 管处于正向导通状态。若忽略晶闸管和二极管的导通压降，负载上所得到的就是变压器次级线电压 u_{uv}。

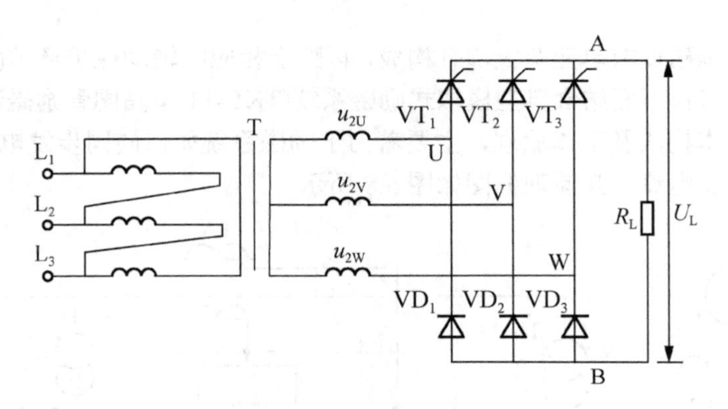

图 5.9 三相半控桥整流电路

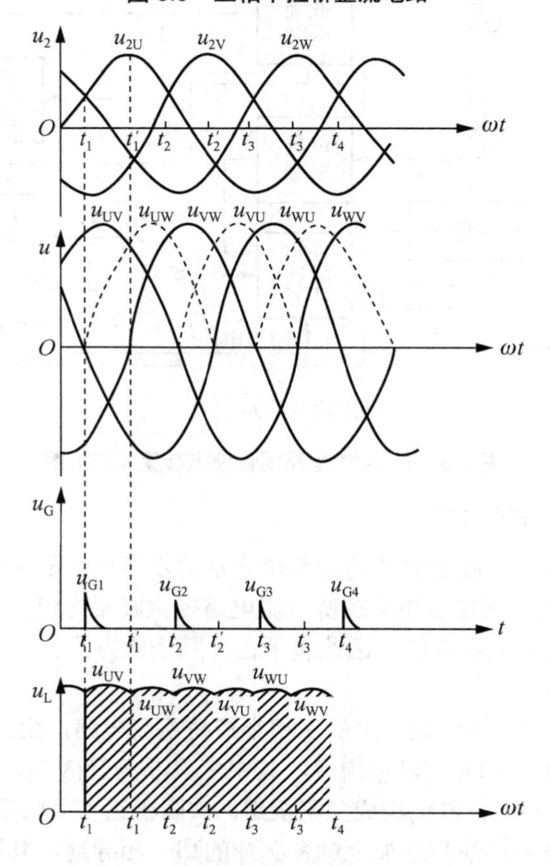

图 5.10 三相半控桥式整流电路及波形(α =0°)

VT_1 管导通后，A 点的电位与 U 相电位相同，V 相电位和 W 相电位均低于 U 相电位，因而 VT_2 和 VT_3 管承受反向线电压 u_{UV} 和 u_{UW} 而关断；同样由于 VD_2 管导通，B 点的电位与 V 相电位相同，VD_1 和 VD_3 管承受反向电压而截止。

在 t_1'—t_2 期间，共阴极组中晶闸管 VT_1 继续导通；此时 W 相电压最低，与 W 相相连的共阳极组中二极管 VD_3 导通，即在 t_1' 时刻 VD_2 管换流给 VD_3 导通。VD_3 管一经导通，VD_1 和 VD_2 管因而承受反向电压而截止，这时输出电压为 u_{UW}。

在 t_2 时刻，触发脉冲 u_{G2} 使共阴极组中晶闸管 VT_2 触发导通，同时迫使 VT_1 和 VT_3 两

管承受反向电压而关断；此时共阳极组中二极管 VD_3 继续导通，输出电压为线电压 u_{VW}，后面的波形分析依次类推。

(2) 30≤α≤60° 时：下面以控制角α=30° 为例进行分析，图 5.11 表示了α=30° 时的输出电压波形。

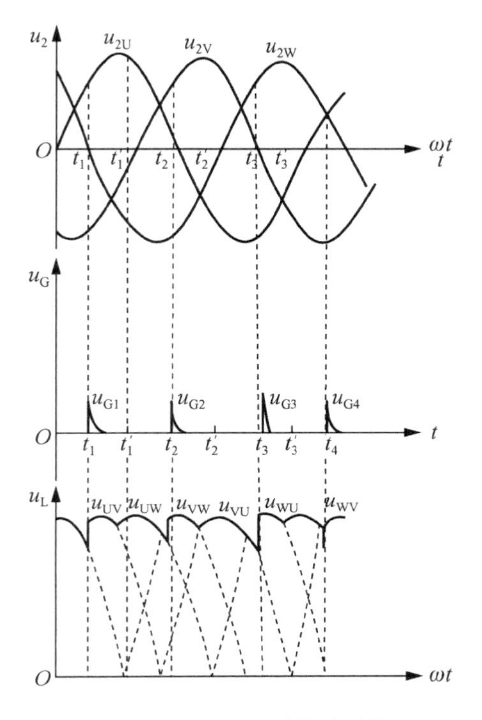

图 5.11　α=30° 时的波形图

在 t_1 时刻加入触发脉冲 u_{G1}，而且 U 相电位(u_{2U})电位最高，因此共阴极组中晶闸管 VT_1 处于正向导通状态；同时，V 相电位(u_{2V})相电位最低，共阳极组中与该相电源相连的 VD_2 管处于正向导通状态。因此，在 t_1～t_1' 期间若忽略晶闸管和二极管的正向压降，整流输出电压为 u_{UV}。在 t_1'～t_2 期间，VT_1 管继续导通，但此时 W 相电压最低，与此相连的二极管 VD_3 管导通，即在 t_1' 时刻 VD_2 管换流给 VD_3 管导通，VD_1、VD_2 管因而承受反向电压而截止，整流输出电压由 u_{UV} 转换到 u_{UW}。

若 t_2 时刻触发脉冲 u_{G2} 到来时，共阴极组中晶闸管 VT_2 触发导通，使 VT_1 承受反向电压而关断。按同样的道理，下面的分析可依次类推。总之，共阴极组中三只晶闸管、共阳极组中三只二极管分别轮流导通，负载上得到的输出直流电压 u_L 波形就是连续的，每个周期有 6 个波头，但其中三个波头是不完整的，缺了一块，控制角α越大，三个不完整的波头面积越小。当α=60° 时就只剩下三个波头了(见图 5.12)，此时输出电压波形刚好连续。

其平均值为

$$U_L=2.34U_2(1+\cos\alpha)/2 \tag{5.1}$$

每只晶闸管承受的最大正反向电压为线电压的最大值，即

$$U_{RM}=\sqrt{2}\left(\sqrt{3}U_2\right)=\sqrt{6}U_1\approx 2.45U_2 \tag{5.2}$$

式中：U_2——变压器次级相电压有效值。

每只晶闸管流过的平均电流为负载电流的 1/3。

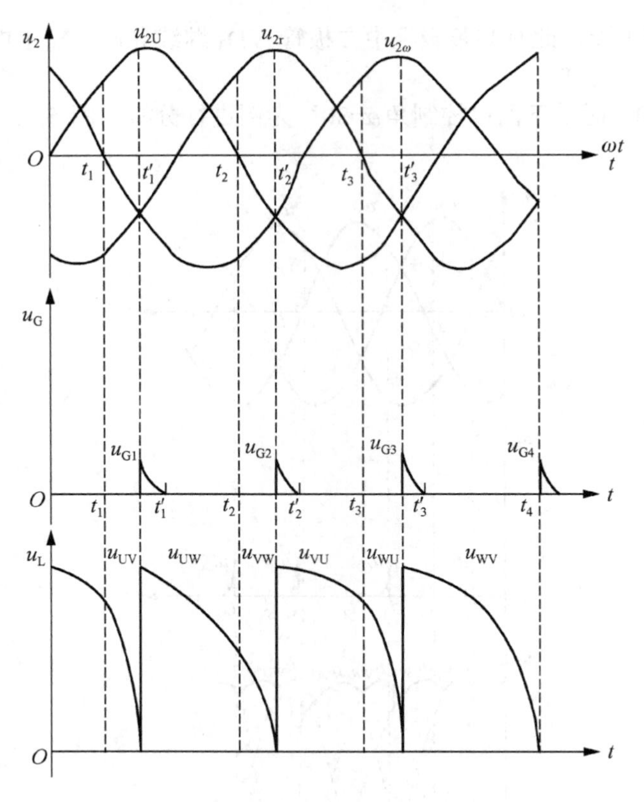

图 5.12 α =60° 的波形图

(3) 当 60°＜α≤180° 时：下面以α =120° 为例进行分析，图 5.13 表示控制角α =120° 时的工作波形。

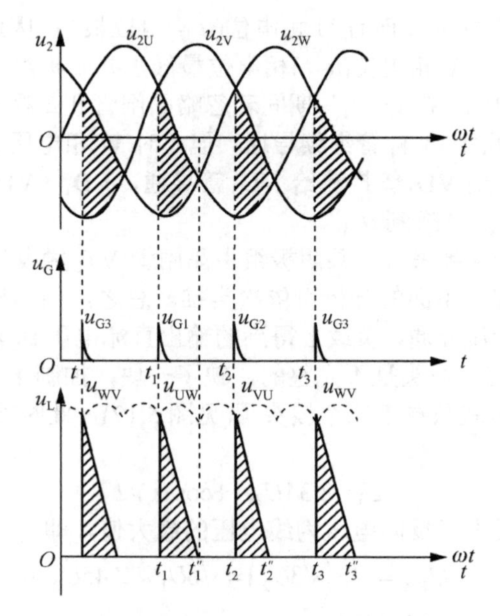

图 5.13 α =120° 时波形图

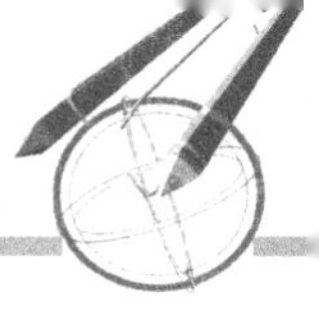

在 t_1 时刻，W 相电位最低，与 W 相连的 VD_3 处于导通状态，V_1 在线电压 u_{UW} 作用下获得触发脉冲 u_{G1} 而被触发导通，输出电压为 u_{UW}。

特别提示

在 t_1 ~ t_1'' 之间尽管 U 相电压会过零，但 VT_1 管承受的是正向线电压 u_{UW}，所以 VT_1 并不关断，而直到 t_1'' 时刻 U_{UW} 过零变负时 VT_1 才关断。在 t_1'' ~ t_2 期间，VT_2 管尽管承受正向线电压 u_{uw} 作用，但因未加入触发脉冲，所以 VT_2 并不导通。在此期间输出电压为零，直到 t_2 时刻触发脉冲加到 VT_2 时它被触发导通。输出电压为线电压 u_{VU}，直到 u_{VU} 过零时 VT_2 关断，以后的工作过程分析可依此类推。输出电压为一组断续波形，其平均值计算公式同式(5.1)相同。

如果触发脉冲在自然换向点前加入，输出电压会发生缺相，这在实际应用中是不允许的，必须避免。

综上所述，对三相半控桥式整流电路可归纳以下几点：

(1) 三相半控桥整流电路触发脉冲间隔是 120°；

(2) 整流输出电压在 $0<\alpha\leqslant180°$ 范围内(对电阻负载)，整流输出电压大小为 $U_L=2.34U_2(1+\cos\alpha)/2$；

(3) 整流输出电压在 $0\leqslant\alpha\leqslant60°$ 范围内，整流输出电压波形是连续的。在 $\alpha>60°$ 时，输出电压波形呈断续状态，同时随触发角的增大，输出电压减小。当 $\alpha=180°$ 时，输出电压为零。因此，通过改变触发角的大小可调节输出电压的大小，从而达到调节励磁电流的目的；

(4) 晶闸管可能承受的最大正反向电压为均 $\sqrt{6}U_2$，流过每个晶闸管元件的平均电流为负载电流的 1/3；

(5) 三相半控桥突出的优点是输出整流电压较高，电路效率较高。主要缺点是不具备现代励磁系统通常要求的逆变功能。

2. 励磁调节单元

励磁调节单元包括测量比较、综合放大、移相触发等环节。下面我们结合模拟式励磁调节单元的介绍来分析各环节的作用、基本构成及原理。

1) 测量比较环节

测量比较环节是励磁调节单元的信息输入单元，它的主要作用是：将取自同步发电机机端电压互感器的三相交流电压，经过电压测量变压器降压，再经过整流器整流为所需要的直流信号电压，与给定的直流参考电压比较后，得到电压偏差信号，输出至综合放大环节，改变给定的参考电压就能改变被调电压。

测量比较环节通常由调差，电压测量和整定比较三个环节构成，如图 5.14 所示。

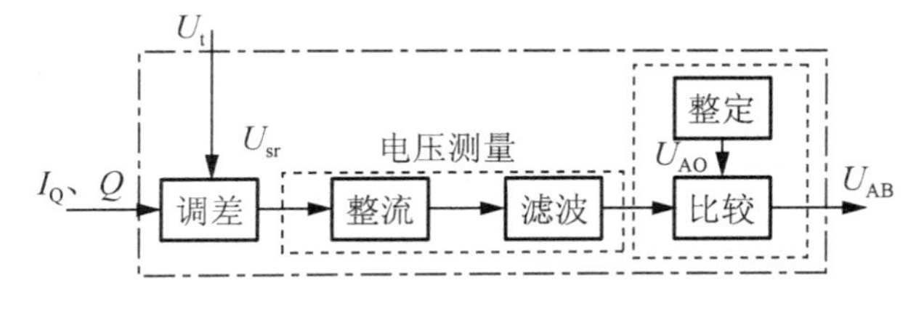

图 5.14　测量比较环节构成图

(1) 调差电路。为了合理地分配和稳定并列机组所承担的无功电流，要引入调差电路。调差率 K_{dc} 的定义是：发电机从空载到满载的电压变化量与额定电压之比。即

$$K_{dc}=\frac{U_{G0}-U_{Ge}}{U_{Ge}}=\frac{\Delta U_G}{U_{Ge}} \tag{5.3}$$

其值为正时称为正调差，其值为负称为负调差。图 5.15 所示为发电机电压调节特性曲线：

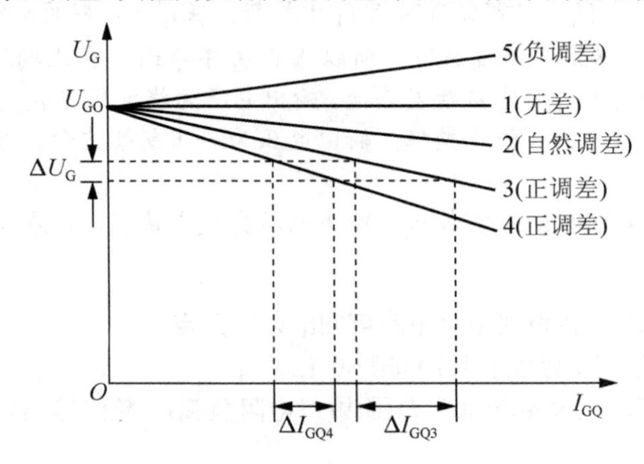

图 5.15　发电机电压调节特性曲线

从图 5.15 中可看出，当机端电压的变化量 ΔU_G 相同时，调差率小的发电机无功电流变化量比调差率大的发电机无功电流变化量大。因此，当发电机调差率小时，无功电流受机端电压变化影响大，机端电压即使有少量变化将引起无功电流有较大幅度的变化；当发电机调差率调差率大时，无功电流受机端电压变化影响小。因此，当调差率太小时，并列机组就不能稳定运行。为此，励磁调节单元应取一个只与无功电流变化有关而与有功电流变化无关的信号来实现调差作用，以稳定无功电流。

调差电路的基本原理是：在测量回路中，附加一个与发电机定子电流成正比的电压，使测量到的电压随发电机无功电流的变化而变化。在正调差情况下，当无功电流增加时，测量到的电压增加，通过励磁调节单元减少发电机励磁电流从而降低发电机端电压；当无功电流减少时，测量到的电压减少，通过励磁调节单元增加发电机的励磁电流，从而提高发电机端电压，同时改变了发电机的调差系数，达到无功电流的合理分配。图 5.16(a)所示为调差电路接线图，由电流互感器 TA_1、TA_2、调差电阻 R 等组成。

由图 5.16 可知：检测端感受到的发电机三相电压为

$$\begin{cases}U'_a=U_a\\U'_b=U_b-I_CR\\U'_c=U_c\end{cases} \tag{5.4}$$

图 5.16(b)为发电机三相电压及 C 相电流相量图。由于电压互感器 TV 接成Y/△-1，故二次电压 U_a、U_b 和 U_c 应分别滞后于发电机三相电压 U_A、U_B 和 U_C 30° 电角度。它们的电压三角形如图 5.16 (c)、图 5.16(d)中△abc 所示，这相当于 R=0 时，即调差电阻不投入时测量端的电压三角形。在图 5.16 中画出了发电机功率因数 $\cos\varphi$=0，$\cos\varphi$=1 两种情况下的调差相量图，下面针对这两种情况进行分析：

1) 当发电机功率因数 $\cos\varphi$=0(滞后)时，如图 5.16(c)所示，因 I_C 电流与 U_b 相位相反，

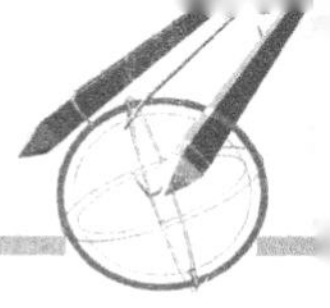

因此压降$-I_CR$和U_b相量相加后测量到的三角形△$a'b'c'$与△abc比较，其面积增大，这样测量到的电压增加，代表发电机端电压随无功电流的增加而升高，从而通过励磁调节单元的作用，减小发电机励磁电流，使发电机端电压下降。

2) 当发电机功率因数$\cos\varphi=1$时，如图5.16(d)所示，因I_C滞后U_b90°电角度，故电压三角形△$a'b'c'$与△abc比较，面积基本相等，仅仅旋转了一个角度，因此调差装置不反映有功电流的作用，这正是发电机励磁系统所要求的。

调节调差电阻R，就可改变调差系数，R越大，调差系数越大，一般调差装置的调差率可在±10%内任意调整。如将电流互感器TA_1或TA_2的二次侧极性调换，发电机电压调节特性将变为负调差，因此在安装接线时应特别注意正确的相位配合，不能接错，否则将带来相反的结果。

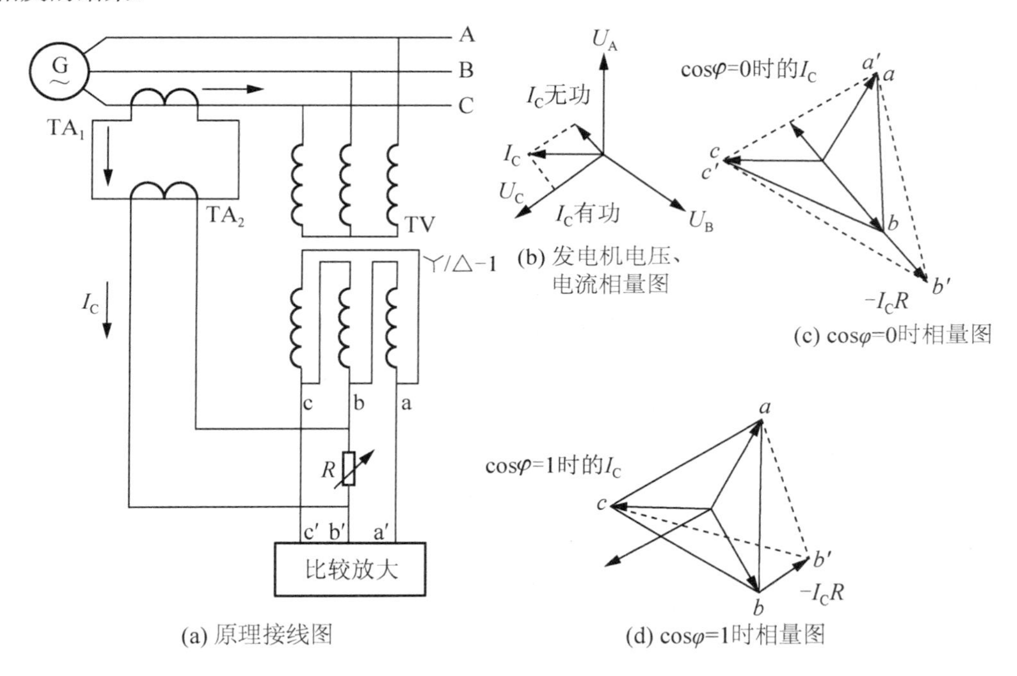

图5.16　调差电路接线图

(2) 电压测量和整定比较。整定比较电路是测量比较环节的核心部分，它的任务是进行电压比较和电压整定。电压比较，通常是把调差及测量整流电路输出的与发电机机端电压成比例的直流电压(称为测量电压)与比较电路中的参考电压值相比较，得到一个反映发电机端电压偏差的直流电压，输出到综合放大单元。电压整定电路的作用是改变发电机电压给定值，使电压(或无功功率)能满足运行工况的要求。

特别提示

在模拟式励磁调节单元中，整定比较电路通常采用由稳压管和电阻组成的桥式电路(简称比较桥)，也有采用按比例加法器原理构成的集成元件比较整定电路。在微机励磁控制器中，则由微机系统中相应的软件来完成比较整定任务。对于比较整定电路中的给定电压，通常有如下一些要求：

(1) 给定电压要稳定、平滑和可调；

(2) 具有限幅功能，即给定电压有上限和下限的限制；

(3) 在开机和甩负荷时，能快速复归到额定电压；

(4) 具有就地和远方两种调节功能；

(5) 调节速度要适中。

为了便于讲清楚工作原理，下面以图 5.17 所示的分立型电压测量及整定比较电路为例来详细分析。

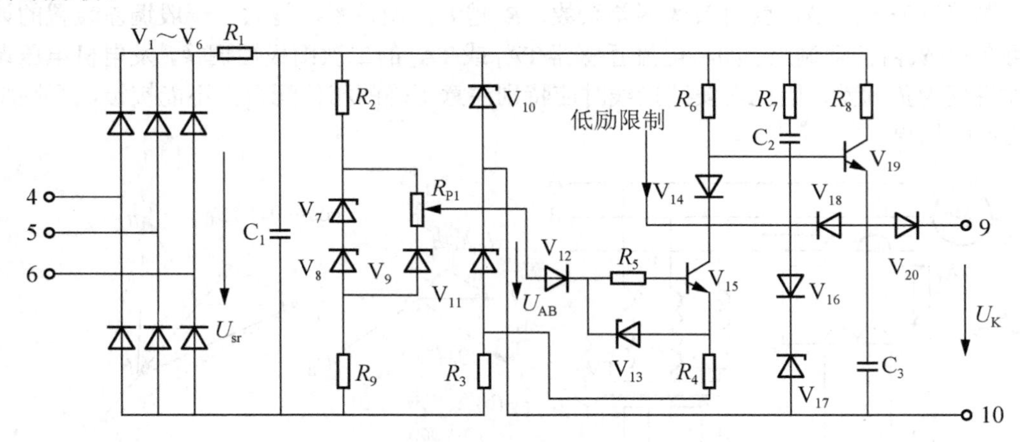

图 5.17 测量比较及放大环节原理接线图

(1) 整流滤波电路。调差电路的输出电压通过端子 4、5、6 输入整流滤波电路，经三相桥式电路 V_1～V_6 整流并由滤波器 R_1、C_1 滤波后，得到与发电机电压成正比的直流输入电压 U_{sr}，输入比较电路。

(2) 电压整定比较电路。为了便于说明电路原理，暂时将 R_9 电阻短接，短接 R_9 后比较桥原理图如图 5.18 所示，图 5.19 所示为比较桥输出特性曲线。随着发电机电压 U_G 增加，比较输入电压 U_{sr} 增大，当达到稳压管 V_7 和 V_8 反向击穿电压之和时，稳压管 V_7、V_8 反向击穿，两端电压 U_{c0} 稳定不变(图 5.19 中曲线 U_{c0})，然后通过电位器 R_{P1} 取其部分或全部电压作为给定电压 U_{A0}(图 5.19 中曲线 U_{A0})。

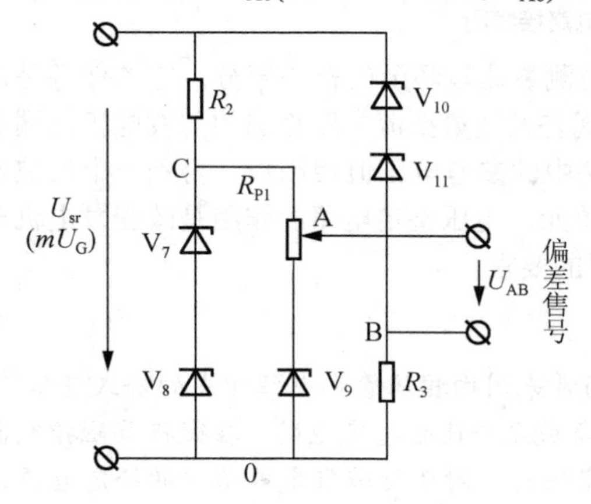

图 5.18 短接 R_9 时比较桥原理接线图

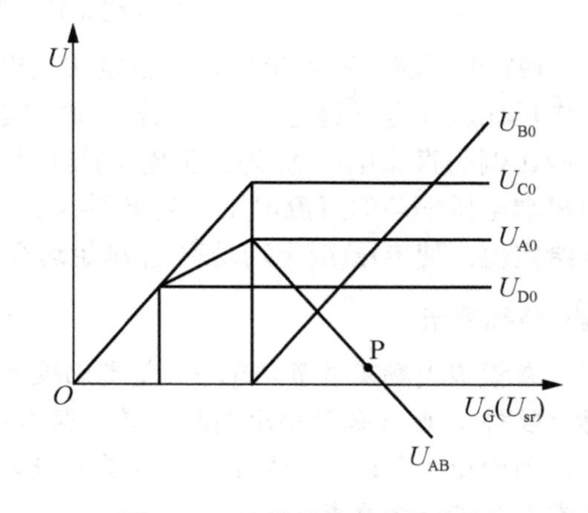

图 5.19 比较桥输出特性曲线

比较桥的另一个臂由稳压管 V_{10}、V_{11} 和电阻 R_3 组成，当 V_{10}、V_{11} 反向击穿以前，这一回路相当于开路，因此 R_3 的电压几乎为零；当 V_{10}、V_{11} 反向击穿以后，R_3 上的电压线性增大(如曲线 U_{B0} 所示)，电压曲线 U_{B0} 随 U_G 增大而上升的那一段就实时反映了发电机电压的变化。电压 U_{B0} 就作为比较桥的比较电压。比较电压 U_{B0} 与给定电压 U_{A0} 比较后得到偏差电压 $U_{AB}= U_{A0}-U_{B0}$ (如曲线 U_{AB} 所示)。从图 5.18 中可以看出，当发电机电压 U_G 升高时，偏差电压 U_{AB} 减小；发电机电压 U_G 下降时，偏差电压 U_{AB} 则增加。

如果把电位器 R_{P1} 的 A 点处在不同位置时的 U_{AB} 曲线画出来，就得到图 5.20 所示的 U_{AB} 曲线组。这种比较桥在不同整定电压下能提供相同的放大倍数，即图 5.20 所示的 U_{AB} 曲线组的工作斜率相同。从图 5.20 中可看出，横坐标上与工作点 P 对应的 U_G 值就是各自的空载整定电压。多圈电位器 R_{P1} 称为“自动电压整定电位器”，当电位器 R_{P1} 从 A 点向 C 点滑动时，给定电压 U_{A0} 增加，发电机电压就升高。

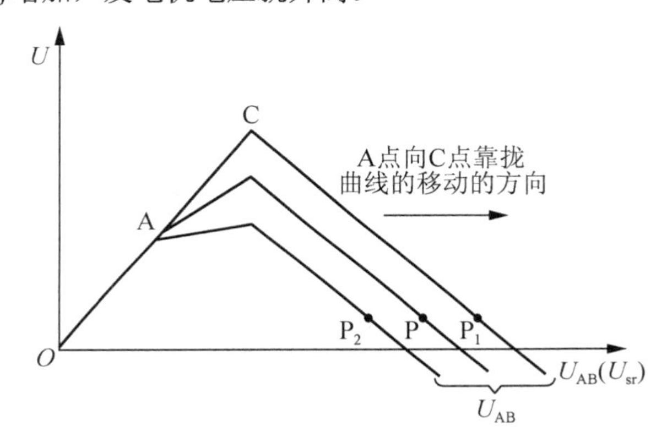

图 5.20　R_{P1} 在不同位置时比较桥输出特性

以上分析是 R_9 短接的情况，为了提高发电机电压整定值的上限，在 V_8、V_9 下端加入 R_9 (见图 5.17)。模拟式励磁系统在现场安装调试时，一般将发电机电压整定值的上限对应于 R_{P1} 最大圈数(此时 A、C 点重合)，R_9 的加入使 U_{c0} 上要再叠加一个 R_9 上的电压(见图 5.21 虚线所示)，曲线变为上翘，相应的 U_{AB} 曲线向横坐标 U_G 增大方向移动了一个位置，提高了上限。图 5.21 所示为当 R_9 接入时比较桥输出特性。

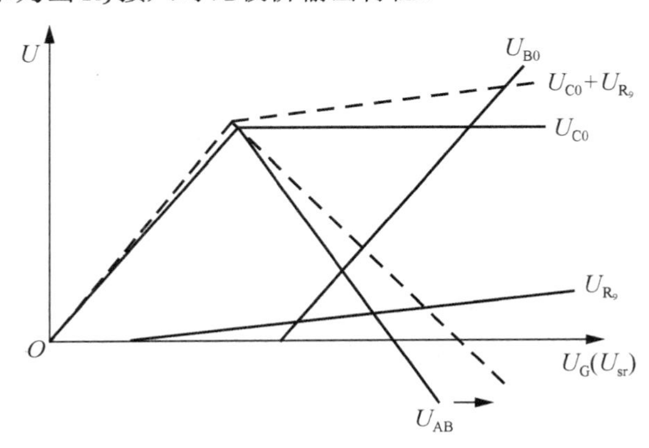

图 5.21　R_9 接入时比较桥输出特性

2) 综合放大环节

在综合放大环节的输入信号中，除了控制“主通道”的电压偏差信号如图 5.17 中 U_{AB} 外，还有多种辅助控制信号(如励磁系统稳定器信号和电力系统稳定器信号)、限制信号(如最大、最小励磁限制信号)和补偿信号。因此，该环节要对多种直流信号进行综合(即线性叠加)，再进行放大。由于测量比较环节输出的反映发电机机端电压变化的直流信号比较微弱，不足以直接去控制移相触发单元，所以要经过综合放大环节进行放大，其组成框图如图 5.22 所示。该环节的输出信号将输入到移相触发环节。

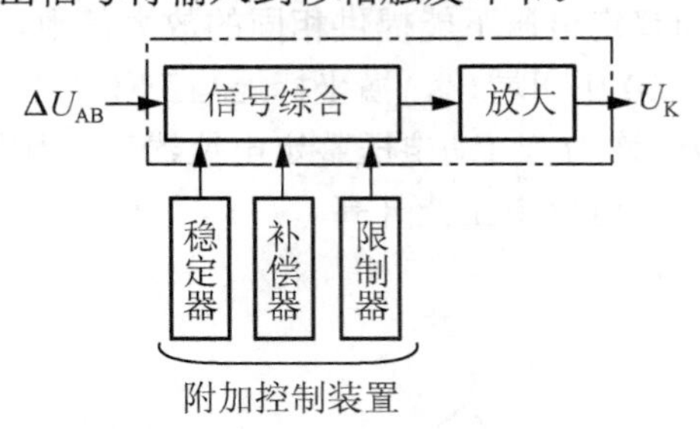

图 5.22　综合放大环节的组成

(1) 综合放大环节的主要形式。在模拟式励磁调节单元中，综合放大环节通常采用以下三种线路形式：

① 磁放大器线路。磁性元件构成的磁放大器是励磁调节单元中采用的较早的一种直流放大器件，控制绕组中的直流电流的微小变化，可以控制输出负载上直流平均值较大的变化。多个控制绕组可用来综合多种控制信号。由于磁元件本身体积较大，时间常数较大，制作和调试都比较复杂，所以目前已经被淘汰。

② 分立元件的晶体管直流放大器线路。20 世纪 70 年代以来，随着半导体技术的发展，励磁调节单元中综合放大环节多采用由晶体管分立元件组成的直流放大器，在一些小容量发电机组的励磁控制器中，也有采用由一级放大器、一级射极跟随器构成的简单晶体管直流放大电路。

③ 集成运算放大器线路。随着集成电路技术的迅速发展，集成运算放大器作为一种通用性很强的功能部件，它具有运算精度高、快速灵敏、工作稳定和调试方便等一系列优点。因此，在励磁调节单元的综合放大环节中，集成电路运算放大器得到了越来越广泛的应用。

(2) 综合放大环节的电路结构及工作原理。为了便于理解，下面继续以分立式综合电路放大电路为例分析综合放大环节的工作原理。(至于集成运算放大器构成的综合放大环节原理相似，限于篇幅不再介绍，具体可参阅相关参考书。)

综合放大环节包括前级放大器和末级射极输出器(见图 5.17)。前级放大器由晶体管 V_{15} 及电阻 R_6、电容 C_2、温度补偿二极管 V_{14}、发射极电阻 R_4、基极限流稳压管 V_{13} 及基极限流电阻 R_5 组成；末级射极输出器由晶体管 V_{19}、电阻 R_8 和电容 C_3 等元件组成。

综合放大环节输入的是偏差信号 U_{AB}，输出的是自动调节控制信号 U_K。如前所述，偏差信号 U_{AB} 随发电机电压 U_G 升高而减小，而直流放大器的输出控制信号 U_K 随偏差信号 U_{AB} 减小而增大。经过这样的变换，控制信号 U_K 就随发电机电压 U_G 升高而增大，随发电

机电压 U_G 下降而减小，图 5.23 所示为放大器输出电压与发电机电压的关系曲线。

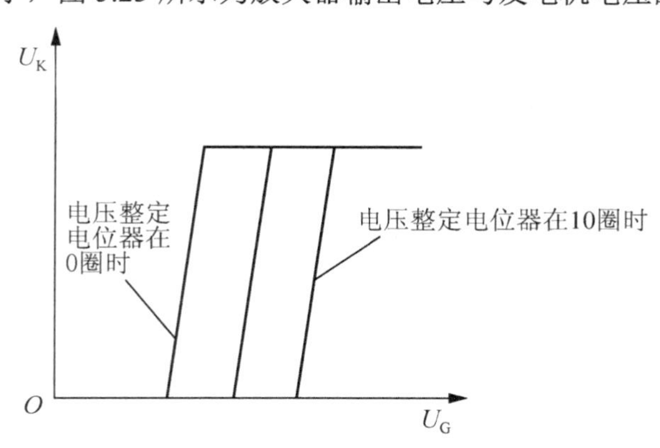

图 5.23　放大器输出电压与发电机电压的关系曲线

3) 移相触发环节

移相触发环节的原理框图如图 5.24 所示。

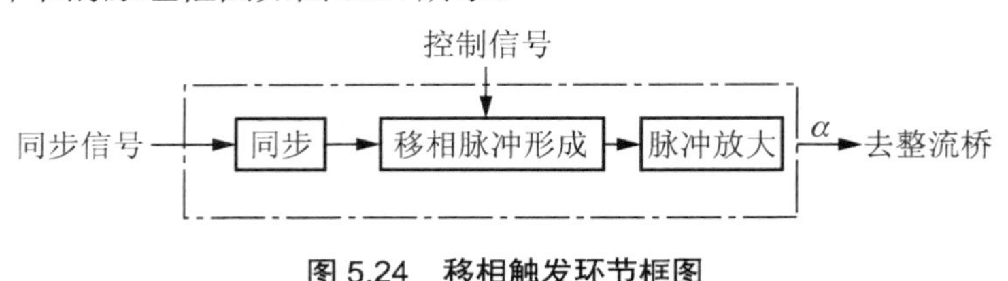

图 5.24　移相触发环节框图

移相触发电路的种类很多，常用的移相触发电路主要有阻容移相桥触发电路、单结晶体管移相触发电路、同步信号为正弦波或锯齿波的晶体管触发电路。近年来，在励磁工程实际中集成触发电路得到了广泛的应用，集成触发电路是在晶体管触发电路的基础上发展起来的，因此我们将重点分析同步电压为锯齿波的晶体管触发电路。

(1) 功率单元对移相触发环节的要求。移相触发环节是所有晶闸管装置中不可缺少的一部分，其性能的优劣直接影响到功率单元的可靠性、快速性和调节精度等。为了保证晶闸管准确可靠地触发导通，对移相触发环节特提出以下要求：

① 触发脉冲必须与晶闸管的阳极电压同步，具有相同的频率并保持一定的相位关系。触发电路产生的触发脉冲应在交流电源每半周的同一时刻出现，以保证主电路中的晶闸管在每一周期的导通角相同(即晶闸管在每个周期导通的起点一致)。因此，为了保证同步，采取的技术措施之一是主电路和触发电路都通过同步变压器接到同一电源上。

② 触发脉冲应满足主电路移相范围的要求。触发脉冲能平稳地前后移动(即移相)，同时要求移相范围足够宽，从而达到控制输出电压大小的目的。如单相桥式可控整流电路电阻性负载触发脉冲的移相范围为 180°，三相半波可控整流电路在电阻性负载时要求移相范围为 150° 等。

③ 触发脉冲的前沿要陡、宽度要满足一定要求。前沿陡，一方面可以使触发时间准确，另一方面可缩短晶闸管的导通时间，而导通时间的缩短，可以减少开通功耗。因此，一般触发脉冲的前沿陡度要求在 10μs 以下，普通国产晶闸管的开通时间为 6μs 左右，强触发脉冲则可达到 1μs 左右。同时，在励磁系统中由于晶闸管整流电路具有较大的电感负载，触发脉冲更应保证足够宽度。因为在大电感负载下，晶闸管的导通电流由于不能突变，电

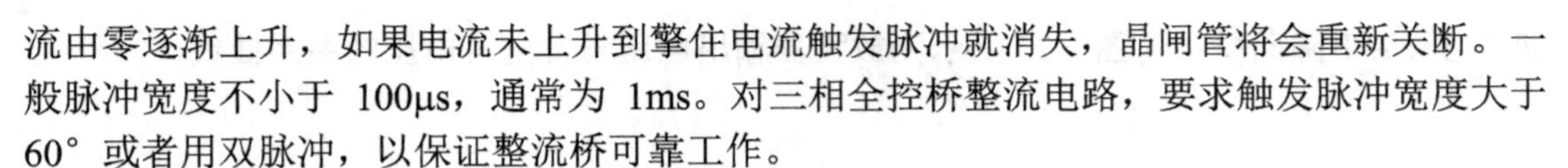

流由零逐渐上升，如果电流未上升到擎住电流触发脉冲就消失，晶闸管将会重新关断。一般脉冲宽度不小于 100μs，通常为 1ms。对三相全控桥整流电路，要求触发脉冲宽度大于 60° 或者用双脉冲，以保证整流桥可靠工作。

④ 触发脉冲应具有足够大的电压和功率。晶闸管对触发电压和电流的大小有一定要求。同时，由于电子元件的分散性，即使是同一型号的晶闸管，相应的触发电压和电流并不完全相同，且同一晶闸管在不同温度下的触发电压和电流也不一样。

⑤ 具有一定的抗干扰能力。为了提高抗干扰能力，避免误触发，可在门极加 1～2V 的负偏压，这样不仅可以提高抗干扰能力，而且提高了晶闸管正向阻断性能。

⑥ 具有α角限制功能，包括最小α角限制和最大α角限制。

(2) 触发脉冲的种类和要求。为了保证整流桥正常启动，三相桥式可控整流电路可以采取的触发脉冲有三种类型：

① 宽脉冲。采用宽脉冲触发时，脉冲的宽度必须大于 60°，但小于 120°。

② 双窄脉冲。触发某一号晶闸管时，同时给前一号晶闸管补发一个脉冲。

③ 高频脉冲列。由宽脉冲或双窄脉冲经高频调制而得。

(3) 下面详细分析移相触发环节的电路结构和工作原理：

① 电路结构。图 5.25(a)是一种常见的同步电压为锯齿波的晶体管触发电路原理图，它主要由锯齿波形成电路和晶体管开关电路两部分构成。

a. 锯齿波形成电路。晶闸管整流电路要求在晶闸管承受正向电压时，向它的控制极发送触发脉冲，才能保证晶闸管导通。而且，当控制电压一定时，每个周期送出的第一个脉冲对应于阳极电压的时刻都应相同，即控制角α相同。晶闸管触发脉冲与功率单元之间的这种相位配合关系，称为同步。本电路中由二极管 V_1、电容 C_1、R_1 与 L 等元件构成锯齿波形成电路，实现触发脉冲与功率单元之间的同步作用。

b. 晶体管开关电路。晶体管开关电路主要由晶体管 V_3、脉冲变压器 TM 等元器件构成构成，GB 为晶管开关电供电电源它决定触发脉冲功率，其中。

② 工作原理。各种波形见图 5.25(b)所示。在同步电源电压 u_2 正半周时(a 点为正)，二极管 V_1 导通，电容 C_1 充电，由于二极管正向电阻很小，充电很快。当 u_2 增加到峰值时，C_1 上电压也相应充到 u_2 的峰值。当 u_2 到达最大值以后，V_1 管便反向截止。这时电容 C_1 向 R_1 与 L 串联的电路放电，因为电感 L 较大、放电较慢，L 的作用是使放电曲线接近线性(通过调节 R_1 或 L 等元件的参数，可以使电容放电在本周期结束时恰好完毕)。以后各周期均重复上述过程，结果使电容 C_1 两端获得近似的锯齿波电压 u_{c1}，这种锯齿波就充当同步波形。

当输入回路中加上直流控制电压 U_K 后，极性见图 5.25(a)。由图可知，电容器 C_1 两端的电压 u_{c1}(为正)使 V_3 管有进入截止区的趋势，控制电压 U_K 则使 V_3 管有进入饱和区的趋势，u_{c1} 和直流控制电压 U_K 叠加后加于 V_3 管的基极与发射极之间。总之，V_3 截止或饱和取决于 u_{c1} 与 $|U_K|$ 的相对大小。

在 V_3 管由截止转变为导通时，脉冲变压器 TM 的二次侧便产生了输出脉冲 u_G。当下一个周期出现 u_{c1} 幅值大于 $|U_K|$ 时，V_3 管重新截止，并为下一次由截止转为饱和作好准备。只要改变直流控制电压 U_K 就可以达使到输出脉冲 u_G 移相的目的，波形如图 5.25 (b)所示。

下面我们简要小结一下励磁调节单元的实时调节过程(假设由于某种原因引起同步发电机端电压上升)：

由于同步发电机端电压上升，根据我们前面的分析结果，偏差信号 U_{AB} 将下降，直流控制信号 U_K 将随偏差信号 U_{AB} 下降而增大，控制脉冲后移(控制角 α 增加)，晶闸管输出电压下降，使功率单元提供给同步发电机转子的电流(励磁电流)减少，促使同步发电机端电压下降，最终维持同步发电机端电压稳定。

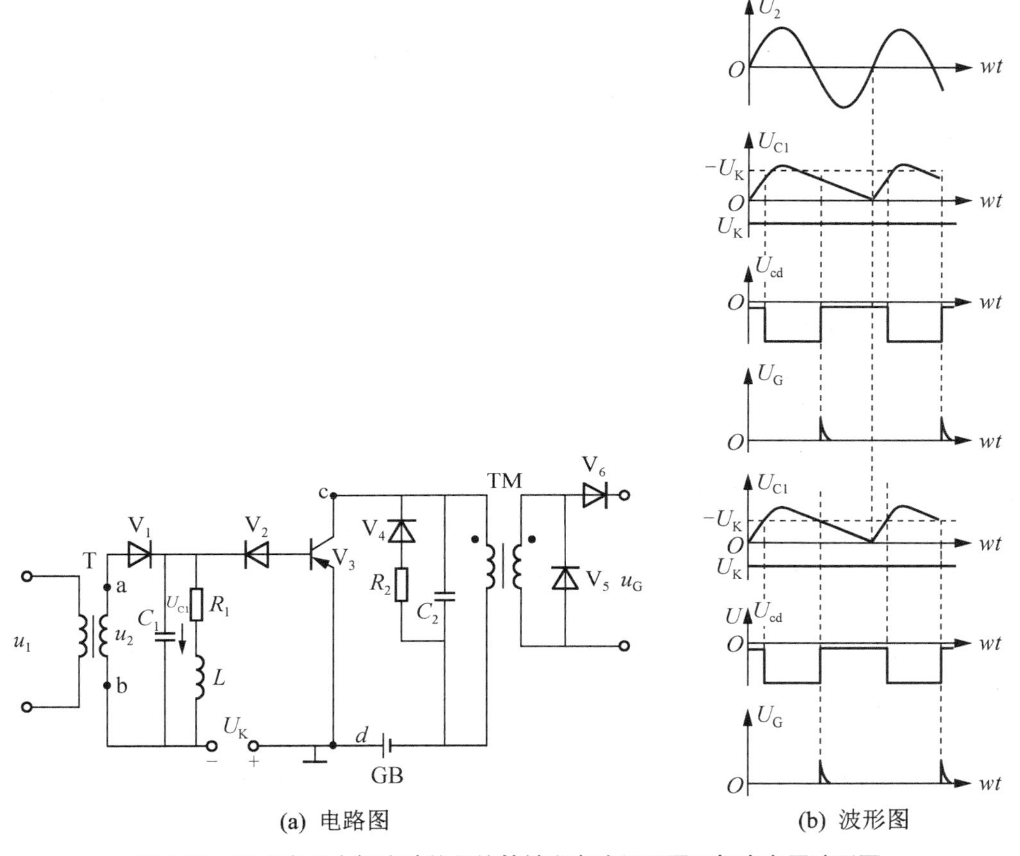

(a) 电路图　　(b) 波形图

图 5.25　同步电压为锯齿波的晶体管触发电路原理图及相应电压波形图

3. 辅助保护环节

辅助保护环节(包括辅助控制环节和励磁限制环节)是指为发电机和励磁装置安全运行而设置的各种保护装置和便于运行操作的附加装置，如起励、手动自动切换、低励、过励等单元。各部分的作用如下。

(1) 起励单元。发电机转子剩磁一般比较小，不能满足自励建压的需要。因此要设置起励单元供给发电机初始的励磁电流，一般有厂用电或直流蓄电池组提供起励电源。

(2) 手动、自动切换单元。根据运行及试验需要，自动调节励磁装置应设置手动和自动可相互切换单元。

(3) 低励限制(又称最小励磁限制)单元。当电力系统无功容量剩余，发电机转为进相运行时，为防止励磁电流过分降低，导致机组失去稳定，危及发电机安全，故设置低励限制单元。

(4) 过励限制(又称电流限制)单元。当电力系统电压剧烈降低，强励动作时，为了保护发电机和励磁装置的安全，把励磁电流限制在安全范围内，故设置过励限制单元。

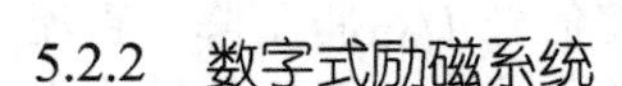

5.2.2 数字式励磁系统

目前，同步发电机中尽管还在大量使用常规模拟式励磁系统，但随着发电机单机容量和电网容量的不断增大，电力系统及发电机组对励磁控制在快速性、可靠性、多功能性等方面提出了更高的要求(如更优的励磁调节性能，更多和更灵活的控制、限制、报警等附加功能等等)显然常规模拟式励磁调节器难以满足如此高的性能要求。即使勉强满足了，也需要增加复杂的功能组件或重新设计系统，而大量的硬件电路不仅使得励磁调节器装置十分复杂，增加了维护工作量，而且显著地降低了励磁系统的可靠性。在这种情况下，随着数字控制技术、计算机技术及微电子技术的飞速发展和日益成熟，同步发电机采用数字式励磁系统已成为发展趋势和历史必然。

1. 数字式励磁系统的主要类型、基本结构及工作原理

1) 数字式励磁系统的主要类型

通常，数字式励磁系统核心控制器主要有16位微机和32位微机两种类型，控制微机可采用单片机、PLC、DSP、嵌入式工控机和通用型工控机等类型。数字励磁调节器的硬件结构型式是依据机组容量等级和所在电力系统的重要性进行选择的，目前数字励磁系统按通道数可分为：单通道数字式、双通道数字式和多通道数字式三种。

(1) 单通道数字式励磁系统中调节单元由单微机及相应的输入输出回路组成，有一个自动调节通道(AVR)和一个独立(或内含)手动调节器通道(FCR)。这种形式在中小型水电站中应用较多。

(2) 双通道数字式励磁系统中调节单元由双套微机为控制核心，由各自完全独立的输入输出通道构成两个自动调节通道(AVR)，再加上一个手动通道(FCR)，采用“2+1”工作模式。正常情况下一个自动调节通道工作，另一个自动调节通道处于热备用状态，彼此之间用通讯方式实现跟踪功能。当工作通道故障时，备用通道能够自动而且无扰动地接替故障通道工作。当2个自动调节通道均出现故障时，则通过手动通道控制。这种双通道数字式励磁系统通常用于大中型水电机组，以确保机组的连续、可靠和稳定运行。

(3) 多通道数字式励磁系统中励磁调节单元主要有是以多微机构成多个自动通道，通常是三通道，工作输出采用3取2的表决方式，多个微机间根据不同功能而分工不同，相互之间以通讯方式传递跟踪各种信息。这种硬件结构型式由于结构相当复杂，目前在发电厂中应用不范围。

2) 数字式励磁系统的基本结构及原理

数字式励磁系统的基本结构如图5.26所示。

(1) 调差环节。为了使并联运行的各发电机组按其容量向电网提供无功功率，以实现无功功率在各机组间稳定、合理地分配，在励磁调节单元的测量比较环节中设置了调差电路，用以改变发电机调差特性的斜率(发电机电压调节特性如图5.15所示)。如调差系数小，当无功电流变化时，发电机电压变化就小，所以调差系数的大小代表了励磁控制系统维持发电机电压水平的能力。当调差系数为正，即$S>0$时，调差特性向下倾斜，发电机端电压随无功电流的增大而降低；当调差系数为负，(即$S<0$)，调差特性向上翘，发电机端电压随无功电流的增大而上升；当调差系数为零($S=0$)时，发电机为零调差特性，这时发电机电压

不受无功电流变化的影响而保持恒定。

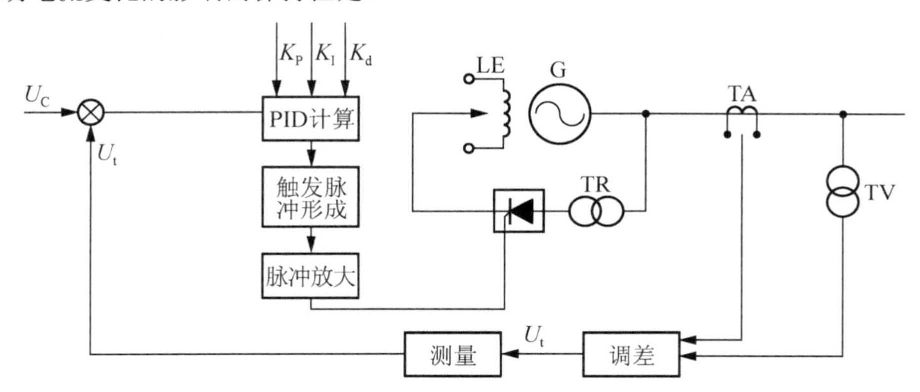

图 5.26　数字式励磁系统基本结构

在发电机母线上相并联的机组，应采用正调差系数。主接线采取单元接线方式时，发电机经升压变压器后在高压侧母线上相并联，考虑到无功电流在变压器漏抗上产生的电压降，要求发电机具有向上翘的调节特性，即 $S<0$ 的负调差系数，在减去变压器的电压降之后，机组在高压母线上的调节特性仍然是向下倾斜的。无论是正调差接线或负调差接线方式，都应符合发电机感性无功负载增加，励磁调节单元应增加励磁电流的调节规律。如果感性无功电流减小，调差系数减小，发电机的励磁电流也减小。

(2) 信号测量环节。来自由发电机机端电压互感器 TV 和定子电流互感器 TA 的电压电流信号，通过测量环节进行数据采集及处理，转换成 0～5V 的直流信号供微机输入用。对于电量的采集有直流算法和交流算法，直流算法所用的硬件较多，但程序简单；交流算法所用的硬件较少，但是程序的编写较为复杂。

(3) 移相触发及脉冲放大环节。励磁调节单元中移相触发模块的任务是产生相位可调的触发脉冲，用来触发功率单元中的晶闸管，使其控制角 α 随综合放大环节输出的控制电压 U_K 的大小而改变，从而达到自动调节发电机励磁电流的目的。因此，移相触发环节是励磁调节单元的关键部件之一，它要求：

① 严格与励磁电源的电压保持相位上的同步；

② 移相分辨率要高，移相范围大；

③ 各相触发脉冲的控制角要一致，即对称性好；

④ 能适用于三相半控桥和三相全控桥；

⑤ 要具有频率自适应性能，即电网频率变化时，触发脉冲仍保持严格对称；

⑥ 产生的触发脉冲要有足够的功率，前沿要陡，要有适当的宽度。

对于以单片机为主的励磁调节单元，晶闸管触发有多种控制方案，例如：

a. 利用软件中断方法进行控制角延时和分相触发方式。这种方法由 CPU 承担控制角延时，因而加重了 CPU 负担，无法充分利用 CPU 时间，而且由于采样中断优先级别高，CPU 响应脉冲可能会关系到延时，而且频率的自适应性较差，发电机频率变化较大时，将影响延时、分相的正确度。

b. 利用外部硬件锁相环电路和比较器实现硬件延时、分相，此种方法能与电网严格同

步，技术也较成熟，但要用到较多的硬件，是目前比较通行的一种技术方案。

c. 利用定时器实现延时，计数器可用单片机里的定时器，也可用外部的硬件定时器，通过软件中断分相，频率的自适应性是通过测上一周波的频率来实现的，可达到与电网严格同步。这种方法硬件工作量少，可充分利用 CPU 时间，不存在锁相环引起的误差。

(4) 软件限制环节。为了保证同步发电机的安全、可靠、稳定运行，保护机组设备，要求励磁系统对各种极限运行工况作出反应，因此，在励磁调节单元中附加了一系列励磁限制器。软件限制主要包括最大励磁电流瞬时限制、反时限过励限制、欠励限制和伏/赫限制器等。

2. *数字式励磁系统的优点*

与模拟式励磁系统相比较，数字式励磁系统具有以下优点：

(1) 由于计算机具有强大的计算和逻辑判断功能，使复杂的控制策略可以在励磁控制中实现。数字式励磁系统除了可以实现模拟式励磁系统的 PID 调节外，还可实现模拟式励磁系统难以实现的模糊控制等复杂控制方式，从而丰富和增强了励磁控制功能，改善了发电机的运行工况。

(2) 调节精度高，在线改变参数方便。在数字式励磁系统中，信号处理、调节控制规律都由软件来完成，不仅简化了控制装置，而且信号处理和控制精度高。另外，电压给定、放大倍数、时间常数等控制参数都由数字设定，比由模拟元件构成的调节参数要准确得多，而且参数稳定性高，基本不存在因热效应、元件老化等带来的参数不稳定问题。同时在线调整、设定参数也比模拟式调节器方便，同时调节速度快，没有模拟式调节器中电位器调整带来的技术缺陷。

(3) 利用计算机强大的判断和逻辑运算能力及软件灵活性，可以在励磁控制中实现完备的限制及保护功能。它容易实现发电机恒无功运行和恒功率因数运行，能够精确选择正、负调差和调差率，同时具备最大励磁电流瞬时限制、定子电流限制、欠励瞬时限制、过励延时限制、电压/频率(V/F)限制以及各种保护功能。

(4) 可靠性高，无故障工作时间长。 由于采用双微机自动跟踪，两个通道互为热备用，可实现自动切换，还可以在正常运行情况下检修备用机，在软件中实现自诊断和自复归功能。由于调节控制规律由软件实现，减少了硬件电路，因励磁调节单元故障维修而带来的停机时间大大减少。

(5) 通信方便。可以通过通信总线、串行接口或常规模拟量方式方便灵活地接入发电厂的微机监控系统，便于远方控制和实现发电机组的微机综合协调控制。无论在水电厂还是火电厂，数字式励磁系统是电厂综合自动化系统不可缺少的组成部分。数字式励磁系统可与上位计算机通信，通过上位计算机可直接改变机组给定电压值，容易实现全厂机组的无功调节及母线电压的实时控制。

(6) 便于产品更新换代。由于引入了微处理器，使得控制策略的改变和控制功能的增加基本不增加装置的复杂程度，通常只需要在软件上加以改进，硬件不需做很大的改动，因而便于产品升级换代。

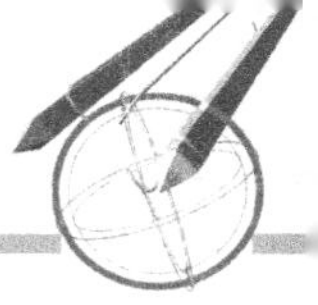

正是上述这些优点，使数字式励磁系统从其诞生之日起就显示了广阔的发展前景。

3. PLC *励磁系统*

为了进一步提高同步发电机的运行可靠性，发电机自动实时控制越来越受到重视，励磁系统同样如此。在励磁系统实时控制方面，20 世纪 90 年代的微机励磁装置采用以单片机为核心的系统完成系统实时控制及故障检测功能。如江山峡口水库采用的 DLT6000 型励磁调节器，专门配置了一块单片机用于调节器的电源故障、脉冲故障、软硬件故障的检测，当发生故障时发出故障切换或其他处理信号，但由于单片机本身具有容量小、运算速度较低和通用性较差等特点，因此使进一步的实时性能提升受到很大的限制。随着微机监控系统在发电厂中广泛应用，PLC(可编程逻辑控制器)开始逐渐在发电厂中得到应用，如微机调速、微机同期装置等，而且已经取得显著的安全效益和经济效益。

PLC 在励磁系统中的应用晚于调速器，当然 PLC 在发电厂励磁系统实时控制及技改中应用相对更少，造成这种状况原因很多，从技术上讲励磁系统要处理的变量较多，相应速度快，早期的 PLC 难以实现。特别是数字式励磁调节器成熟后，交流采样和软件移相得到认可，被认为是励磁行业的一大步，而早期的 PLC 由于中断响应慢，定时精度低，难以实现交流采样和软件移相，这种状况严重阻碍了 PLC 在励磁系统中的应用。近年来，PLC 发展迅猛，目前新型 PLC 都有紧凑的设计、良好的扩展性、低廉的价格以及强大的指令，因此完全具备条件在同步发电机励磁系统中应用。同时，励磁系统中很多故障(如绝缘下降)都是渐变性故障，采用 PLC 进行实时控制可以尽早地发现缺陷，尽快地采取相应措施，最大限度地提高晶闸管励磁系统的运行可靠性，因此以 PLC 为控制核心的数字式励磁系统在电力系统中获得了广泛的应用。

PLC 励磁系统作为数字式励磁系统中主要类型之一，其总体原理框图如图 5.27 所示，整个系统除了由励磁变压器 TR 和三相全控桥构成的功率单元以外，主要部分就是以 PLC 为核心的励磁调节单元，该单元主要由信号采集、PLC 和移相触发等环节组成。

PLC 励磁系统各个环节结构和功能如下：

(1) 信号采集环节。信号采集分模拟信号采集和开关量采集两部分。励磁系统一般需采集四种模拟量：母线电压、机端电压、定子电流、转子电流。母线电压信号取自母线电压互感器 TV3，仅作跟踪母线电压和起励用。机端电压是重要模拟量，通常取自两路，以防电压互感器断线引起强励。一路取自机端励磁专用电压互感器(TV1)，一路取自励磁电压互感器或取自机端仪表用电压互感器(TV2)。仪变信号仅作电压互感器断线判断用，可只取单相。定子电流信号取自定子电流互感器 TA1，与 TV1 信号一起计算无功电流。

由图 5.27 可知，模拟量经过前置处理后，由 PLC 的 A/D 采样模块进行直流采样。由于主机 PLC 本身带有 I/O 输入输出口，因此开关量经过处理后，直接接到 PLC 的 I/O 输入输出口。

(2) PLC 励磁系统软件系统功能。通过丰富灵活的软件系统和与之相配合的硬件，PLC 励磁系统可以实现下述励磁控制功能：

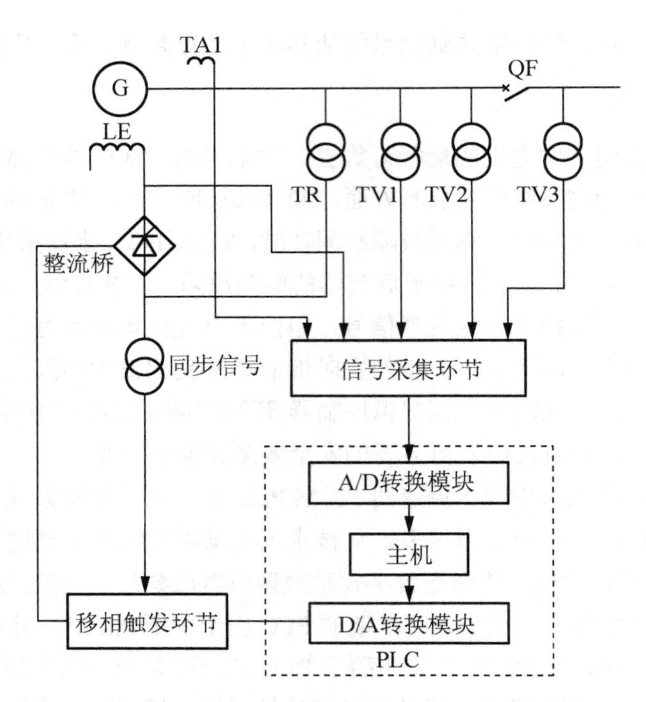

图 5.27　PLC 励磁系统总体原理框图

① 分两个通道工作，正常时自动通道运行，故障时切换到备用通道运行。备用通道一般采用模拟通道，PLC 故障时采用。

② 可按恒定电压或按恒定励磁电流调节运行方式运行，两种方式可在线无扰动切换。当发生 PT 断线时自动切换到恒励磁电流运行方式运行。

③ 采用软件设定电压给定值或励磁电流给定值。当发生断路器跳闸时，机端电压能稳定在额定值，不会发生过电压现象。

④ 正常停机时逆变灭磁，转速低于规定值时自动逆变灭磁。

⑤ 具备丰富的保护限制功能，包括大励磁电流瞬时限制功能、过励、强励延时限制功能、低励瞬时限制功能、空载 V/F 限制功能、晶闸管整流柜快速熔断、风机停转时的励磁电流限制功能显著地提升了整个系统的安全性能。

⑥ 具备空载过压保护功能、PT 断线检测和保护功能，还具有模拟量采集的软件数字滤波功能。

(3) 移相触发环节。针对移相触发环节，如采用一般数字式励磁系统移相触发的方法，则由于 PLC 自身的模块化结构使得计数频率不高、中断速度不快等特点，难于用常规方法实现移相触发，因此考虑采用硬件移相电路实现。在具体的 PLC 励磁调节单元中，采用了集成相控芯片 TC785 来实现移相。由于 TC785 具有功耗小、功能强、输入阻抗高、抗干扰性能好、移相范围宽、外接元件少等特点，应用 TC785 的移相触发电路完全能满足 PLC 微机励磁系统中移相触发的要求，完全能够实现 PLC 励磁调节器的移相功能(具体将在下节介绍)。

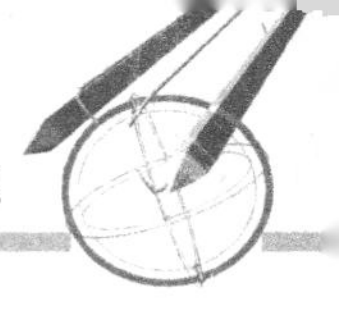

知识储备

数字式励磁系统中常用的微机形式

在微机励磁控制器中，比较常用的微处理器主要有Intel系列(如80C196KC)、V40。近几年，随着DSP技术的发展，也出现了采用DSP芯片的微机励磁控制器[17]。

1. 80C196KC

80C196KC是Intel公司推出的CHMOS 16位单片机——8XC196XX系列的一个分支。实际上，MCS-96系列的芯片都共享一套指令系统，有一个共同的CPU组织结构。根据不同的应用场合，在单片机内部“嵌入”了以往被认为是“外围设备”的各种电路，于是形成了各种不同型号的单片机。80C196KC是CHMOS中的第二代产品，它具有这样一些性能特征：16KB内部ROM/EPROM，488B寄存器RAM，2个定时/计数器，8个A/D通道，48个I/O引脚，1个串行口，3个PWM输出通道，64KB寻址空间，高速输入输出HSIO，采用16MHz晶振，增加了外设事务服务器PTS(Peripheral Transaction Server)。

由于80C196KC的CPU中的算术逻辑单元没有采用常规的累加器结构，而是改用寄存器-寄存器结构，即CPU操作直接面向256B的寄存器，所以它消除了一般CPU结构中存在累加器的瓶颈效应，提高了操作速度和数据吞吐能力。

2. V40(Mpd70208)微处理器

NECV10CPU是CMOS工艺、16位结构、8位数据总线式的微处理器，相当于Intel 80188。其内部集成了与8088/8086指令集完全兼容的CPU以及时钟发生器(CG)，可编程等待逻辑发生器(WCU)，动态RAM刷新控制器(RCU)，定时/计数器(TCU)，中断控制器(ICU)，DMA控制器(DMAU)，串行通信控制器(SCU)，总线接口单元(BIU)和等待控制单元(MCU)等多种外围控制器。因此，可以方便地构成高性能、低价格、低功耗、高集成度的STD总线工业控制计算机。

除了高度集成了上述各功能单元以外，V40还具有这样几个特点：250ns(8MHz，5V)的最小指令执行周期；具有1MB寻址范围；14个16位寄存器集；高速乘、除指令，执行时间约为4～5 μs (8MHz，5V)；包含可屏蔽(ICU)和不可屏蔽(NMI)中断输入；具有8080模拟功能。

3. DSP芯片

DSP芯片又称数字信号处理器(Digital Signal Processor)，是一种特别适合于进行数字信号处理运算的微处理器。它是在数字信号处理(Digital Signal Processor)的各种理论和算法的基础上发展起来的。1978年AMI公司发布了世界上第一个单片DSP芯片S2811，1979年Intel公司发布了具有里程碑意义的商用可编程DSP芯片2920，1980年日本NEC公司推出了第一个具有乘法器的商用DSP芯片Mpd7720。在这之后，美国德州仪器公司(Texas Instruments，TI)开发的DSP芯片最为成功，它的TMS320系列DSP是目前市场上最为普及的产品。现在DSP的主要生产厂商有TI、AT&T、Motorola、Lucent。

DSP芯片可以按不同的方式进行分类。如果按DSP芯片的工作时钟和指令类型来分类，可以分为静态DSP芯片(如TMS320C2XX系列)和一致性DSP芯片(如TMS320C54X)。所谓静态DSP芯片，是指在某时钟频率范围内的任何时钟频率上，除计算机速度变化处，没有性能下降的DSP处理器；而一致性DSP芯片是指，有多种DSP处理器的指令系统和相应的机器代码及引脚结构相互兼容的DSP处理器。若按DSP芯片的用途来分类，则可分为通用DSP芯片(如TI公司TMS320系列)和专用DSP芯片(如Motorola公司DSP56200)。通用型DSP芯片适合于普通的数字信号处理，专用DSP芯片是为某些特定的数字信号处理设计。若按DSP芯片工作的数据格式分类，可以分为定点DSP芯片(如TMS320C2XX/C5XX)和浮点DSP芯片(如TMS320C3X/C4X/C8X)。定点DSP芯片的结构较简单，乘法-累加运算速度快，但运算精度低，动态范围小，而浮点DSP芯片的处理动态范围大，运算精度高。不同浮点DSP芯片的浮点格式并不一样，有采用自定义浮点格式的，如TMS320C3X，也有采用IEE标准浮点格式的，如MC96002。

为了快速实现数字信号处理运算，DSP芯片一般都采用特殊的软硬件结构。例如TMS320系列DSP芯片的结构特征主要包括：多总线的哈佛(Harverd)结构、专用硬件乘法器、指令系统流水线操作、特殊的DSP指令和快速指令周期。

(1) Harverd结构：计算机总线结构有两种。一是X86 CPU采用的冯·诺依曼结构。其特点是程序和数据共用一个地址空间，对数据和程序分时读写。这就导致了数据吞吐量低，程序执行速度慢。由于原理上的特点，这一结构不适合对实时性要求极高的领域。另一种Harverd结构的程序和数据具有独立的存储空间，有着各自独立的程序总线和数据总线。这一结构可以同时对数据和程序进行寻址，大大提高了数据处理的能力。TI的DSP中在数据总线和程序总线间的局部有交叉连接，这一改进使得数据可以存放在程序存储器中，并被算术运算指令直接使用，增强了芯片的灵活性。

(2) 指令系统的流水线操作：指令流水可以有效减少指令执行时间。TI的第一代产品流水线深度为2级，C32的流水线深度为4级，最新的C6000流水线深度达到了8级，这意味着器件可以同时运行8条指令。同时，并行指令的条件不断降低，指令的范围不断扩大，极大地提高了DSP的运算能力。

(3) 专用硬件乘法器：DSP内部的硬件乘法器可以在一个指令周期内完成一次乘法运算，而在X86 CPU中的乘法计算实际上是由加法和移位完成的。

(4) 专用DSP指令：DSP的并行指令可以在一个周期内完成两次运算/操作，可以进一步提高运算速度。

(5) 快速指令周期：DSP芯片与传统的微处理器相比，其快速的指令周期是一个明显的特征和优势。由于采用哈佛结构、专用硬件乘法器和特殊的DSP指令，再配合集成电路的优化设计，可使DSP芯片的指令周期在200ns以下。如主频为40MHz的TM S320 C2000芯片的指令周期为25ns。

5.3 任务的解决方案

在前面对任务进行详细分析的基础上，通过引入数字式励磁系统的典型方案——NWLC-3C型可编程励磁装置来高效完成任务5。本单元将详细解析NWLC-3C型可编程励磁装置的结构、工作原理及相关操作，进而全面阐述数字式励磁系统如何高效精确地完成励磁系统的核心任务——向发电机的转子绕组提供一个可控的直流电流。同时，为了提高实用性，方案中还介绍了PLC励磁调节单元的运行操作。

NWLC-3C型可编程励磁装置采用欧姆龙公司的CQMIH系列可编程序控制器，具有运算速度快、功能强、指令丰富和程序容量大等特点，能实现更多功能软件化。同时，由于采用模块化设计，使其扩展方便，其软件特有的梯形图编程比其他的计算机语言更简单易学。

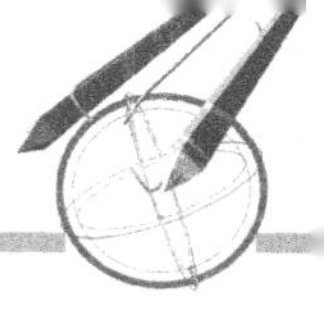

5.3.1　功率单元——三相全控桥

NWLC-3C 励磁装置采用自并励系统，主回路采用三相全控桥，起励方式采用直流起励，直流起励电源由直流合闸电源加限流电阻组成。在正常停机时采用逆变灭磁，故障时采用灭磁开关加线性灭磁电阻灭磁。

现对三相全控桥及其整流波形分析如下：

1. 电路结构

三相全控桥电路结构如图 5.28 所示，三相全控桥的六个整流元件全部采用晶闸管，VT_1、VT_3、VT_5为共阴极组连接，VT_4、VT_6、VT_2为共阳极组连接。为保证电路正常工作，对触发脉冲提出了较高的要求，除共阴极组的晶闸管需由触发脉冲控制换流外，共阳极组的晶闸管也必须靠触发脉冲换流，由于上、下两组晶闸管必须各有一只晶闸管同时导通电路才能工作，六只晶闸管的导通顺序应为 1、2、3、4、5、6。它们的触发脉冲相位依次相差 60°；又为了保证开始工作时，能有两个晶闸管同时导通，需用宽度大于 60°的触发脉冲，也可用双触发脉冲，例如在给 VT_1 脉冲时也补给 VT_6 一个脉冲。

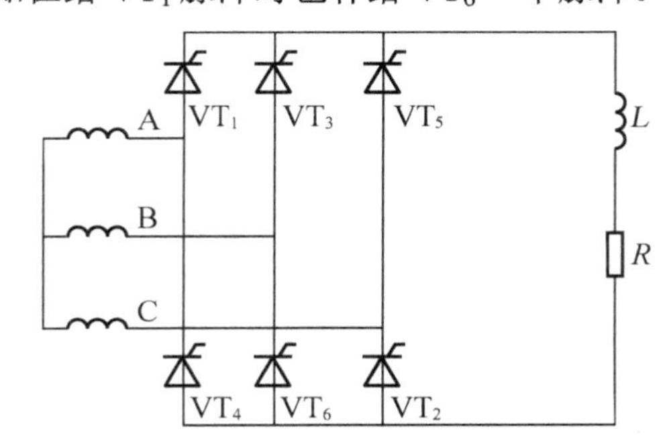

图 5.28　三相全控桥整流电路

2. 工作原理

设 e_a、e_b、e_c为三相全控桥的相电压，对应上图的输出波形如图 5.29 所示。

当控制角α=0° 时，各晶闸管的触发脉冲在它们对应自然换向点时刻发出，如图 5.29(a)所示，输出电压波形与三相桥式整流电路输出波形一样，各元件在每个周期中持续导通 120°。

当控制角α=60° 时，输出电压波形如图 5.29(b)所示，各相正、负侧晶闸管的触发脉冲滞后于自然换相点 60° 出现，例如在 2 点之前 VT_5、VT_6 导通，在 2 点时刻 u_{s1} 触发 VT_1，同时给 VT_6 补发触发脉冲，这时 VT_1 导通，VT_5 关断。交流相电压中画阴影部分表示导通面积(图中黑脉冲是双脉冲中的补脉冲)。

综上分析可知：当控制角α≤60° 时，共阴极组输出的阴极电位在每一瞬间都高于共阳极组的阳极电位，输出电压 u_d 的瞬时值都大于零，波形是连续的；α>60° 时，当线电压瞬时值为零并转负值时，由于电感的作用，导通着的晶闸管继续导通，整流输出为负的电压波形，从而使整流电压的平均值降低。

图 5.29(c)所示为电感负载α=90° 时的输出电压波形。现假设在 t_1 之前电路已在工作，即 VT_5 和 VT_6 导通，在 t_1 时触发 VT_1，同时给 VT_6 补发触发脉冲。导电器件为 VT_1 和 VT_6，输出电压为 e_{ab}。当线电压 e_{ab} 由零变负时，由于大电感存在，晶闸管 VT_1 和 VT_6 继续导通，输出电压仍是 e_{ab}，但此时为负值，直到 t_2 时刻触发晶闸管 VT_2，才迫使 VT_6 承受反向电压

而关断，导电器件为 VT_1 和 VT_2，输出电压转为 e_{ac}。由图可以看出，当电流连续的情况下，$\alpha=90°$ 时输出电压的波形面积正负两部分相等，电压的平均值为零。

在 $\alpha<90°$ 时，输出平均电压 U_d 为正，三相全控桥工作在整流状态，将交流转为直流。

$90°<\alpha\leqslant180°$ 时，输出平均电压 U_d 为负值，三相全控桥工作在逆变状态，将直流转为交流。

图 5.29(d)表示控制角 α 由 60°转至 150°时的输出电压波形图。现说明它们的工作情况。

设原来三相桥式全控整流电路工作在整流状态，负载电流流经电感而储有一定的磁场能量。在 t_1 时刻控制角 α 突然达到 150°，VT_1 接受触发脉冲而导通，这时 e_{ab} 为负值，但由于电感 L 电流减少的感应电动势 e_L 较大，使 e_L-e_{ba} 仍为正值，故 VT_1 和 VT_6 仍在正向阳极电压下工作并输出电压 e_{ab}。这时电感线圈上的自感电动势 e_L 与负载电流的方向一致，直流侧发出功率，将原来在整流状态下储存于磁场的能量，释放出来送回到交流侧，将能量送回交流电网。

在 t_2 时刻，对 C 相的 VT_2 输入触发脉冲，这时 e_{ac} 虽然进入负半周，但电感电动势 e_L 仍足够大，可以维持 VT_1 与 VT_2 的导通，继续向交流侧反馈能量，这样依次逆变导通一直进行到电感线圈内储存的能量释放完毕，逆变过程才结束。

3. 逆变角范围

由上述互相全控桥工作特点可知，当 $\alpha>90°$ 时电路进入逆变区，负载输出直流平均电压为负值；当 $\alpha=180°$ 时，$U_{do}=-2.34E$，为负最大值。负电压值越大，表示能量释放给电网越快。但实际上全控桥不能工作在 $\alpha=180°$ 情况，而必须留出一定裕度角，否则会造成逆变失控或颠覆，即直流侧换极性，交流侧不换极性，换流失败，使晶闸管元件过热而烧毁。

所以，发电机使用三相全控桥进行逆变灭磁时，必须使最小逆变角 β 大于换流角 v 及晶闸管关断角 δ_{OFF} 之和，根据经验 $\beta_{min}=25°\sim30°$。因此，当需要发电机转子快速灭磁时，要把控制角限制在 $\alpha\leqslant150°\sim155°$范围，以确保逆变成功。

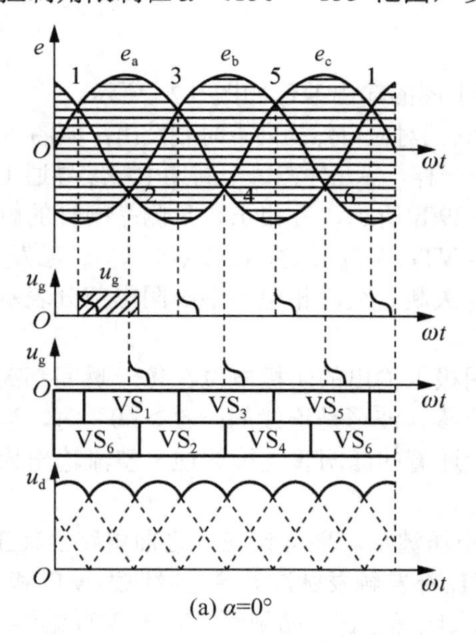

(a) $\alpha=0°$

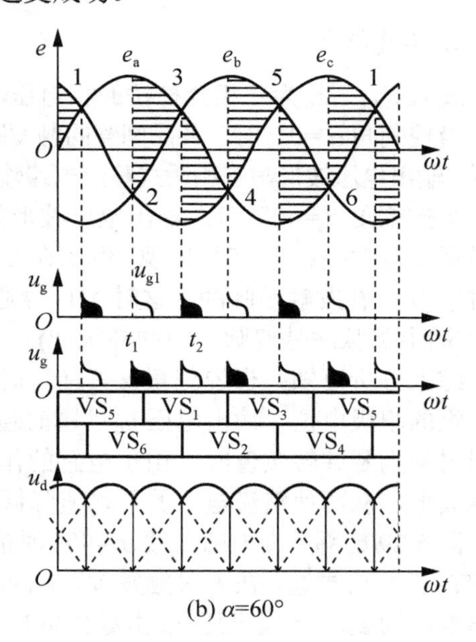

(b) $\alpha=60°$

图 5.29　三相全控桥输出电压波形

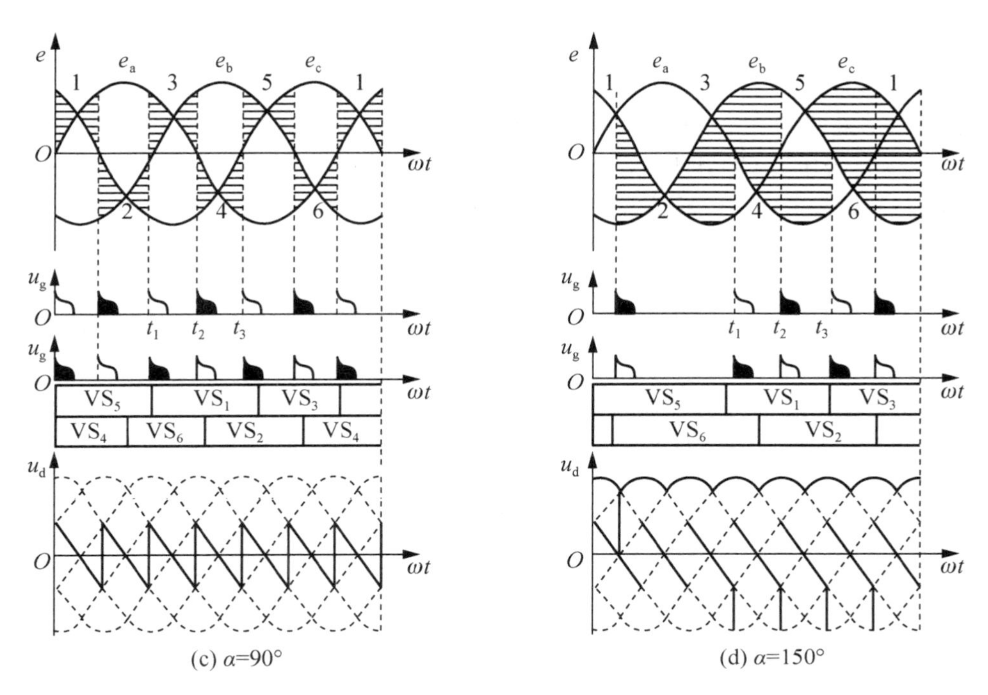

图 5.29　三相全控桥输出电压波形(续)

5.3.2　PLC 励磁调节单元

1. PLC 励磁调节单元的总体结构及主要特点

NWLC-3C 励磁调节单元由变送单元、PLC 控制器、移相触发单元、脉冲放大单元、电源系统和触摸屏显示系统等组成。励磁调节单元框图如图 5.30 所示。[11]

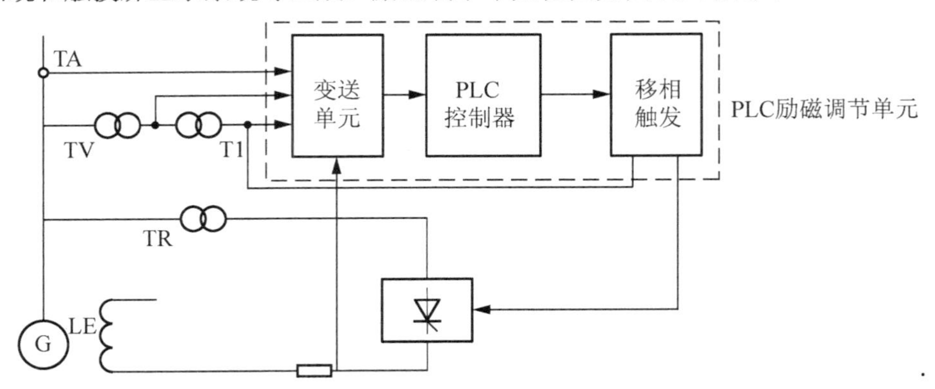

图 5.30　励磁调节单元框图

PLC 励磁调节单元的主要硬件包括可编程序控制器(PLC)、Digital 公司的 GP 系列触摸屏、检测和同步变压器、功率变送器、信号转换及模拟调节板、移相触发板和电源系统。由于采用日本欧姆龙公司生产的 CQMIH 系列 PLC，具有运算速度快，功能扩展方便，程序容量大的特点，励磁调节单元具备简洁的硬件结构，采用多通道模式和无扰动切换，总体结构简单，维护方便。PLC 励磁调节单元主要特点如下：第一，设计了近方和远方两种操作方式，无论是在现场还是在中控室，均能实现励磁系统的全方位控制。第二，可选配 RS-485 通信接口，把 PLC 采集的发电机参数和励磁系统参数实时传送出来，实现实时监控。

(1) 励磁励磁调节单元的核心单元——可编程序控制器(PLC)。PLC 励磁调节单元核心单元采用欧姆龙公司的 CQM1H 系列，它由 CPU 模块 CPU51、A/D(D/A)转换模块 MAB42 和输出模块 OD212 组成。PLC 主要完成以下功能：

① 采集的信号由 A/D 转换模块 MAB42 转换成数字量。转换的模拟量包括：发电机端电压、有功功率、励磁电流、无功功率。

② 采用 PID 算法，同时通过软件实现了起励、触摸屏显示等控制功能。软件流程图如图 5.31 所示。

③ 控制量输出经 D/A 转换模块转换成模拟量，即控制电压。

④ 采用 RS-485 或 RS-422 标准通信，与上位计算机组成监控系统。

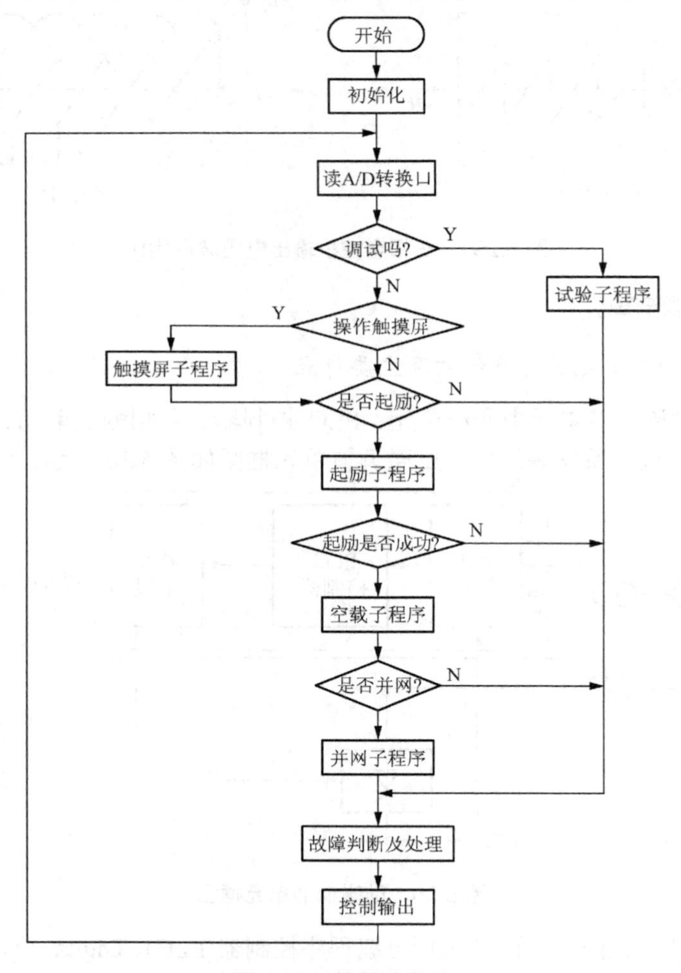

图 5.31　软件流程图

(2) 输入输出模块：

① 开关量输入模块。开关量输入模块是 PLC 接收外部输入的开关量信号的窗口。PLC 通过光耦合器，将外部信号的状态读入，并存储在输入映象寄存器内，外部触点接通时对

应的寄存器为“1”状态。输入端外接的触点可以是常开的，也可以是常闭的。PLC 输入接线简图如图 5.32 所示。

② 开关量输出模块。开关量输出模块用来将 PLC 的输出信号传至输出端子上，驱动外部负载。PLC 输出接线简图如图 5.33 所示。

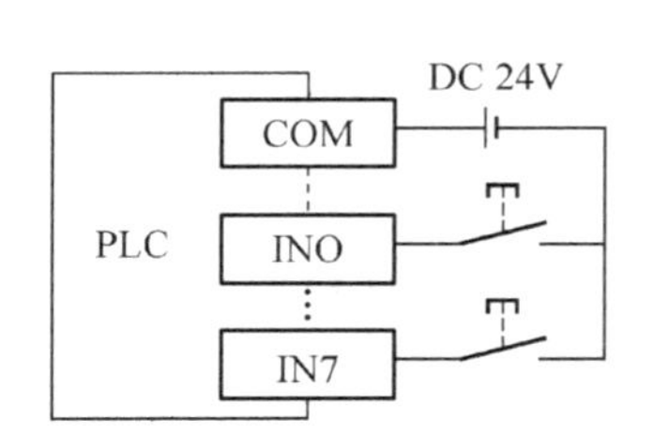

图 5.32　PLC 输入接线简图

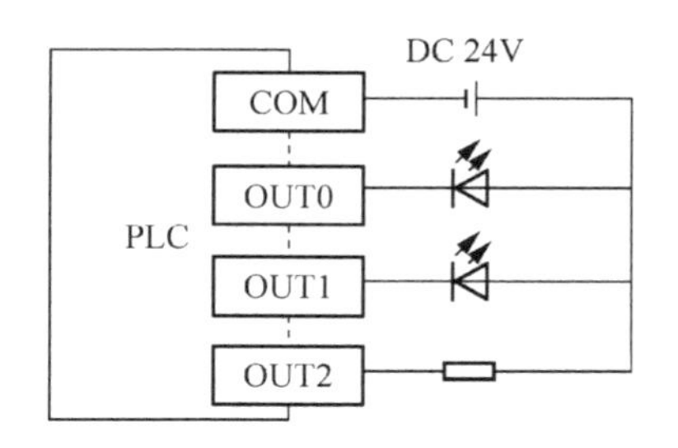

图 5.33　PLC 输出接线简图

(3) 移相触发板。移相触发器原理框图如图 5.34 所示，触发脉冲的形成和移相均在相位控制器 U1、U2 和 U3 上实现。下面以 U 相为例说明脉冲的产生和移相过程。

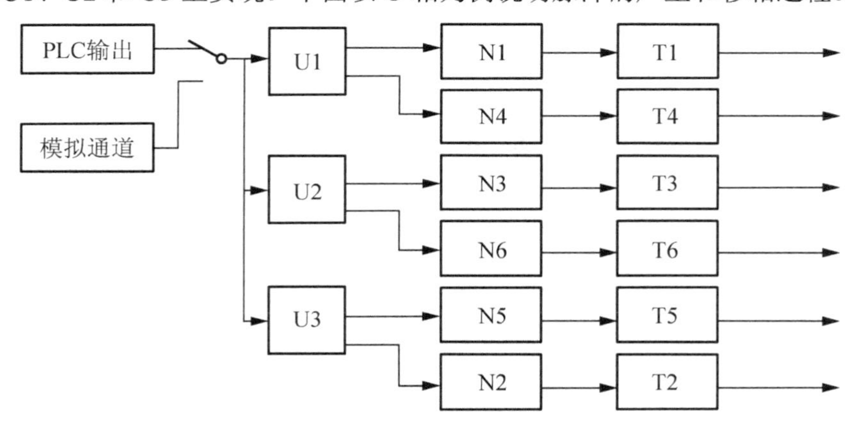

图 5.34　移相触发器原理框图

相位控制器 U1 采用大规模集成芯片 TC 785，采用 16 引脚双列直插式封装，引脚图如图 5.35 所示，各处波形如图 5.36 所示。5 脚作为交流输入端，作为同步信号电压 U_T 的输入，11 脚为直流控制端，作控制电压 U_K 的输入。15 脚在对应交流同步信号电压正半周内输出一脉冲 Q2，14 脚在对应交流同步信号电压负半周内输出一脉冲 Q1。10 脚接有电容 C_3，由芯片内部恒流源充电，在 C_3 上锯齿波的斜率和线性度。控制电压 U_K 和锯齿波的交点为产生脉冲 Q1、Q2 的时刻，改变控制电压 U_K 就改变了产生脉冲的时刻，即改变了控制角 α 的大小。

(4) 液晶显示系统。PLC 励磁调节单元采用日本 Digital 公司的 GP 系列触摸屏显示器，GP 系列触摸屏显示器具有画面存储容量大，功能强等特点，工作电压为 DC 24V，显示区域大小为 6in(英寸)。

(5) PLC 励磁调节单元的电源系统。NWLC-3C 型励磁调节器工作电源由交流厂用电源或直流控制电源供电，任一路电源消失不影响调节器的工作，但交流电源消失冷却风机将停转。电源系统框图如图 5.37 所示。

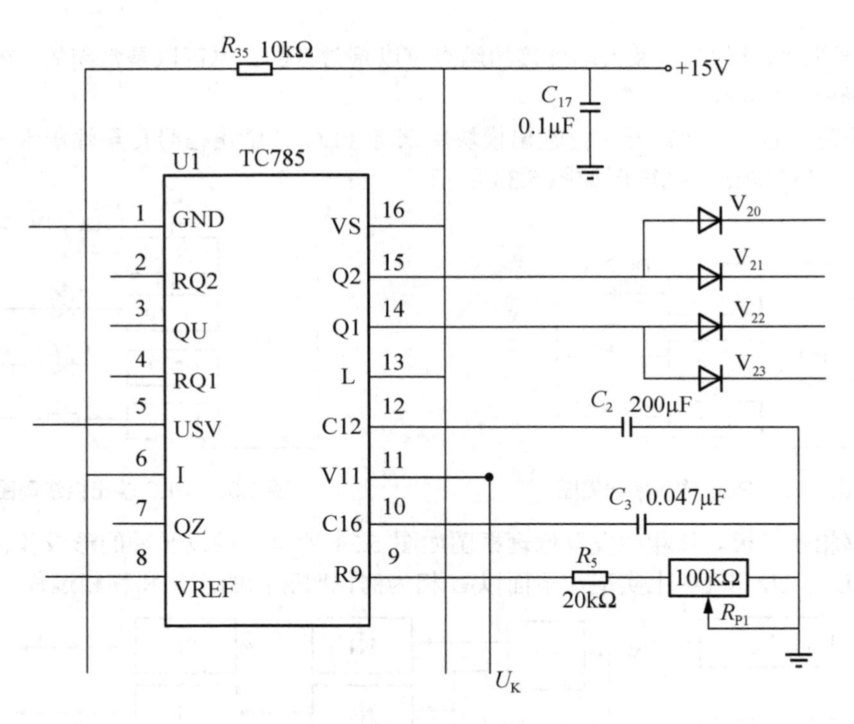

图 5.35　相位控制器 U_1 引脚图

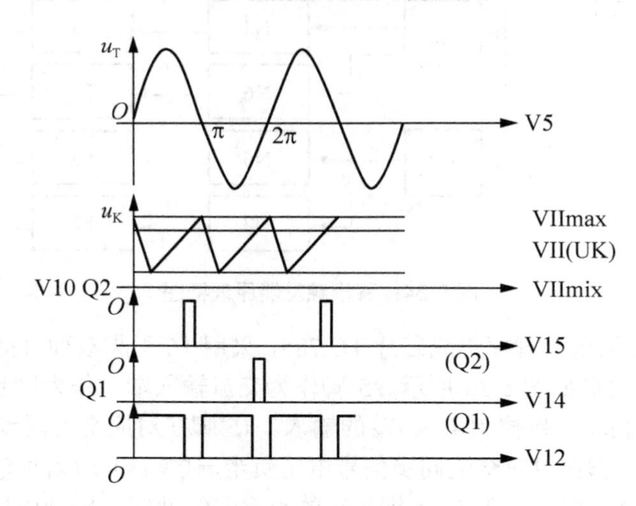

图 5.36　移相触发电路各处波形

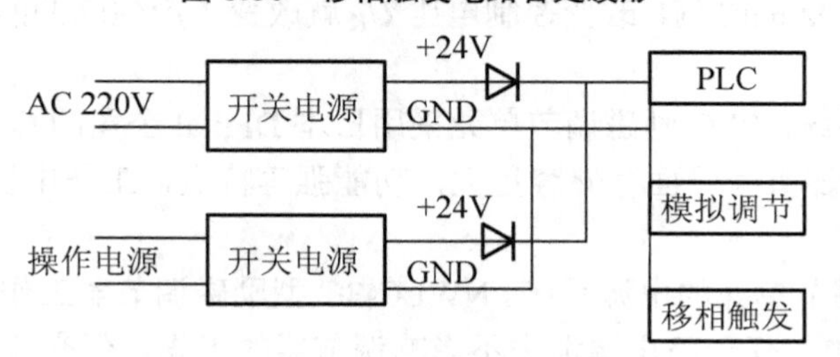

图 5.37　调节器电源系统框图

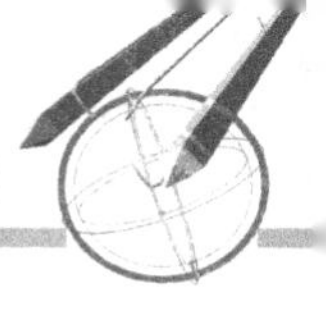

2. PLC 励磁调节单元的控制方式及性能指标

(1) PLC 励磁调节单元根据发电机端的电压及无功负荷调节和控制发电机的励磁电流，它是励磁系统最重要的组成部分。PLC 励磁调节单元对励磁电流的控制主要有两种方式，一是按发电机端电压的偏差进行控制，恒定发电机端电压；二是按发电机励磁电流偏差进行控制，恒定发电机励磁电流。本励磁装置共有两个励磁调节通道：PLC 通道和备用通道，具体安排如下：

① PLC 通道和备用通道通过切换开关进行切换。

② PLC 通道和备用通道共用增减磁操作开关，无论在现场或中控室都能进行增减磁操作，以控制发电机的电压或无功功率。

③ 备用通道是模拟调节通道。一般情况下备用通道只有在 PLC 通道发生故障时才投入运行。

④ 恒压模式和恒流模式之间可通过触摸屏运行方式切换，励磁装置开始启动时默认为恒压模式。两种模式可以实现无扰动切换。正常运行应以恒压模式为主，恒压模式故障或需要恒定发电机励磁电流的特殊工况时才采用恒流模式。

(2) PLC 励磁调节单元能达到的性能指标：

① 同步发电机的励磁电压和电流达到发电机额定励磁电压和电流 110%时，励磁系统应能保证连续运行。

② 励磁系统对电源的要求：交流 380V/220V 系统，电压偏差为额定值的±15%，频率偏差为-3Hz～+2Hz；直流 220/110V 系统，电压偏差为额定值的-20%～+10%。

③ 发电机静态调压精度优于 0.5%。

④ 发电机空载时，频率变化 1%时，发电机电压变化不大于额定值的 0.25%。

⑤ 调节范围：40%发电机空载电压的 120%额定电压。

⑥ 调差系数整定范围为 0～15%，而且可以调节。

⑦ 调差动态性能：

a. 零起升压超调不大于 10%，调节时间不大于 5s，振荡次数不大于 3 次。

b. 发电机甩额定负荷，超调量不大于 20%，调节时间不大于 5s，振荡次数不大于 3 次；

⑧ NWLC-3C 励磁调节单元符合标准 GB 10585—1989。

5.3.3　PLC 励磁调节单元的运行操作

1. PLC 励磁调节单元的基本操作

(1) 起励操作。发电机起励操作就是给发电机提供初始励磁电流，发电机建压至设定值的过程。在起励过程中由于某些故障起励时间过长而失败，则延时 10s 后由相应的继电器动作切除起励回路。

起励条件包括：

① 开关“1SA”处于“运行”位置；

② 开关“2SA”处于“PLC”位置；

③ 发电机达到额定转速；

④ 合交流开关 IQS；

⑤ 合上灭磁开关 QFB；

⑥ 起励信号动作。

(2) 停机操作。停机操作包括下面三种情况：

① 正常停机：停机继电器接点闭合，控制励磁系统自动逆变灭磁。

② 人工切除：发电机解列后，单击“截止”按钮，则发电机励磁系统逆变灭磁。

③ 事故停机：事故停机后，由灭磁开关快速灭磁。

(3) 投入运行操作。投入运行操作包括合灭磁开关、选定运行方式、起励建压、调节励磁升压至额定值然后并网、机组并网后增减磁调节并带无功负荷正常运行五种情况。

2. 触摸屏的操作

(1) 通电时触摸屏显示如图 5.38 所示。

单击“返回”按钮可回到画面的主菜单，此画面主要是实时显示发电机运行参数，只能进行返回操作，不能进行其他的操作。

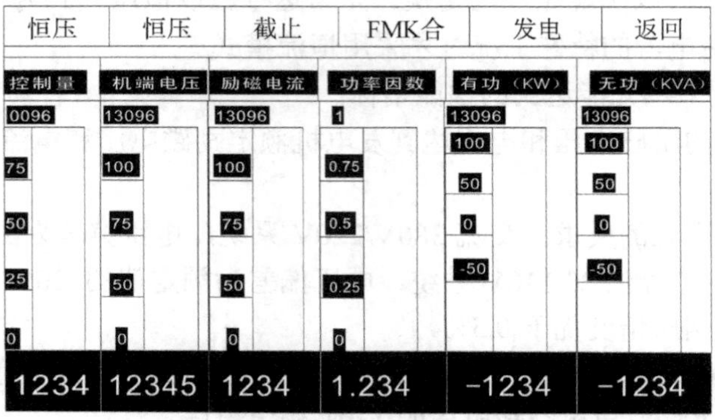

恒压	恒压	截止	FMK合	发电	返回
控制量	机端电压	励磁电流	功率因数	有功（KW）	无功（KVA）
0096	13096	13096	1	13096	13096
				100	100
75	100	100	0.75	50	50
50	75	75	0.5	0	0
25	50	50	0.25	-50	-50
0	0	0	0		
1234	12345	1234	1.234	−1234	−1234

图 5.38　触摸屏显示图

(2) 主菜单界面如图 5.39 所示。

在主菜单下单击“机旁操作”按钮就可进入本控制界面，在这里可进行运行方式的切换及励磁调节。

(3) 修改参数界面如图 5.40 所示。

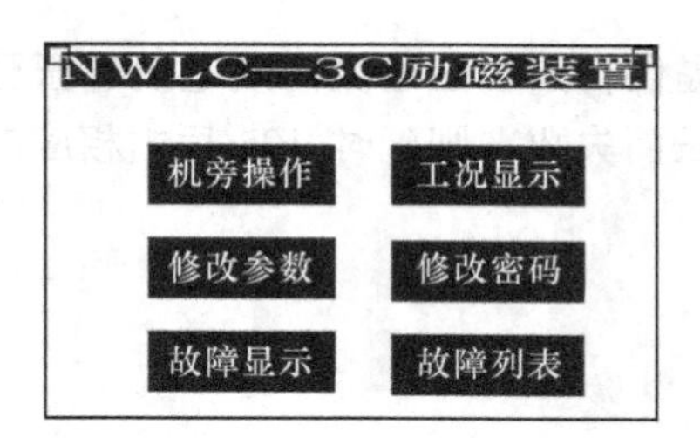

图 5.39　主菜单画面图

图 5.40　修改参数图

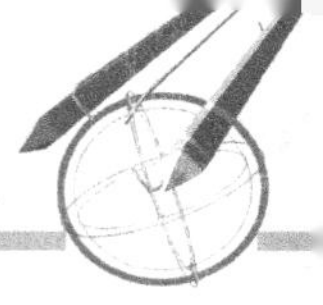

在主菜单下单击“修改参数”按钮，如没有设置密码就可进入此界面，如有密码则需输入正确的密码后才能进入此面画，出厂时没有设置密码，下面以修改机组额定电压为例说明如何进行参数的修改。

① 首先要进入修改参数的画面。

② 然后单击“机组参数设定”按钮进入机组参数设定界面，如图 5.41 所示。

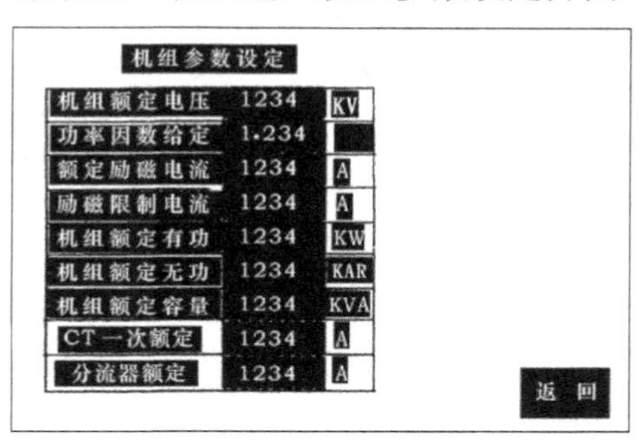

图 5.41　机组参数图

③ 用手指按一下机组额定电压的显示区域，画面会弹出一个小键盘，输入设定值后按“确定”按钮即可完成参数的修改，按“返回”按钮返回上一界面。

其他修改参数的界面如图 5.42～图 5.44 所示。

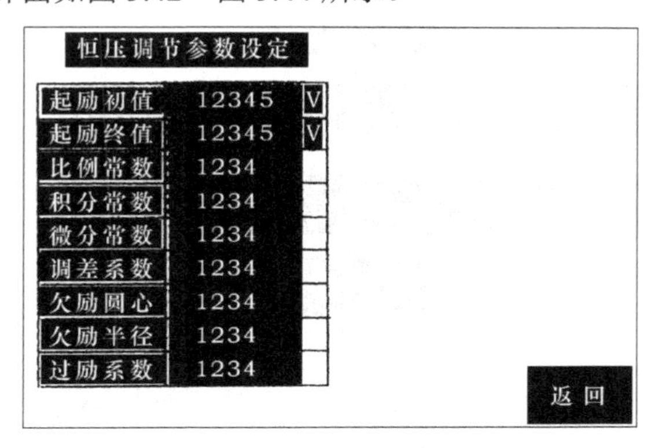

图 5.42　恒压调节参数修改图

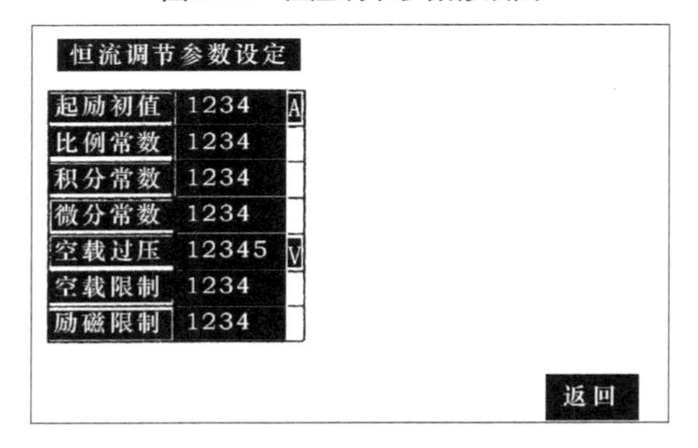

图 5.43　恒流调节参数修改图

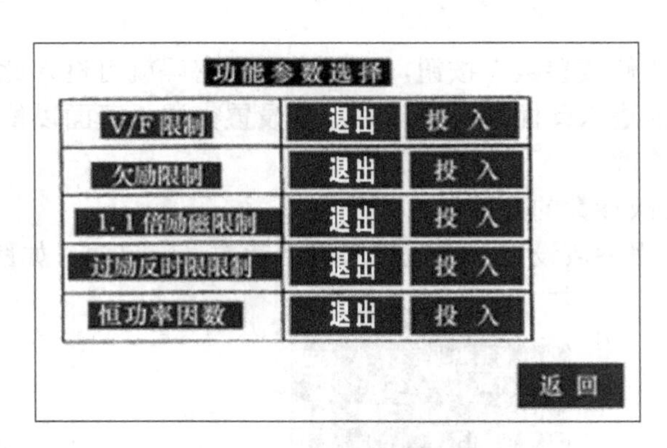

图 5.44　功能参数选择图

对功能参数的选择应进入功能参数选择画面(见图 5.44)，如要投入 *V/F* 限制功能，只要在投入按钮上按一下，屏幕上则显示为 *V/F* 限制投入。如要退出 *V/F* 限制功能，只要在退出按钮上按一下，屏幕上则显示为 *V/F* 限制退出。以此类推可进行其它功能参数的投切。

(4) 如要修改密码应在主菜单上单击“修改密码”按钮，屏幕会提示要先输入旧密码，输入正确后，屏幕会提示输入新的密码，输入新的密码后单击“确定”按钮即完成密码的修改。

(5) 故障显示界面如图 5.45 所示。

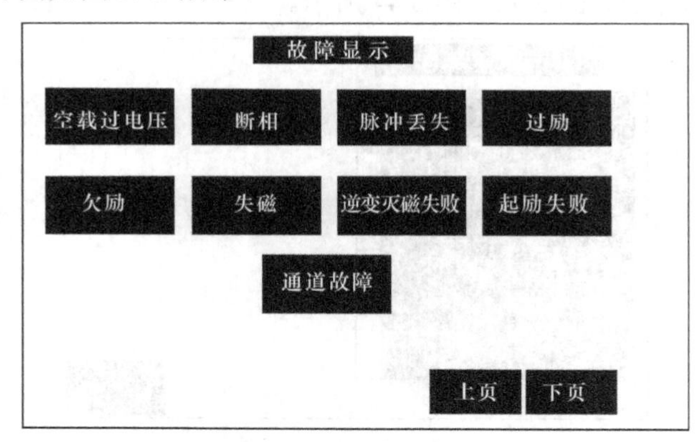

图 5.45　故障显示图

单击“下页”按钮可进入详细的故障列表。

5.4　任务解决方案的评估

通过前面对数字式励磁系统典型方案的详细分析，我们都深感采用 PLC 为控制核心的数字式励磁系统解决方案，能够高效精确地完成励磁系统的核心任务，具有优良的实时响应，能够充分提高发电厂的安全运行水平。本单元将进一步评估数字式励磁系统的主要特点，同时简要分析我国微机励磁系统技术开发现状，为今后应用具体的数字式励磁装置打下一定的基础。

模拟式励磁系统采用分立元件较多，调试困难，运行过程中各种整定参数会发生变化，

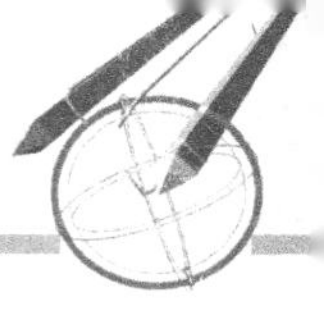

从而影响励磁系统的可靠性；其次，同步发电机在长期的运行中各种运行参数会发生变化，模拟式励磁系统无法与之相适应，从而产生调节误差；第三，由于模拟式励磁系统主要通过硬件来实现各种励磁调节，因此难以实现复杂的励磁调节规律，限制了励磁系统性能的进一步提升，一定程度上影响了同步发电机安全运行水平的提高。从前面对任务的分析和解决中可看出，数字式励磁系统可以有效克服模拟式励磁系统中存在的问题。

5.4.1　数字式励磁系统的主要特点

(1) 硬件结构简单可靠。励磁调节单元由专用的高速可编程控制器等控制核心及必要的输入/输出电路构成，省掉了大量的逻辑控制继电器，而且易于采用冗余容错的硬件结构方式，其可靠性大大提高。

(2) 通过软件实现各种调节控制功能。励磁调节计算、逻辑控制、PSS 及各种励磁限制功能均能由软件实现，还可以实现多种调节规律的选择切换。

(3) 人机界面友好，运行维护方便。现在励磁系统的现地调节和人机接口国内外基本都采用液晶显示器，正常运行时能够显示励磁系统的一些常规测量数据，如机组电压、无功功率、转子电压、电流、温度等参数，同时能够对励磁系统的各种故障进行监视，包括在线监测(具体概念将在任务 6 中介绍)直至自诊断功能等。

(4) 较强的通信功能。为了方便地实现励磁系统与发电厂计算机监控系统的数据交换，可根据用户的要求设置串行通信或网络通信接口，便于在远方了解励磁系统的运行情况，还可在线对励磁系统的参数进行修改和设置，有利于电站实现少人值守、无人值班。

5.4.2　我国数字式励磁系统技术开发及应用现状

近年来我国数字式励磁系统已取得长足进步，装置软件丰富，调节保护和限制功能齐全，可靠性高。因此，许多新建中小型机组都普遍采用数字式励磁装置。同时，全双微机晶闸管静止自并励励磁系统已成功地在我国大型机组上投入运行。

限于篇幅，下面列举部分励磁系统厂家和典型产品：

(1) 电力自动化研究院电气控制研究所是我国较早研制数字式励磁系统的单位之一。20 世纪 90 年代初已形成 SJ-800 型双微机励磁调节器，其后又研制成功 SAVR-2000 型励磁调节器。

(2) 哈尔滨电机厂有限责任公司与华中理工大学合作研制的 HWLT-4 型微机励磁装置采用两台 MIT-2000 工控机组成的双微机励磁调节器，并设有带触摸屏的 PPC-102 平板式工控机，为用户提供显示和控制、数据设定、状态监视、故障指示和故障分析的人机界面。此外还配置了一套模拟电路的磁场电流调节器，它与数字调节器互相跟踪，自动切换。

(3) 东方电机股份有限公司生产的 DWLS-2C 型双微机励磁调节装置，其中 CPU 采用 32 位 80486DX-100 微处理器，静态 RAM 电子盘 512KB、4MB 内存、2MB 的 FLASHROM，该装置采用高速 I/O，采用高速光电隔离装置。

(4) 河北工业大学电工厂在总结国内外及本企业长期从事发电机励磁装置研究和制造经验的基础上，先后开发出多款数字式调节器， 如：以高速 PLC、PCC 为核心控制器的

KWLZ型系列产品；以80C196单片机和高集成度可编程系统器件为核心的DWLZ系列产品(主要用于中小型水电机组)；以嵌入式32位工控机PC/104为核心，用于大中型水电机组的系列产品，并以此为基础开发出了具有多通道(3选2冗余)、多微机、CAN总线结构、触摸屏就地操作站、主备用冗余——整流桥控制单元(CCU)的面向特大型水电站的新型励磁调节器。32位WKZ型微机励磁调节器是国产设备中最早投入工业运行的高端励磁调节器。其突出特点有：32位工业控制机(内置80位浮点处理器)，计算时间仅3ms，保证了控制的实时性；装置选用国际工业标准PC/104系统模块，在提高装置的先进性、可靠性的同时，使装置具有继承性和柔韧性；产品采用了标准化运算控制体系、在线余弦移相技术、阳极电压采样保持整形技术、异步中断技术、独特的限制及自保护技术，保证了控制精度和控制的可靠性；该装置具备在线试验及故障录波功能，并具有在机组开机状态或停机状态下调试、整定功能。

(5) 广州电器科学研究院生产的励磁装置的特点是基于双总线结构的调节器。该总线结构包括开关量总线和模拟量总线，在其上既可挂数字式调节器也可挂模拟式调节器，根据不同选用组成双通道或三通道励磁系统，相互跟踪切换。微机励磁调节器以LOG公司的工控机为核心，设有故障追忆系统；以单片机为核心的检测系统进行调节器故障诊断；利用硅元件、快熔、阻容吸收器和脉冲放大器等组成一个组件，相对来说组件式功率柜维护方便。

综上所述，几十年来，我国在微机励磁控制器的研究开发领域取得了丰硕的成果，这些离不开各大专院校和科研院所的共同努力，同时也离不开诸如池潭、映秀湾、乌溪江、葛洲坝、耒阳等电厂的创新精神和大力支持，各地中试所也为微机励磁控制器的推广应用作出了重要贡献。国外微机励磁控制器进入实用也是在20世纪80年代：1989年7月日本东芝公司在日本八户火力发电所3号机上投运了双微机系统的数字式励磁调节器；加拿大通用电气公司(CGE)于1990年5月也开发出微机励磁调节器；瑞士ABB公司开发了UNITROL-D型微机励磁调节器；日本三菱公司1993年投运了MEC 5000型系列微机励磁调节器。此外，奥地利EUN公司、德国SIEM ENS公司和英国的GEC公司、ROIROYES公司等也都相继生产出微机励磁调节器。这些大公司均具有很强的科研开发能力，励磁控制器所用的计算机系统一般都以专用的高速可编程控制器或高速微处理器为核心，采用自行研制的专用控制板组成，从而具有结构紧凑，可靠性高的优点。其中，ABB公司的UNITROID型多微机微机励磁控制器在我国石洞口电厂、李家峡电厂等得到使用，三峡700MW机组的励磁控制器由SIEMENS公司提供；加拿大CGE公司生产的SIJCO双通道型微机励磁控制器安装在我国隔河岩水电站的进口机组上；奥地利EUN公司生产的微机励磁控制器应用于十三陵抽水蓄能电站、天荒坪抽水蓄能电厂和五强溪水电站等；英国GEC公司和ROLIS-ROYES公司生产的微机励磁调节器系列，用在广东大亚湾核电厂和上安电厂。这些微机励磁控制器大多采用PID+PSS控制，各种控制、限制功能较完善，装置整体制造水平高。

从整体上来看，我国在微机励磁控制系统的控制算法方面的研究处在国际前列，所开发的微机励磁控制装置的功能也非常强大，但装置所选用的元器件的可靠性以及生产制造工艺水平与国外相比尚存在一定差距。

5.5　同步发电机励磁控制实训

5.5.1　不同 α 角(控制角)对应的励磁电压波形实训

1. 实训目的

(1) 加深理解三相桥式全控整流及有源逆变电路的工作原理。

(2) 观察三相桥式全控整流、逆变的各点工作波形。

(3) 了解移相触发电路的特性和工作原理。

(4) 观察触发脉冲及其相位的移动范围。

2. 实训内容与步骤

(1) 观测六路触发脉冲。步骤如下：

① 先将实训台的电源插头插入控制柜左侧的大四芯插座。接着依次打开控制柜的“总电源”、“三相电源”和“单相电源”的电源开关；再打开实训台的 “三相电源”和“单相电源”开关。

② 将实训台上的“励磁方式”选为“微机控制”，同时选择“励磁电源”为“他励”方式。

③ 不启动机组，不加励磁电源，将控制柜上的“励磁电源”选至“关”的位置。

④ 选定 THLWL-3 微机励磁装置里的菜单项“系统设置”，再进入，设置“励磁调节方式”为“恒 U_R”方式。

⑤ 将示波器接入控制柜上的六路脉冲测试孔(A+，A−，B+，B−，C+和 C−)中的任一路，示波器探头的地接“com1”。通过示波器可观测到触发的双窄脉冲。按下 THLWL-3 微机励磁装置面板上的“+”键，逐步增大给定电压 U_R，可移动触发脉冲的位置。

(2) 测量控制角 α 并与计算值比较，观测三相全控桥的电压输出及其波形：

① 操作步骤同实训内容 1 步骤①和步骤②。

② 不启动机组，加入励磁电源，将控制柜上的“励磁电源”选至“开”的位置。

③ 操作步骤同实训内容 1 中步骤④。

④ 将示波器接入控制柜上的测试孔 U_{d+}和 U_{d-}，可观测全控桥输出电压波形。

⑤ 按下 THLWL-3 微机励磁装置面板上的“+”键或“−”键，即可逐渐减少或增加控制角 α，从而改变三相全控桥的电压输出及其波形，改变发电机励磁电流。

⑥ 调节励磁电流为表 5-1 规定的若干值，将示波器接入控制柜上的测试孔 U_{ac}，U_R 和 com2，根据线电压 U_{ac} 的波形和触发脉冲 U_R 的相对位置，测出 α 角，另外利用数字万用表测出电压 U_{ac} 和全控桥输出电压 U_d，通过 U_d，U_{ac} 和数学公式也可计算出一个 α 角来；将上述数据记录入表 5-1 后，比较两种途径得出的 α 有无不同，分析其原因。

表 5-1 数据记录表

量的名称 \ 序号	1	2	3	4	5
励磁电流 I_e/A	0	0.5	1.5	2.5	3.5
输入电压 U_{ac}/V					
输出电压 U_d/V					
输出电压的波形					
由公式计算的 α 角/(°)					
示波器读出的 α 角/(°)					

计算公式：

$$U_d = 1.35U_{ac}\cos\alpha \qquad (0 \leqslant \alpha \leqslant \pi/3)$$
$$U_d = 1.35U_{ac}[1+\cos(\alpha+\pi/3)] \qquad (\pi/3 \leqslant \alpha \leqslant 2\pi/3)$$

3. 实训报告

(1) 分析说明三相桥式全控整流回路的原理。

(2) 根据实训数据，画出全控整流电路输出特性 $U_d = f(\alpha)$ 。

(3) 研究实训中出现的各种波形，同时进行分析说明。

5.5.2 典型方式下的同步发电机起励实训

1. 实训目的

(1) 了解同步发电机的几种起励方式，同时比较它们之间的不同之处。

(2) 分析不同起励方式下同步发电机起励建压的条件。

2. 原理说明

同步发电机的起励方式有三种：恒发电机电压 U_g 方式起励、恒励磁电流 I_e 方式起励和恒给定电压 U_R 方式起励。其中，除了恒 U_R 方式起励只能在他励方式下有效外，其余两种方式起励都可以分别在他励和自并励两种励磁方式下进行。

恒 U_g 方式起励，现代励磁调节器通常有“设定电压起励”和“跟踪系统电压起励”两种起励方式。设定电压起励，是指电压设定值由运行人员手动设定，起励后的发电机电压稳定在手动设定的给定电压水平上；跟踪系统电压起励，是指电压设定值自动跟踪系统电压，人工不能干预，起励后的发电机电压稳定在与系统电压相同的电压水平上，有效跟踪范围为85%～115%额定电压；“跟踪系统电压起励”方式是发电机正常发电运行默认的起励方式，可以为准同期并列操作创造电压条件，而“设定电压起励”方式通常用于励磁系统的调试试验。

恒 I_e 方式起励，也是一种用于试验的起励方式，其设定值由程序自动设定，人工不能干预，起励后的发电机电压一般为20%额定电压左右。

恒 U_R(控制电压)方式只适用于他励励磁方式，可以做到从零电压或残压开始人工调节逐渐增加励磁而升压，完成起励建压任务。

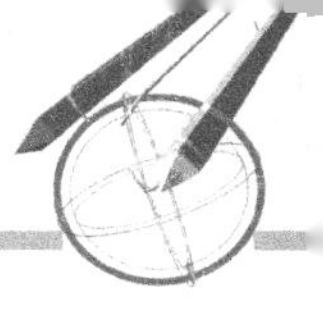

3. 实训内容与步骤

常规励磁装置起励建压在第一章实训已做过，此处以微机励磁为主。

(1) 选定实训台上的“励磁方式”为“微机控制”，“励磁电源”为“他励”，微机励磁装置菜单里的“励磁调节方式”为“恒 U_g”和“恒 U_g 预定值”为400V。

① 参照第一章中的“发电机组起励建压”步骤操作。

② 观测控制柜上的“发电机励磁电压”表和“发电机励磁电流”表的指针摆动。

(2) 选定“微机控制”，“自励”，“恒 U_g”和“恒 U_g 预定值”为400V。

操作步骤同实训1。

(3) 选定“微机控制”，“他励”，“恒 I_e”和“恒 I_e 预定值”为1 400mA。

操作步骤同实训1。

(4) 选定“微机控制”，“自励”，“恒 I_e”和“恒 I_e 预定值”为1 400mA。

操作步骤同实训1。

(5) 选定“微机控制”，“他励”，“恒 U_R”和“恒 U_R 预定值”为5 000mV。

操作步骤同实训1。

4. 实训报告

(1) 比较起励时，自并励和他励的不同。

(2) 比较各种起励方式有何不同。

5.5.3　励磁调节器控制方式及其相互切换实训

1. 实训目的

(1) 了解微机励磁调节器的几种控制方式及其各自特点。

(2) 通过实训理解励磁调节器无扰动切换的重要性。

2. 原理说明

励磁调节器具有四种控制方式：恒发电机电压 U_g，恒励磁电流 I_e，恒给定电压 U_R 和恒无功功率 Q。其中，恒 U_R 为开环控制，而恒 U_g，恒 I_e 和恒 Q 三种控制方式均采用PID控制，PID控制原理框图如图2.10所示，系统由PID控制器和被控对象组成，PID算法可表示为：

$$e(t)=r(t)-c(t) \tag{5.5}$$

$$u(t)=K_P\{e(t)+1/T_I\int e(t)\mathrm{d}t+T_D\mathrm{d}[e(t)]/\mathrm{d}t\} \tag{5.6}$$

式中：$u(t)$——调节计算的输出；

K_P——比例增益；

T_I——积分常数；

T_D——微分常数。

因上述算法用于连续模拟控制，而此处采用采样控制，故对上述两个方程离散化，当采样周期 T 很小时，用一阶差分代替一阶微分，用累加代替积分，则第 n 次采样的调节量为

$$u(n)=K_P\{e(n)+T/T_I\sum e(i)\ +\ T_D/T[e(n)-\ e(n-1)]\}+u_0 \tag{5.7}$$

式中：u_0——偏差为0时的初值。

则第 n-1 次采样的调节量为

$$u(n-1)=K_P\{e(n-1)+T/T_I\sum e(i)\ +\ T_D/T[e(n-1)-\ e(n-2)]\}+u_0 \tag{5.8}$$

式(5.7)和式(5.8)相减，得增量型PID算法，表示如下：

$$\begin{aligned}\Delta u(n)&=u(n)-\ u(n-1)\\&=K_P[e(n)-\ e(n-1)]+K_Ie(n)+K_D[e(n)-2e(n-1)+e(n-2)]\end{aligned} \tag{5.9}$$

式中：K_P——比例系数；

K_I——积分系数，$K_I=\dfrac{T}{T_I}K_P$；

K_D——微分系数，$K_D=\dfrac{T_D}{T}K_P$。

每种控制方式对应一套PID参数(K_P、K_I和K_D)，可根据要求设置，设置原则：比例系数加大，系统响应速度快，减小误差，偏大，振荡次数变多，调节时间加长，太大，系统趋于不稳定；积分系数加大，可提高系统的无差度，偏大，振荡次数变多；微分系数加大，可使超调量减少，调节时间缩短，偏大时，超调量较大，调节时间加长。

为了保证各控制方式间能无扰动的切换，本装置采用了增量型PID算法。

3. 实训准备

以下内容均由THLWL-3微机励磁装置完成，励磁采用“他励”；系统与发电机组间的线路采用双回线。具体操作如下：

(1) 合上控制柜上的所有电源开关；然后合上实训台上的所有电源开关。合闸顺序：先总开关，后三相开关，再单相开关。

(2) 选定实训台面板上的旋钮开关的位置：将“励磁方式”旋钮开关打到“微机控制”位置；将“励磁电源”旋钮开关打到“他励”位置。

(3) 使实训台上的线路开关QF1，QF3，QF2，QF6，QF7和QF4处于“合闸”状态，QF5处于“分闸”状态。

有三种工作方式：

(1) 恒U_g方式：

① 将THLWL-3微机励磁装置的“励磁调节方式”设置为“恒U_g”，具体操作如下：进入主菜单，选定“系统设置”，接着单击“确认”键，进入子菜单，然后不断按下“▼”键，翻页找到子菜单“励磁调节方式”，再次单击“确认”键。最后按下“＋”键，选择“恒U_g”方式。

② 设置THLWL-3微机励磁装置的“恒U_g预定值”为“400V”，具体操作同上。

③ 发电机组起励建压(操作见第一章)，使原动机转速为1 500r/min，发电机电压为额定电压400V。

④ 发电机组不并网，通过调节原动机转速来调节发电机电压的频率，频率变化在45～55Hz之间，频率数值可从THLWL-3微机励磁装置读取。具体操作：按下THLWT-3微机调速装置面板上的“+”键或“-”键来调节原动机的转速。

⑤ 从THLWL-3微机励磁装置读取发电机电压、励磁电流和给定电压的数值并记录到表5-2中。

表 5-2　数据录入表

序　号	发电机频率 f_g/Hz	发电机电压 U_g/V	励磁电流 I_e/A	励磁电压 U_e/V	给定电压 U_R/V
1	45.0				
2	46.0				
3	47.0				
4	48.0				
5	49.0				
6	50.0	400			
7	51.0				
8	52.0				
9	53.0				
10	54.0				
11	55.0				

(2) 恒 I_e 方式：

① 设置 THLWL-3 微机励磁装置的“励磁调节方式”为“恒 I_e”，具体操作同恒 U_g 方式实训步骤①。

② 设置 THLWL-3 微机励磁装置的“恒 I_e 预定值”为“1 400mA”，具体操作同恒 U_g 方式实训步骤②。

③ 重复恒 U_g 方式实训步骤③、④，从 THLWL-3 微机励磁装置读取发电机电压、励磁电流和给定电压的数值并记录于表 5-3 中。

表 5-3　数据录入表

序　号	发电机频率 f_g/Hz	发电机电压 U_g/V	励磁电流 I_e/A	励磁电压 U_e/V	给定电压 U_R/V
1	45.0				
2	46.0				
3	47.0				
4	48.0				
5	49.0				
6	50.0	400			
7	51.0				
8	52.0				
9	53.0				
10	54.0				
11	55.0				

(3) 恒 U_R 方式：

① 设置 THLWL-3 微机励磁装置的“励磁调节方式”为“恒 U_R”，具体操作同恒 U_g 方式实训步骤①。

② 设置 THLWL-3 微机励磁装置的“恒 U_R 预定值”为“4 760mV”，具体操作同恒 U_g 方式实训步骤②。

③ 重复恒(1) U_g 方式的实训步骤③、④，从 THLWL-3 微机励磁装置读取发电机电压、励磁电流和给定电压的数值并记录于表 5-4 中。

表 5-4 数据录入表

序　号	发电机频率 f_g/Hz	发电机电压 U_g/V	励磁电流 I_e/A	励磁电压 U_e/V	给定电压 U_R/V
1	45.0				
2	46.0				
3	47.0				
4	48.0				
5	49.0				
6	50.0	400			
7	51.0				
8	52.0				
9	53.0				
10	54.0				
11	55.0				

(4) 恒 Q 方式。

① 重复恒 U_g 方式实训步骤①、②和③。

② 发电机组与系统并网(具体操作见 5.5.1 节)。

③ 并网后，通过调节调速装置使发电机组发出一定的有功，通过调节励磁或系统电压使发电机组发出一定的无功。要求保证发电机功率因数为 0.8。具体操作如下：按下 THLWT-3 微机调速装置面板上的“+”键或“−”键来增大或减小有功功率；降低 15kV・A 自耦调压器的电压，使发电机发出一定的无功功率。

④ 选择“恒 Q”方式，具体操作如下：按下 THLWL-3 微机励磁装置面板上的“恒 Q”键。(注：并网前按下“恒 Q”键是非法操作，装置将视该操作为无效操作。)

⑤ 改变系统电压，从 THLWL-3 微机励磁装置读取发电机电压、励磁电流、给定电压和无功功率数值并记录于表 5-5 中。

表 5-5 数据录入表

序号	系统电压 U_s/V	发电机电压 U_g/V	发电机电流 I_g/A	励磁电流 I_e/A	给定电压 U_R/V	有功功率 P/kW	无功功率 Q/kvar
1	380						
2	370						
3	360						
4	350						
5	390						
6	400						
7	410						

注：四种控制方式相互切换时，切换前后运行工作点应重合。

(5) 负荷调节：

① 设置子菜单“励磁调节方式”为“恒 U_g”方式，操作参照恒 U_g 方式实训步骤(1)。

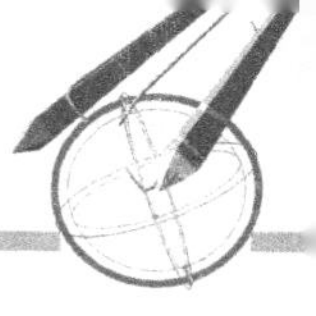

② 将系统电压调到300V(调节自耦调压器到300V)，发电机组并网，具体操作参照任务1。

③ 调节发电机发出的有功和无功到额定值，即：P=2kW, Q=1.5kvar(千乏)。调节有功功率，即按下THLWT-3微机调速装置面板上的“+”键或“−”键来增大或减小有功功率；调节无功功率，即按下THLWL-3微机调速装置面板上的“+”键或“−”键来增大或减小无功功率。

④ 从THLWL-3微机调速装置读取功角，从THLWL-3微机调速装置读取励磁电流和励磁电压，并记录数据于表5-6。

⑤ 重复步骤③，调节发电机发出的有功功率和无功功率为额定值的一半。

⑥ 重复步骤④。

⑦ 重复步骤③，调节发电机输出的有功功率和无功功率接近0。

⑧ 重复步骤④

表5-6　数据录入表

发电机状态	励磁电流 I_e/A	励磁电压 U_e/V	功角 δ/°
空载			/
半负载			
额定负载			

4. 实训报告

(1) 自行体会和总结微机励磁调节器四种运行方式的特点。说说它们各适合于哪种场合应用？对电力系统运行而言，哪一种运行方式最好？试就电压质量、无功负荷平衡、电力系统稳定性等方面进行比较。

(2) 分析励磁调节器的工作过程及其作用。

任务小结

发电机励磁系统的主要任务是向发电机的转子绕组提供一个可控的直流电流，满足发电机安全运行的需要，它通常由两部分组成：第一部分是励磁功率单元——向同步发电机的励磁绕组提供可调节的直流励磁电流；第二部分是励磁调节单元(励磁调节器)——根据发电机及电力系统运行的要求，测量励磁系统的各种参数，监控并自动调节功率单元输出的励磁电流。

励磁系统作为水轮发电机的一个重要组成部分，它的运行状况直接决定发电机组的运行工况，进而影响整个水电站的安全运行水平，所以如何为发电机的转子绕组提供可控的电流是电力系统自动装置的重要任务。本任务在详细分析任务的基础上，提出了一种采用PLC励磁系统的解决方案，具有优良的实时响应，能够充分提高发电机的安全运行水平。学习中的重点是PLC励磁系统自动控制发电机电压的机理和过程。

习　题

1. 对发电机励磁系统有哪些基本要求？
2. 自动调节励磁装置的主要作用是什么？
3. 强行励磁的作用如何？何谓强励顶值电压、励磁电压上升速度？继电强励装置工作原理是什么？接线应注意什么问题？
4. 发电机为什么要灭磁？有哪些灭磁方法？
5. 说明数字式励磁系统的主要结构和工作原理。
6. 三相半控桥为什么要加装续流管？运行中续流管坏了会有什么现象出现？
7. 三相半控桥触发脉冲丢失或相位错乱会产生什么问题？
8. 何谓同步电路的零点对齐？试就图分析同步电路是否做到零点对齐。
9. 不对称比较桥的工作原理怎样？如何调整发电机给定电压？
10. 说明晶体管移相触发电路的工作原理。
11. 说明数字式励磁系统的主要特点。
12. 试用“三步法”分析典型 PLC 励磁系统的工作原理。

任务6

提高电力设备运行的动态稳定性

【知识目标】

1. 掌握在线监测及故障诊断的概念及意义，了解国内外关于在线监测及故障诊断技术的发展历史及应用；

2. 掌握电力系统关键设备进行在线监测及故障诊断的项目及相关技术；

3. 掌握同步发电机和变压器实时监测及故障诊断的实现方式，重点突出在线监测各环节工作电路的原理和特性，使学生能够熟练应用实时监测系统；

4. 掌握在线监测及故障诊断中输入信号采集和处理方法。

【能力目标】

能力目标	知识要点	权重/%	自测分数
认知在线监测系统	在线监测的定义和总体状况	20	
认知变压器在线监测系统	变压器在线监测的意义、条件和特点，变压器在线监测系统的总体构成。	30	
能够分析变压器典型在线监测系统的工作原理，重点分析变压器局部放电在线监测的工作原理	变压器局部放电和综合在线监测装置的工作过程	40	
能够评估在线监测技术的应用价值	在线监测技术在电力系统中的应用情况	10	

【任务导读】

电力系统的供电可靠性关系到国计民生，如何有效地保障电力系统的安全、可靠运行一直是电力部门的一个重要课题，而高压设备的安全运行是整个系统安全运行的基础。高

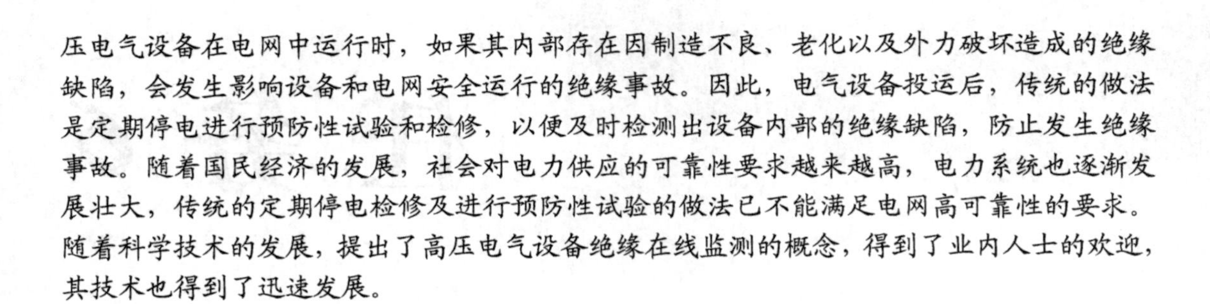

压电气设备在电网中运行时，如果其内部存在因制造不良、老化以及外力破坏造成的绝缘缺陷，会发生影响设备和电网安全运行的绝缘事故。因此，电气设备投运后，传统的做法是定期停电进行预防性试验和检修，以便及时检测出设备内部的绝缘缺陷，防止发生绝缘事故。随着国民经济的发展，社会对电力供应的可靠性要求越来越高，电力系统也逐渐发展壮大，传统的定期停电检修及进行预防性试验的做法已不能满足电网高可靠性的要求。随着科学技术的发展，提出了高压电气设备绝缘在线监测的概念，得到了业内人士的欢迎，其技术也得到了迅速发展。

6.1 任务导入：认识在线监测系统

为了提高电力设备运行的动态稳定性，首先应掌握在线监测的定义、在线监测技术总体情况和发展概况。

6.1.1 在线监测的定义

在认识在线监测系统以前，首先应明确在线监测的定义。

目前很多人存在一个认识误区，认为在线监测就是状态监测，其实在线监测并不等同于状态监测，更不是状态检修。在线监测是通过在线监测装置在各种在线监测技术的支撑下通过在线监测装置在不影响设备正常运行的前提下实时获取设备状态信息一种新技术，它是状态监测的重要信息来源。目前状态监测包括在线监测、必要时的离线检测及试验，以及不与运行设备直接接触的(如 GPS 巡检、红外监测等)所有可得到运行状态数据等的所有监测手段。

状态检修从理论上讲是比预防检修层次更高的检修体制。状态检修是基于设备的实际工况，根据其在运行电压下各种绝缘特性参数的变化，通过分析比较来确定电气设备是否需要检修，以及需要检修的项目和内容，具有极强的针对性和实时性。因此，可以简单地把状态检修概括为“当修即修，不做无谓检修”。目前大多认为状态检修主要包含状态监测、状态分析与故障诊断、检修决策等三个单元，根据实际运行工况相互之间可进行必要的协调和修正，其中状态检修技术随着在线监测技术的不断发展而逐渐进入实用化。与状态分析密切相关、能直接提高状态检修工作质量的理论与技术主要包括 4 个方面的内容，即线路检修准则、设备寿命管理与预测技术、设备可靠性分析技术、专家系统。但目前输电线路状态检修还不能仅完全依赖在线监测的结果，其原因是：

① 在线监测系统本身还处于研发及试运行阶段；

② 在线诊断的专家系统还处于不断完善的过程；

③ 设备老化及寿命预测的研究还处于初期阶段；

④ 在线监测系统的技术标准、诊断导则以及专家系统智能化程度尚有一个形成及发展过程。

目前及今后相当长的一段时期内，需要系统而深入地不断总结和分析设备状态诊断所积累的大量诊断数据，制定出各种设备、各种自然灾害的诊断标准和使用导则，经过若干年的实践与修订后，再与在线监测结果进行全面的分析对比，才可能进入真正的设备状态在线诊断新阶段。这个漫长过程还需要多少时间，关键取决于在线监测系统的稳定性、准

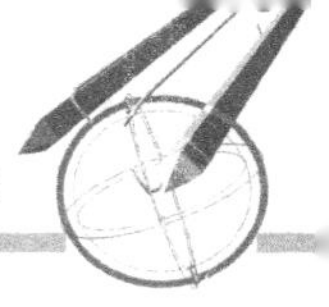

确性、灵敏度、智能化程度及满足电力工程的工艺水平程度。随着“智能电网”的稳步推进，像电力系统综合自动化技术一样，在线监测技术终将成为提高电力行业技术管理水平和电网安全运行水平的关键技术之一。

6.1.2　高压电气设备绝缘在线监测技术总体情况

高压电气设备绝缘在线监测技术是在电气设备处于运行状态时，能够利用其工作电压和工作电流来监测绝缘的各种特征参数。因此，能真实地反映电气设备绝缘的运行工况，从而对绝缘状况作出比较准确的判断。

传统的高压电气设备绝缘在线监测主要检测参数是电气设备的介损值，其测量原理大都使用硬件鉴相即过零比较的方法，在线监测产品基本都是用快速傅立叶变换(FFT)的方法来求得介损值。如通过电压互感器获取标准电压信号与设备泄漏电流信号直接经高速 A/D 采样转换后送入计算机，通过软件的方法对信号进行频谱分析，仅抽取 50Hz 的基波信号进行计算求出介损值。这种方法能很好地消除各种高次谐波的干扰，测试数据稳定，能很好地反映出设备的绝缘变化。对于其他设备物理量(如变压器油温、油中溶气含量等)的在线监测则是通过放置传感器探头的方法采集信号，并转换成数字信号送入计算机分析处理。

传统的高电压设备绝缘在线监测系统既能对带电设备的绝缘特性参数进行实时测量，又能对获取的数据进行分析处理，基本已实现了以下功能：

(1) 在线监测避雷器在运行中的容性电流和阻性电流变化情况，掌握其内部绝缘受潮以及阀片老化情况。

目前变电站使用的氧化锌避雷器(以下简称 MOA)绝大部分不再有串联间隙，MOA 运行期间总有一定的泄漏电流通过阀片，会加速阀片老化；而受潮和老化是 MOA 阀片劣化的主要原因。检测 MOA 泄漏全电流和阻性电流能有效地反应 MOA 的绝缘状况。在正常运行情况下，流过避雷器的主要电流为容性电流，阻性电流只占很小的一部分，约为 10%～20%左右。阻性分量主要包括：瓷套管内、外表面的沿面泄漏、阀片沿面泄漏及其本身的非线性电阻分量、绝缘支撑件的泄漏等。当阀片老化、避雷器受潮、内部绝缘部件受损以及表面严重污秽时，容性电流变化不多，而阻性电流却大大增加。避雷器事故的主要原因是阻性电流增大后，损耗增加，引起热击穿。所以测量交流泄漏电流及其有功分量是现场检测避雷器的主要方法，预防性试验规程也将氧化锌避雷器“运行中泄漏电流”的测量列入预防性试验项目。

(2) 在线监测电容式电压互感器 CVT、耦合电容器、电流互感器、套管等容性设备的泄漏电流和介质损耗，便于及时发现其内部受潮和绝缘老化及损坏缺陷。

测量电容性设备介质损失角正切值是一项灵敏度很高的试验项目，它可以发现电气设备绝缘整体受潮、绝缘劣化以及局部缺陷。绝缘受潮缺陷占电容型设备缺陷的 85%左右，这是由于电容型结构是通过电容分布强制均压的，其绝缘利用系数较高，一旦绝缘受潮往往会引起绝缘介质损耗增加，长时间运行后导致击穿。

绝缘最终击穿的发展速度非常快，一般绝缘劣化具有以下一些基本特征：

① 绝缘介质损耗值会增加，由此以及其他原因产生的热量最终可能导致绝缘的热击穿。测量绝缘损失角正切值($\tan\delta$)可以检测介质损耗的变化。

② 绝缘中可能伴随有局部放电和树枝状放电的发生。放电量很大的局放通常只是在有雷电或者操作过电压存在以及绝缘损坏的过程中才出现，通过测量 $\tan\delta$ 可以反映由此产生的介质损耗。

③ 绝缘特性受温度变化的影响增大。绝缘温度系数决定于绝缘本身的形式、大小和绝缘状况，对于特定的电压等级和绝缘设计，由于绝缘劣化导致温度系数的增加，$\tan\delta$ 值的温度非线性和灵敏度都会增加。因而，影响绝缘温度的所有因素(介质损耗、环境温度、负载变化等)对于老化的绝缘 $\tan\delta$ 值的影响都更加显著。

对于电容性设备，通过其介电特性的检测可以发现尚处于比较早期发展阶段的缺陷。研究表明，在缺陷发展的起始阶段，测量电流增加率和测量介质损耗正切值变化所得的结果一致，都具有很高的灵敏度；在缺陷发展的后期阶段，测量电流增加现象和电容变化的情况一致，更容易发现缺陷的发展情况。

(3) 在线监测充油设备绝缘油中可燃性气体含量变化情况(亦称油中溶解气体色谱分析在线监测)，掌握设备内部有无过热、放电等缺陷情况。对于整套在线测量系统来说，要保证其测量准确、性能稳定，必须达到以下性能：

① 检测阻抗稳定，不受变电站强电磁干扰的影响，在系统操作过电压、雷电过电压作用下具有自保护性，不发生性能变化和软件损坏现象。

② 检测信号传输好，不发生失真，对其附近的其他信号不产生影响，同时也不受其他信号的干扰。

③ 具有专家分析功能，智能化判断设备内部绝缘状态。

④ 系统分析数据能够远程传输，实现数据共享。

(4) 监测各变电站的电压、电流、功率、频率、功率因数等电气参数，进行负荷监测。

随着网络技术的不断发展，可充分利用现有的设备仪器，结合 GPS 全球定位系统同步监测功能，可开发出可视化的系统分析平台软件，将其应用于电网的监测，对各节点的实测数据进行计算机模拟运算，实现对电网监测数据的可视化管理和潮流分析。以国网公司提出的信息化、自动化、互动化为目标进行智能化改造，逐步实现电力系统“数据采集数字化、信息传递网络化、操作控制智能化”的先进功能：

① 在各主要供电区域的客户端，安装电压质量监测仪，远程监控区域客户的首末端电压，集采信、治理、查询、统计、分析于一体。按照不同时间段，自动上传相关电压数据，不需要人工抄表，就可实时掌握客户端电压的动态性变化，不仅减轻了人力成本，也为电力专业部门开展电压质量分析及时采取针对性措施，提供技术保障，确保客户端的用电质量，也为实现变压器有载调压、加强智能电网建设奠定技术基础。

② 全国各地近年来工业发展迅猛，非线性负荷设备大量增加，各种谐波迅速增长，对当地电网及用户设备构成的威胁迅速增大。通过电力系统灵活的广域相量测量与分析系统，实现谐波监测的可视化，集控室内的监控人员可以根据计算机转化数据后显示的模拟曲线图，直观地了解各处的谐波含量、次数及与总谐波的关系，有效分析谐波功率和流向以及谐波在传输过程中的畸变、衰减等特征参数。及时采取措施防止和减少谐波源对电网的污染，使用电设备有一个洁净的运行环境，保证电网的电能质量和安全运行。

③ 在一次设备中融进智能单元，当前国内外还没有真正意义上智能化的一次设备，一般均采用常规的电磁式电流、电压互感器而非数字式互感器，一次设备的智能化需通过二

次设备转化实现。真正智能化的数字化变电站，在应用方面直接表现为变电站二次系统信息应用模式的变化，将通过以太网口向二次系统输出标准网络数字信息，同时接受和执行自动化系统发来的控制指令，实现智能变电站对一次设备的智能控制和状态监测双重功能，进而实现变电站自动化系统对一次设备状态的在线分析诊断、后台显示监视以及远方智能控制。

④ 逐步实现变电、配电和用电环节的智能化。变电环节主要包括智能变电站和设备状态在线监测系统两个方面。智能变电站将实现变电设备智能化、全站信息数字化、通信平台网络化、信息共享标准化、高级应用互动化；设备状态在线监测将实现主要设备状态可视化、操作程序化、检修状态化。配电环节智能化包括配电自动化系统、分布式电源接入、电能质量监测系统、配电网络信息化和配电通信网络建设五个部分，可实现电网结构优化、节能降损与配电网可视化调度。用电环节智能化包括用电信息采集系统及用电营销管理系统，更详细的还可细化到电动汽车充放电站和智能楼宇(用电小区)的系统规划。

⑤ 充分利用现代化的网络化监测手段和分析诊断技术，搜集并完善设备基础信息，准确掌握设备状态，建立完整的系统状态管理体系和技术体系，将现场设备的采集信息输入信息采集系统，自动监控系统各个部件的状态以及相应的检修时间和检修策略，开展系统状态检修评价工作，为全面开展系统状态检修创造良好条件，可合理安排检修项目、检修间隔和检修工期，有效降低检修成本，提高设备健康水平，保证设备的安全、可靠和经济运行。

⑥ 完善分布式监控系统的高级应用，实现智能操作票的深化操作应用、分布式状态评估、分布式智能安全评估、分布式智能故障诊断和报警、分布式智能电压控制、分布式智能恢复控制和分布式智能设备的状态监测等功能。

6.1.3　高压电气设备绝缘在线监测技术的发展概况

国外许多电力公司从 20 世纪 70 年代就开始研究并推广应用变电设备在线监测技术，主要目的就是减少停电预防性试验的时间和次数，提高供电可靠性。但当时的设备简陋，测试手段简单，水平较低。随着计算机技术的飞速发展，在线监测设备产品不断更新完善，在线监测技术水平不断提高。到目前为止，许多国家已广泛使用在线监测技术手段。在近几年来召开的历届国际高电压技术学会(ISH)及亚洲绝缘诊断会(ACEID)上，有关电气设备绝缘在线监测与状态检修方面的论文占有相当大比例。

在国内，在线监测技术的开发与应用始于 20 世纪 80 年代。由于受当时整体技术水平的限制，如电子元件的可靠性不高，计算机应用刚刚起步，当时的在线监测技术水平较低。80 年代末曾在国内掀起了第一个应用高潮，后来由于种种原因又慢慢冷了下来，到 90 年代中期处于一个低落时期，但是一些厂家和科研院校并没有放松对该项技术的研究，各地的供电部门也陆续引入在线监测技术。到 2000 年后，随着在线监测技术的不断成熟及客观的需要，在线监测技术又开始重新被大家所重视，目前，在国内很多地区都开展了这项工作。在线监测技术的发展历程可简要概括如下：

(1) 带电测试阶段。这一阶段起始于 20 世纪 70 年代左右。当时人们仅仅是为了不停

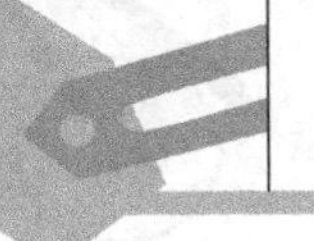

电而对电气设备的某些绝缘参数(如泄漏电流)进行直接测量。这一时期，设备简单，测试项目少，灵敏度较低。

(2) 从20世纪80年代开始，出现各种专用的带电测试仪器，使在线监测技术从传统的模拟量测试走向数字化测量，摆脱了将仪器直接接入测试回路的传统测量模式，取而代之的是使用传感器将被测量的参数直接转换成电气信号。

(3) 从20世纪90年代开始，随着计算机技术的推广使用，出现以计算机处理技术为核心的微机多功能绝缘在线监测系统。利用计算机技术、传感技术和数字波形采集与处理技术，实现更多的绝缘参数在线监测。这种在线监测系统信息量大、处理速度快，可以对监测参数实时显示、储存、打印、远传和越限报警，实现了绝缘在线监测的自动化，代表了当今绝缘在线监测的发展方向。到目前为止，大量的在线监测技术已经在电力系统设备缺陷检测中得到广泛应用，并有了一定的经验。如变压器油在线色谱分析、电气设备的红外测温技术等已经非常成熟，并在检测设备的绝缘性能中发挥了重要的作用。

(4) 我国海岸线漫长，岛屿众多，随着国家“振兴海洋，开发海洋”战略的实施，海岛用电负荷、海岛风力发电、潮汐电站发电的容量越来越大，岸岛、岛屿间输电网络出现了大容量、长距离的海底电缆实现电能传输的独特模式。以浙江省的“110kV嵊泗联网(泗礁输变电)工程海底电缆在线综合监测新技术应用研究”项目为例，嵊泗位于舟山群岛的北部，电网以35kV为主网架，主供电源通过63km的上海芦潮港—嵊泗±50kV直流海底电缆受电，由于海缆工程所处海域常年风浪较大，航道、航线众多，大型船只来往频繁，本输电线路为嵊泗县的电力生命线，常因海缆受损而停电，已无法满足当地经济的发展。通过对海底电缆运行参数的监测，可了解海缆运行状态，对合理提高海缆的输电能力起着重要的作用。以在线监测系统为核心组建海缆扰动、应力、温度、故障等多功能、全天候监测的综合平台，实现对海缆的在线监测，显著提高了海底电缆的安全运行水平，对打造坚强的智能化海岛电网提供了有力的技术支持，是实现海洋输电网架信息化、自动化、智能化监控目标和打造智能化海岛电网的有力保障。

(5) 低碳、环保的可再生能源被源源不断地送入寻常百姓家中，智能电表、智能家电、家庭网关等装备得到广泛应用，电力技术人员足不出户就可实现电网的智能调度，一旦发生故障，电网能快速“自愈”。全国各行业的转型发展，对高质量、低排放的电能需求更加旺盛，利用科技与信息化手段支撑电网规划、建设、生产、运行、管理显得尤为迫切。智能电网总体规划以建设智能化电网为目标，力求提高可再生能源在终端能源消耗中的比例，促进电网与分布式电源、用户的友好互动，进一步拓展电网功能及其资源优化配置能力，提升电网的服务能力，满足经济社会发展需求。

(6) 发展智能电网技术，逐步推广电网静止型动态无功补偿的应用范围，提高电网输送能力，提升电网的暂态稳定性。电网无功平衡起着非常重要的作用，静止型动态无功补偿可大大提高电网无功响应时间，可由采用传统无功补偿装置的5分钟缩短到小于7秒左右，并可在系统扰动时进行连续、平滑、动态、快速的无功补偿，维持系统电压，提高系统稳定性。应用于缺乏电源支撑的大型负荷中心时，可加强负荷中心的受电能力，提高其电压稳定性，防止大规模甩负荷和电网电压崩溃事故的发生，提高系统运行的可靠性。

6.2　任务分析：认识变压器在线监测系统

为了更好地完成任务，我们重点关注电力系统中的核心设备之一——电力变压器的动态运行情况，电力变压器的工作状态直接影响电力系统的运行工况。随着变压器现代维护技术的发展，变压器在线监测系统得到了广泛的应用，它打破了以往收集变压器信息的局限性。目前电力系统通过变压器在线监测系统，可以实时连续记录各种影响变压器寿命的相关数据，对这些数据进行自动化处理可及早发现故障隐患，显著地提高了电力变压器的运行水平。下面我们首先来了解一下变压器在线监测的意义、条件和特点以及国外变压器在线监测技术的概况，然后重点阐述变压器在线监测系统总体构成，为应用变压器在线监测系统解决问题做好充分的准备。

6.2.1　变压器在线监测概述

1. 变压器在线监测的意义

传统变压器状态信息的来源主要是外观检查、理化试验、高压电气试验和继电保护信号。这些传统方法属于常规的试验和检测，仅仅能够提供变压器故障和事故后的滞后信息，即在事故过后才能获得状态信息，与现代化状态维护发展趋势不相适应。虽然传统的检测方法种类很多，却不能满足对变压器进行实时状态监测的需要。继电保护装置的作用也是如此。

现代科技进步使微电子技术、传感技术和计算机技术广泛应用于电力系统高压设备的状态监测成为现实。国内外应用的各种在线监测装置和方法相继投入到电网和变电站，从而积累了许多在线监测的经验，促使在线监测技术不断完善和成熟，开拓了高压电气设备状态维护的新局面。

变压器在线监测技术的优越之处是以微处理技术为核心，具有标准程序软件，可将传感器、数据收集硬件、通信系统和分析功能组装成一体，弥补了室内常规检测方法和装置的不足。变压器综合在线监测技术通过及时捕捉早期故障的先兆信息，不仅防止了故障向严重程度的发展，还能够将故障造成的严重后果降到最低限度。变压器在线监测服务器与电力部门连接，使各连接部门都可随时获取变压器状态信息，这种方式不仅降低了变压器维护成本，还降低了意外停电率。连接到监测服务器的用户数量不限，通过防火墙可进入成套变电站。因此，变压器通过在线监测技术提高了运行可靠性，延长了检修周期和变压器寿命，减少了维护费用的支出，由此带来的经济效益是非常可观的。

2. 变压器在线监测的条件和特点

变压器在线监测的先决条件是与计算机联网。利用 IT 技术通过标准化软件或浏览器获得变压器状态信息，通过系统分析、计算测得的数据，结合专家系统作综合智能诊断。在线监测的技术优越性主要体现在它不但自身具有自检功能，而且与专家系统结合后具备故障综合判断能力。

由于在线监测的最终目的是延长高压设备的寿命，提高电力部门的供电质量和经济效益，所以在线监测装置的造价不能太高。根据国内电力部门的统计分析，如果将变压器事故率定在 0.5%～1%，因此在线监测的费用则不应超过这一范围。

变压器在线监测的主要特点是通过连续监测变压器一段时间内参数的变化趋势来判定变压器运行状况，在线监测可以捕捉到非瞬间故障的先兆信息。它的最突出特点是可以在运行中实时监测，这是在线监测最大的技术优势。尽管根据在线监测捕捉到的动态信息对变压器内部的突发性故障进行预测存在很大的局限性，但它却是现代化状态维护的必需手段。它对于制订、部署下一步的检修计划和方案具有十分重要的现实指导意义。

在线监测所采用的监测仪(如传感器等)可靠性很高，安装在变压器上不需要人工维护，具有很高的自检功能。一旦监测仪自身存在问题，可自动发出声光报警。因此，排除了常规检测方法中由人为因素造成的各种误判和不准确性。在线监测的周期可根据需要进行设定，范围可以从几小时至几年不等。

3. 变压器在线监测的对象和经济效益

变压器在线监测的对象应是有问题或是怀疑有问题的变压器。在线监测的费用主要取决于安装传感器的数量。在线监测的费用不应该超出变压器事故的损失费用。对在线监测的成本效益分析需要很多单独参数，而这些参数很难获得，如失效概率。如果按照国内有关部门规定的事故率推算，在线监测的成本应当是一台新变压器平均价格的1%左右。

国外经验认为，变电站在线监测的安装成本与安装的变压器台数成反比。即变电站网络越大，在线监测的成本则越低。美国和瑞士的变压器在线监测实践证明，分接开关和发电机升压变压器的监测成本是一台新变压器成本的6%左右。

在线监测预防变压器失效并拖延失效时间所带来的经济效益国外称作战备性效益。德国根据在线监测的应用进行了估计，及早预测变压器故障可使维护成本降低75%左右，税收降低63%左右，每年节约的费用相当于一台新变压器价格的2%左右。

巴西学者在2002年第39届国际大电网会议变压器组(12-110)的报告中提出，可以根据在线监测探测变压器的失效概率来计算在线监测的效益，其计算公式如下：

$$P = f(r_{\mathrm{n}} \cdot d_{\mathrm{n}})$$

式中：P——在线监测变压器失效的总概率；

r_{n}——每年部件的失效率；

d_{n}——每个部件的监测率。

为了计算在线监测的经济效益，还必须用失效总概率乘以失效成本。即按以下公式计算：

在线监测的经济效益=P×失效成本

进行在线监测的经济效益分析时，还需要引用以下假定：

假定在线监测装置(或系统)的预期寿命为10年，那么10年寿命期间产生的经济效益是：

在线监测经济效益(10年)=P×失效成本×10年=5.8%×新变压器费用/年

根据实际运行经验和以上计算公式可以得出，在10年内，变压器在线监测所创造的经济效益为新变压器一年费用的5.8%左右。

6.2.2 国外变压器在线监测技术概况

变压器是输配电系统中极其重要的电气设备，根据变压器运行维护管理规定的要求，必须定期进行检查，以便及时了解和掌握变压器的运行情况，及时采取有效措施，力争把故障消除在萌芽状态之中，提高检测缺陷设备的能力，从而保障变压器的安全运行。

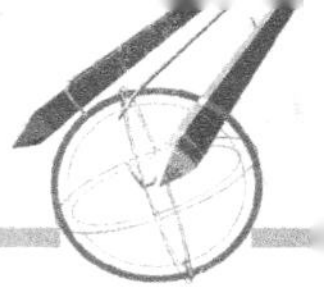

1. 巴西在线监测技术的经验

将能够监测变压器多种参数(10 种)的传感器输出与现场母线端子连接。数据收集装置的模拟信号以数字形式输出，通过现场母线可传给监测服务器。以这种方式来监测变电站的所有变压器状况。这种连接方式在经济上很合算。利用干式继电器连接保护系统和控制系统。

主控室中的遥控 PC 机利用因特网监测器标准平台分析监测数据，因此，每台 PC 机不必安装独立的软件。变电站利用因特网 Web 方式提供信息示意图，如图 6.1 所示：

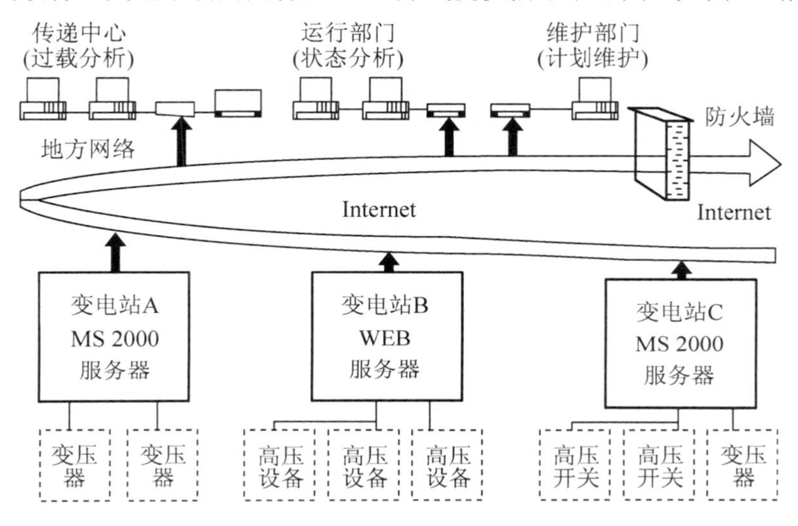

图 6.1　变电站利用因特网 Web 方式进行监测示意图

一般情况下，在线监测安装的传感器不需要焊接在变压器上，因为放置传感器的时间大约为两天，还需要用半天时间安装电压传感器和分接开关监测模块。

巴西在线监测变压器的主要内容是监测有功部件的工作状态。例如，监测负载电流和工作电压。利用套管型电流互感器测量负载电流。将负载电流和顶部油温作为计算老化速率的原始变量。不仅评价寿命损耗，还评估变压器的瞬变过负载能力。通过高速采集负载电流信号监测绕组的机械状况可分析短路电流的幅度和数值变化。

利用氢气传感器监测油中的氢气含量。传感器输出信号增强则表明存在局部放电或热点。分析监测信号还要结合分析油温和负载电流。利用电容性薄膜传感器监测油中的湿度。监测湿度有一定难度，因为当变压器受热时，水分会从纸中迁移到油中。纸的湿度对负载能力有影响，因为气泡的存在有一定破坏作用。

利用电压传感器监测电容式套管分接头电压。它和套管的电容起到电压分压器的作用。可以监测运行电压和过电压。电压传感器的输出与峰值电压采样器相连，以便能够同时测量过电压幅度。监测过电压幅度和波形对于预防变压器绕组故障十分重要。

利用传感器监测套管电容变化。如果套管金属箔出现局部闪络，虽然闪络并不立即导致套管的突然失效，但闪络会逐层破坏绝缘性能，可能会出现击穿现象。通过将一相电压传感器的输出与另两相输出的平均值相比，可以测出套管电容变化的增量。

利用传感器监测油浸套管的压力。当油浸套管油压力下降时，会导致内部绝缘击穿。

油的压力取决于温度。每相的压力与另外两相压力进行对比后，可发现是否存在问题。如果套管存在渗漏，正常的内部压力将会降低，因此监测系统会自动发出报警信号。

利用传感器监测有载分接开关的位置和操作电流能够判定分接操作次数和总的操作电流。由于分接开关触点的磨损是操作负载电流的函数，因此，监测这一参数的变化很有意义。分接开关的失效常常是机械故障所致。例如，弹簧失效、触点黏合、齿轮磨损和驱动机械的故障。通过测量分接开关的功率损耗，可以了解分接开关的机械和控制状况。监测功率损耗可以捕捉每个分接变换期间的变化，监测的特征参数是冲击电流的时间、总的操作时间和功率损耗幅度。

利用传感器监测冷却器。由于一台风扇的失效不能直接导致油温升过高，并且这个问题难于被发现，只有通过在线监测才能及时发现。此外，在线监测还可监测冷却器的污染。监测系统的热监测模式可以指示冷却系统风扇、油泵、冷却器污染、密封阀门的故障。监测冷却系统的成功率基本上可达到100%。

2. 澳大利亚变压器在线监测

澳大利亚变压器在线监测系统是将单独的在线监测装置安装在主变压器上。采用传感器测量各项功能参数。为了便于数据分析，还安装有遥控分析装置，并可下载各种数据。监测中心会自动收集、接收来自遥控系统的数据，并可利用提供的软件完成分析和诊断功能。监测系统可以在同一个位置监测多台变压器。

在线监测的智能软件系统根据软件程序评价电厂的供电和效率，可将分析得出的信息反馈到SCADA网络并传给控制系统。这种完全自动化的诊断手段可提供变压器运行状态发展趋势分析数据。

澳大利亚最新研制的综合在线监测系统也可监测高压电流互感器和套管的许多参数，例如，高压电流互感器的压力、油位和油中溶气、介质损耗因数、泄漏电流、绝缘状况、局部放电量、无线电干扰、噪声或机械振动波。信号传输系统采用光纤电缆。

3. 美国、加拿大、瑞士在线监测变压器有载分接开关的经验

美国、加拿大、瑞士通过在线监测有载分接开关变换时的振动波、电动机电流特性和电动控制机构内的温度、相对湿度等参数，可以发现分接开关缺陷、控制延时切换时间。

当分接开关存在故障时，触头表面所产生的振动信号会出现异常。利用触头上放置的传感器，可反映触头振动的信息。分接开关组件或螺丝松动也易产生振动，因此，利用声学传感器和加速度计，可以有效地对振动信号幅度和模式进行分析，达到状态监测。

在线监测分接开关主要是监测分接开关工作时声音的传播形态。在许多振动声源和多种传播途径中，通过分析时间包络线的变化，可有效判断分接开关的状况。分析判定的具体做法是：根据声控记录曲线，能区分出声音包络线的突然变化和逐渐变化。若从包络线中发现突然变化，则标志着分接开关存在问题，必须立即采取措施。而声音包络线的缓慢变化则可作为制订维护方案的一种提示。声音监测系统的硬件结构图见图6.2所示，有载分接开关声控记录曲线见图6.3所示。

在线监测有载分接开关的经验：通过在线监测驱动电动机，可发现由于外力摩擦、触点粘接、开关工作时间过长及许多机械和控制方面的问题。监测分接开关涌流峰值的变化

可提供与机械静摩擦和联动装置有关的信息。监测变压器本体油箱和有载分接开关油箱之间的温差变化趋势可得到分接开关接触不良和分接变换方面的异常信息。监测有载分接开关油箱内的气体含量可获得操作次数、操作时间间隔等方面的信息。

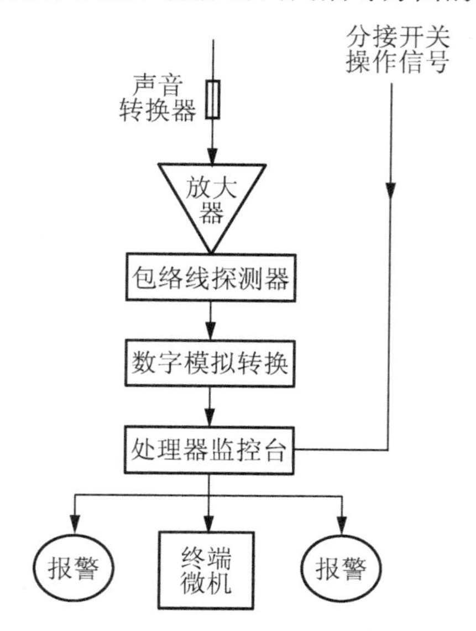

图 6.2　声音监测系统的硬件结构图

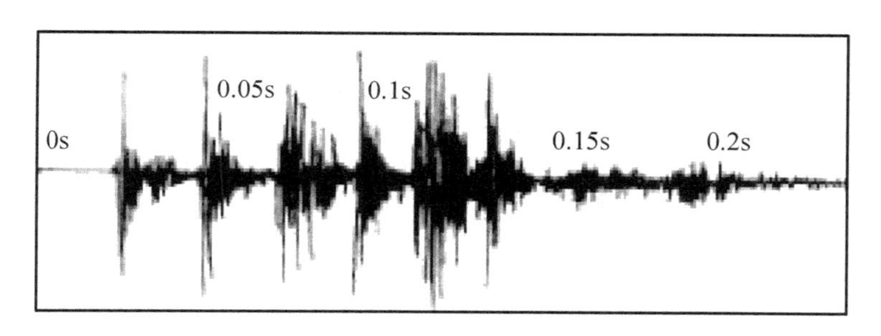

图 6.3　有载分接开关的声控记录曲线

4. 美国变压器在线监测装置的特点

美国在线监测装置的主要特点是在变压器不同位置安装各种用途的传感器。

(1) 在变压器顶部和底部安装声控局放波导传感器，在油箱上总计安装 16 个外部传感器。如果对壳式变压器实施在线监测，则要将 8 个传感器安装在铁心之下，另 8 个传感器安装在铁心之上。声控传感器的峰值响应为 150kHz，带宽为 25～800kHz。外部声控传感器的优点是能在变压器运行状态下安装。

(2) 将低于微秒响应的局放传感器连接到高压、低压和中性点套管末屏上，以便监测局部放电量。

(3) 由一个测油流带电的面板和电荷传感器及局部放电传感器组成新式安装孔，将一个传感器安装在油箱顶部，另一个安装在油箱底部。安装前油箱要打开一个直径 500mm 的安装孔。

(4) 安装泄漏电流传感器、油流静电传感器、油温传感器和油中湿度传感器。

(5) 在绝缘件和油道中安装光纤传感器。

(6) 安装击穿放电传感器。将光电和光电倍增传感器安装在油箱内。

(7) 安装油中溶气传感器，一种是氢气传感器，另一种是甲烷、乙炔、乙烯和一氧化碳等传感器，这两种传感器均安装在油箱底部。

(8) 在变压器外部安装超声波局部放电传感器。

5. 德国和加拿大变压器在线监测系统的特点

在线监测装置由传感器、数字模拟转换器和计算机数据处理系统组成，总计可测量变压器的 45 种参数。例如，变压器负载电流、变压器顶部油温、变压器油箱温度、空气湿度、变压器油中溶气和水分、变压器油箱的振动情况、每相的过电压和短路电流及各个端子的电流等。传感器可测量 MHz 频率范围的电压并耦合输出压差信号，然后将信号和数据通过解调器传给数据处理中心。

德国采用的溶气在线监测装置是将传感器安装在气体继电器上，这样可使未溶解的特征气体在进入贮油柜过程中便流入传感器，从而即时被监测出来，信号处理系统安装在变压器附近。

加拿大研制的氢气在线监测装置的特点是将氢气传感器直接安装在变压器本体阀门上。在线监测装置分两部分：一部分是变压器本体阀门上的智能传感器，另一部分是变压器本体上的通信控制器。利用光纤通信电缆将两部分连接起来。其主要的优越性是可实现多台设备网络化和远程通信。

氢气在线监测系统判定故障的标准是根据显示读数偏离基准的速度，装置可自动存储并计算产气速率。加拿大研制的氢气在线监测原理见图 6.4 所示。

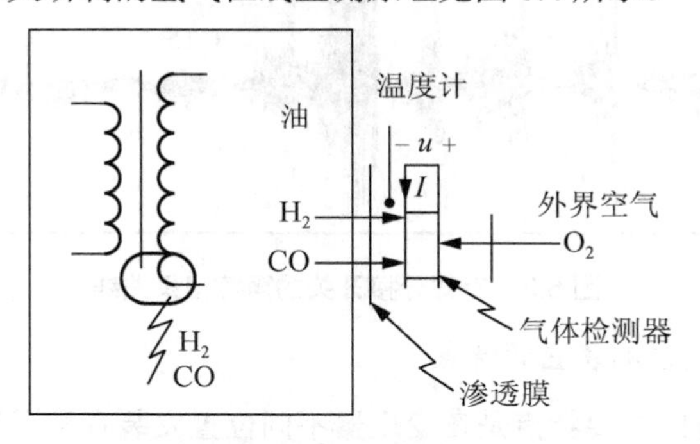

图 6.4 加拿大研制的氢气在线监测装置工作原理

6.2.3 变压器在线监测系统的总体构成

变压器在线监测系统总体构成如图 6.5 所示，由传感器采集的数据和自检信号经过滤波器、放大器、同步触发和模数转换器，再将信号传送到 PLC。

1. 传感器

传感器是一种能把物理量或化学量转变成电气量的器件。国际电工委员会(IEC：International Electrotechnical Committee)的定义为：“传感器是测量系统中的一种前置部件，它将输入变量转换成可供测量的信号”。按照 Gopel 等的说法是：“传感器是包括承载体和电路连接的敏感元件”，而“传感器系统则是组合有某种信息处理(模拟或数字)能力的系统”。传感器是传感系统的一个组成部分，它是被测量信号输入的第一道关口。传感器把某种形式的能量转换成另一种形式的能量。变压器在线监测系统中常用的传感器有电容式传感器、硅压阻式传感器、硅谐振式传感器、硅电容式传感器、陶瓷电容式传感器、陶瓷压阻式传感器、电压传感器等。

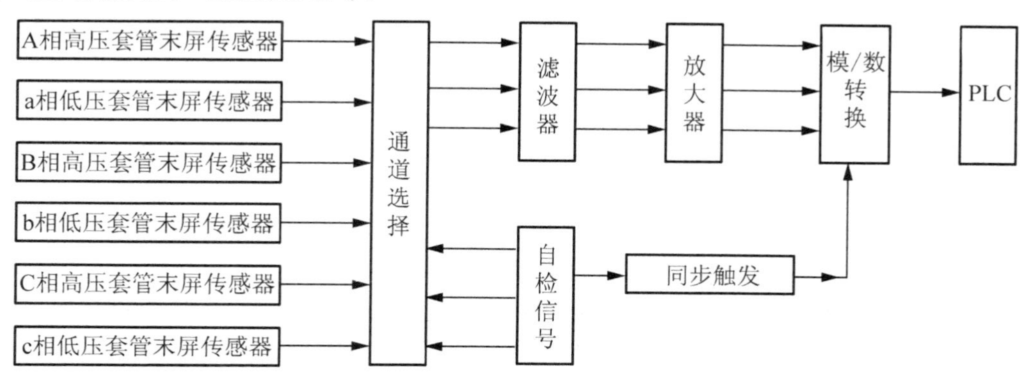

图 6.5　在线监测系统框架图

(1) 电容式传感器。电容式传感器由一个可动电极(测量膜片)和两个固定电极形成的差动电容组成，为了实现过载保护和防止腐蚀，两侧压力引入处还设计有隔离膜片，传感器焊接成一个整体。最早在 Rosemount 1151 变送器上使用，由于技术成熟、原理简单，我国企业通过引进消化，目前已掌握了生产制造技术，并广泛应用于变送器中，这是我国自主知识产权变送器中生产量最大、产值最高、应用最成功的产品。电容式传感器的最大优点是过载能力强，温度影响小(对称互补)，缺点是电隔离性差，精度较低，长期稳定性较差。近几年 Rosemount 对传统 1151 式电容传感器进行了全面改进，推出了一体式共面电容传感器。该传感器的隔离膜片位于传感器模块底部，成共面型，不需要传统的夹紧法兰，清洗十分方便；测量膜片与传感器模块金属体进行了电气隔离，增强了传感器的电隔离性；再加上精密的加工和焊接技术，有效克服了精度和稳定性方面的缺点，性能十分优越。

(2) 硅压阻式传感器。这种传感器在硅基底上，加工了四个压敏电阻，构成惠斯通电桥，电桥可检测压力和温度的变化。新型的硅传感器已向复合型发展，单晶硅基底除生成传统压阻传感器外，还集成了温度传感器和静压传感器(即附加一个电桥式压力传感器)。硅传感器的显著优点是传感器芯片加工容易，可方便地生成复合传感芯片，同时电子型传感器的精度高，长期稳定性好，无迟滞性；缺点是硅元件受温度影响大，特别对传感器灵敏度(量程)影响较大，过载能力差，低压测量困难。由于其传感芯片需要像电容传感器那样通过膜片隔离，这就对机械加工、焊接和传递液封灌技术提出了较高要求。国内厂家受机械加工等工艺的限制，其传感器模块性能与国外还有较大差距。目前，国内外基于这种传感器的变送器生产厂家最多，销量最大。国外，ABB、Honeywell、Siemens、Endress+Hauser 和 Foxbolo 等公司的变送器都以这种传感器为主，近年 Rosemount 也推出了类似产品；国内几乎所有变送器厂家都有基于硅压阻传感器的产品，但由于硅压阻差压传感器生产困难，以及温度补偿技术落后，产品普遍是压力型，并且以模拟式和低档次居多。

(3) 硅谐振式传感器。这种传感器由硅基底和硅谐振梁组成。谐振梁呈“H”形，上面扩散有电阻层，两侧互相绝缘，并各自连接有振荡线圈。基底硅膜片未受压时，谐振梁以其固有的谐振频率作等幅振荡，受力后，谐振频率与压力变化成正比，从而实现压力检测。该类传感器是 Yokokawa 的专利，目前仅在该公司变送器上使用，不仅具有硅元件的优点，同时其独特的 V/F 转换原理对温度不敏感，使其性能得到显著提高。

(4) 硅电容式传感器。对称的差动电容被刻蚀到单晶硅片上，压力使硅片弯曲，电容器两极间的距离发生了改变，传感器的电容值也会相应变化。这种传感器兼有电容式和硅传感器的优点，国内外都是研究热点，并有相关产品，如富士、沈阳传感器研究所等都在研究生产，具有很大发展前景。

(5) 陶瓷电容式传感器。传感器基底和膜片都采用陶瓷，衬底和膜片电极构成电容，中间无传递液，压力直接作用在陶瓷膜片上。其优点是安装位置无影响、无污染、抗腐蚀性好、温漂小、过载能力强，可测量低微压力；缺点是差压传感器制作困难。该类传感器在主流变送器厂商产品结构中，主要用于压力和特殊应用场合。

(6) 陶瓷压阻式传感器。厚膜惠斯通电桥印刷在陶瓷膜片的背面，压力直接加在陶瓷膜片前面，中间无传递液。除过载能力较差外，其优缺点与陶瓷电容式基本一致。

(7) 电压传感器。电力系统过电压信号的数据采集对传感器提出了很高的要求，要求传感器具有很好的响应特性。因此，针对过电压的特点，结合电容式套管的结构，采用套管末屏电压传感器直接从电容式套管的末屏抽头处获取电压信号。该传感器具有响应快、频带宽、抗干扰能力强等特点，拥有完善的保护措施，并且体积小、绝缘水平高、安装方便，能满足过电压在线监测运行的要求。传感器安装在变压器电容式套管的末屏测量抽头处，由于套管自身电容效应，传感器与套管电容共同作用构成一个电容分压系统，整个分压系统具有很高的带宽，能够满足电力系统内部过电压和外部过电压监测的要求。常用的霍尔电压传感器有以下三种。

① HNV500T 系列霍尔电压传感器。HNV500T 型霍尔电压传感器具有体积小、绝缘强度高、高可靠性和高过载容量等特点，外形图如 6.6 所示。

图 6.6　HNV500T 型霍尔电压传感器实物外形

② HNV025A 霍尔电压传感器。HNV025A 霍尔电压传感器具有体积小、绝缘强度高、高可靠性和全密封等特点，外形图如 6.7 所示。

③ HNV025T 型霍尔电压传感器。HNV025T 型霍尔电压传感器具有体积小、全密封、

绝缘强度高、高过载容量和过压保护等特点，性能价格比优异，外形图如 6.8 所示。

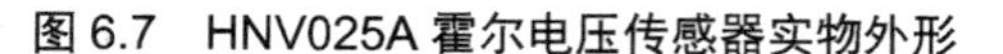

图 6.7　HNV025A 霍尔电压传感器实物外形

图 6.8　HNV-025T 型霍尔电压传感器

2. 滤波器

滤波器是一种对信号有处理作用的器件或电路。由集中参数的电阻、电感和电容或分布参数的电阻、电感和电容构成的一种网络。这种网络允许一些频率成分通过，而对其他频率加以抑制。主要作用是：让有用信号尽可能无衰减的通过，对无用信号作尽可能大的衰减。滤波器一般有两个端口：一个输入信号端口和一个输出信号端口。利用滤波器的这个特性，可以将一串方波群或复合噪波通过滤波器，得到一个特定频率的正弦波。根据要滤除干扰信号的频率与工作频率的相对关系，干扰滤波器有低通滤波器、高通滤波器、带通滤波器、带阻滤波器四种类型。变压器在线监测系统中常用的滤波器如下。

(1) 低通滤波器。低通滤波器是最常用的一种，主要用在干扰信号频率比工作信号频率高的场合。如在数字设备中，脉冲信号中含有丰富的高次谐波，这些高次谐波并不是电路工作所必需的，但它们却是很强的干扰源。因此在数字电路中，常用低通滤波器将脉冲信号中不必要的高次谐波滤除掉，而仅保留能够维持电路正常工作的最低频率。电源线滤波器也是低通滤波器，它仅允许 50Hz 的电流通过，对其他高频干扰信号有很大的衰减。

常用的低通滤波器是用电感和电容组合而成的，电容并联在要滤波的信号线与信号地之间(滤除差模干扰电流)或信号线与机壳地或大地之间(滤除共模干扰电流)。电感串联在要滤波的信号线上。按照电路结构分类，有单电容型(C 型)、单电感型(L 型)、组合型(T 型、π 型)等。

(2) 高通滤波器。高通滤波器用于干扰频率比信号频率低的场合，如在一些靠近电源线的敏感信号线上滤除电源谐波造成的干扰。

(3) 带通滤波器。带通滤波器用于信号频率仅占较窄带宽的场合，如通信接收机的天线端口上要安装带通滤波器，仅允许通信信号通过。

(4) 带阻滤波器。带阻滤波器用于干扰频率带宽较窄，而信号频率带宽较宽的场合，如距离大功率电台很近的电缆端口处要安装带阻频率等于电台发射频率的带阻滤波器。

6.3　任务的解决方案

在前面对任务进行详细分析的基础上，通过引入变压器在线监测系统的典型方案，将详细解析变压器运行过程中各种动态参数的在线监测原理，重点突出变压器局部放电在线

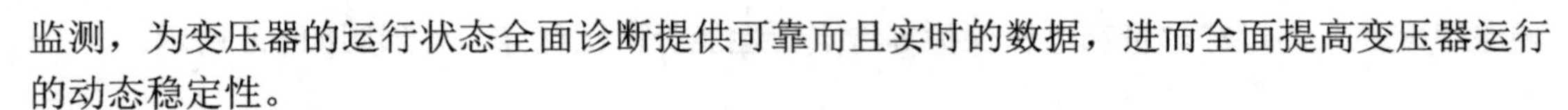

监测，为变压器的运行状态全面诊断提供可靠而且实时的数据，进而全面提高变压器运行的动态稳定性。

我国从20世纪70年代开始采用带电测试，80年代开始实现数字化测量，从90年代开始采用多功能微机在线监测，从而实现了变压器绝缘监测的全部自动化。国内多家电力研究部门和高等院校从90年代初将研制的各种在线监测装置陆续投入到中型发电厂和变电站，对变压器的在线监测技术起到了一定的推动作用，积累了许多实际经验。

变压器在线监测系统有两种形式：集中式和分散式。集中式可对所有被测设备定时或巡回自动监测，分散式是利用专门的测试仪器就地测量测取信号。目前，集中式在线监测尚存在一定的不足。例如，传感器信号失真，监测系统管理和综合判断能力不够等，但主要应属产品结构设计和质量方面的问题。尽管如此，维护变压器最佳运行和现代化管理的最佳途径仍是集中式变压器在线监测。相信通过科技的飞跃发展，变压器在线监测技术将不断完善成熟。图6.9为变压器在线监测系统的典型方案示意图。

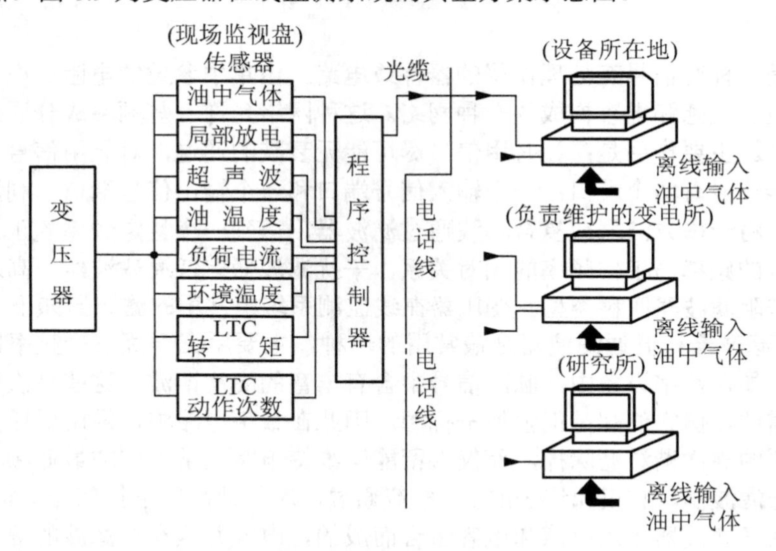

图6.9　变压器在线监测系统的典型方案示意图

6.3.1　变压器在线监测的实现程序

虽然变压器在线监测的内容和目标不同，但在线监测的实现程序是相同的。它通过安装在变压器上的各种高性能传感器，连续地获取变压器的动态信息。在线监测装置通过智能软件系统实现自动监测。

在线监测的判定系统并非根据所测量的参数绝对值，而是根据测量参数随时间的变化趋势来进行判定。它的工作程序是通过与计算机联网，在很高的自动化条件下收集、存储并现场处理所测到的数据，做出趋势预测。在线监测的基本程序是：数据收集—存储—状态分析—故障分类—根据智能专家系统的经验判定故障位置—提出维护方案。

状态分析一般以人工神经网络分析为基础。它是一种理想的模式分类器。数据处理和故障分类大多采用快速傅里叶变换或先进的小波变换方法。由于人工神经网络的自学习功能和并行处理能力提高了推理速度。对于繁杂的多方面数据，如铁心温度、绕组温度、油温、负荷电流等复杂的数据及故障机理不清的问题，经过人工神经网络预处理单元的特征

分析，可以将预分析结果变换成人工神经网络适宜处理的形式。

故障分类主要是区分故障性质。例如，电气过热故障、磁路过热故障、与纤维有关的放电、与纤维无关的放电、机械故障和其他故障。智能专家系统的判定以数据库存储的知识、经验为依据，最终决策系统提出维护方案。

变压器在线监测数据库可以存贮电气设备的全面信息，主要包括被监测的各种参数、运行状况和历史数据等，还可存储诊断判定结果。所有信息和资料均可通过联网进行查询，给电网维护工作带来极大方便。

6.3.2　变压器在线监测系统的分析

1. 变压器局部放电在线监测

(1) 局部放电的产生。

对于电气设备的某一绝缘结构，其中可能存在着一些绝缘弱点，它在一定的外施电压作用下会首先发生放电，但并不会很快造成整个绝缘贯穿性的击穿。这种导体间的绝缘仅被局部短接的电气放电被称为局部放电。这种放电可以在导体附近发生也可以不在导体附近发生。高压电气设备的绝缘内部常存在着气隙，变压器油中可能存在着微量的水分及杂质。在电场的作用下，杂质会形成“小桥”，泄漏电流的通过会使该处发热严重，促使水分汽化形成气泡；同时也会使该处的油发生裂解产生气体。绝缘内部存在的这些气隙(气泡)，其介电常数比绝缘材料的介电常数要小，故气隙上承受的电场强度比邻近的绝缘材料上的电场强度要高。另外，气体(特别是空气)的绝缘强度却比绝缘材料低。这样，当外施电压达到某一数值时，绝缘内部所含气隙上的场强就会先达到使其击穿的程度，从而气隙先发生放电，这种绝缘内部气隙的放电就是一种局部放电。另外，绝缘结构中由于设计或制造上的原因，会使某些区域的电场过于集中。在此电场集中的地方，就可能使局部绝缘(如油隙或固体绝缘)击穿或沿固体绝缘表面爬电。此外，电气产品内部金属接地部件之间、导电体之间电气联结不良，也会产生局部放电。如果高电压设备的绝缘在长期工作电压的作用下，产生了局部放电，并且局部放电不断发展，就会造成绝缘的老化和破坏，就会降低绝缘的使用寿命，从而影响电气设备的安全运行。为了保证高电压设备的安全运行，有必要对绝缘中的局部放电进行在线测量，并保证其在允许的范围内。

(2) 局部放电的测量。

局部放电测量方法分为电测法和非电测法两大类。电测法应用较多的是脉冲电流法和无线电干扰电压法。非电测法主要有声测法、光测法、红外摄像法和化学检测法等。目前，其中脉冲电流法由于其具有以下优点而广泛用于局部放电的定量测量。放电电流脉冲信息含量丰富，可通过电流脉冲的统计特征和实测波形来判定放电的严重程度，进而运用现代分析手段了解绝缘劣化的状况及其发展趋势；对于突变信号反应灵敏，易于准确及时地发现故障；易于定量。非电测法由于至今没有一个标准的局部放电定量方法，使其应用受到了一定限制。采用脉冲电流法进行局部放电测量的基本测试回路通常分为直接法和桥式法两大类，直接法又有并联测试回路和串联测试回路两种。进行局部放电模拟测量的仪器一般由指示部分和放大部分组成。测试阻抗上的脉冲电压首先通过放大器放大，然后通过指示仪器来观察和计量。指示仪器分示波器和指示仪表两大类。示波器类能直接观察波形、相位、极性，并能测量视在放电量的大小。它便于研究局部放电的特性，并有能区分产品

内部放电和外部干扰的优点，指示仪表类的优点是读数清楚。但是，在放电稀少和有干扰的情况下，指示元件容易摆动和跳动，数据难以读准，而且抗干扰能力也差，因此要求有较好的屏蔽条件和电源滤波效果，常用的指示仪表有毫伏表，它可以测量视在放电电荷。

国际大电网会议CIGRE WG33/23-12工作组专门对局部放电的方法进行了比较研究，认为目前所有的电气测量法，对于大多数类型的缺陷，可达到基本相同的灵敏度，其中特高频信号检测法的抗干扰能力最好，且对所有放电类型都比较敏感，而超声波信号检测法则对于测量1米范围内的放电较为灵敏，因此，特高频法和超声波法作为两种不同的检测诊断手段，可起到相互补充的作用。

① 脉冲电流检测法。该方法为IEC270推荐的传统测量方法，其优点是可以对测量回路进行校准，从而对视在放电电荷进行定量。存在的主要问题是解决抗干扰问题比较麻烦，无法用于检测运行中设备的局部放电信号。目前对GIS设备现场试验所能达到的最高灵敏度约为5pC，这对检测一些缺陷显然是不够的，特别是对于测量附着在GIS设备高压导体上的颗粒和固体绝缘表面上的颗粒，其灵敏度还有待于改善。

② 特高频信号检测法。也就是所谓的UHF测量法，其下限频率在300MHz以上，因而可把电晕放电引起的干扰排除掉，其抗干扰性能是最优越的，它的上限频率在1000MHz或者以上。根据从相邻耦合器到达信号的时间差，只要测得两个耦合器之间的距离，还可简单地计算出故障的位置。

传统的局部放电检测技术，由于测量频率较低，测量频带与周围环境的强干扰源的频带重叠，因而易受外界干扰的影响，既不能避开干扰测量，也不容易区分放电与干扰。而特高频检测技术，则是在300～3000MHz宽频带内接收局部放电所产生的高频电磁脉冲信号。由于电力系统中的干扰信号(包括空气中电晕放电)频率分量通常低于150MHz，因而在UHF频段进行局部放电检测，可以避开绝大多数的空气放电干扰脉冲，而对于分布在UHF检测频段内的固定频率干扰(如手机通讯、电视信号等)，则可通过调整检测频带来避开这些干扰频段，从而达到在线检测局部放电信号的目的。

虽然在校准上还存在问题，但TF15/33 03、05联席会议确认，UHF方法比IEC-270推荐的传统方法灵敏，更适合现场使用。

特高频检测法是近年来发展起来的，也是最有希望在变压器及GIS局部放电在线检测方面获得突破的一项新技术。在国际上该项技术最早应用于GIS设备的局放检测，近年来逐步推广应用于变压器局放监测。

变压器或GIS中每一次局部放电都发生正负电荷中和，伴随有一个陡的电流脉冲，并向周围辐射电磁波。试验表明：局部放电所产生电磁波的频谱特性与放电源的几何形状及放电间隙的绝缘强度有关。当放电间隙比较小时，放电过程的时间比较短，电流脉冲陡度较大，能辐射出较高频率的电磁波；而放电间隙的绝缘强度比较高时，击穿过程也会较快，此时电流脉冲的陡度也较大，辐射高频电磁波的能力也会较强。例如：空气中电晕放电所产生的脉冲电流波形具有比较低的陡度，仅能产生150MHz以下的电磁波，超过300MHz的频率分量很少，相比之下，SF6气体或变压器油中局部放电所产生的脉冲电流波形，通常具有纳秒级的脉冲陡度，脉冲持续时间也介于1～100ns之间，因此可产生频率在1GHz以上的电磁波。

③ VHF测量法。也就是所谓的甚高频测量法，它虽和UHF不同，但信号检测及故障定位与UHF具有相似性。VHF法的频率范围是100～400MHz，在这个频率范围内，电晕

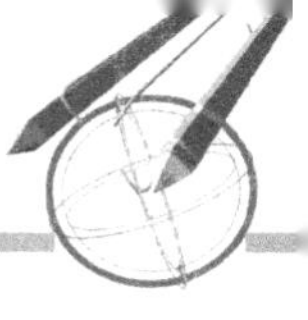

干扰一般可以排除，但效果远不如 UHF 好。VHF 法的信号通常取自内部传感器，由于不能完全排除电晕干扰，使用外部传感器的检测效果通常不是很好。

④ 超声诊断法。超声诊断法就是在 GIS 外部安装声发射(AE)传感器，传感器的频率范围为 20～100kHz。用该方法可以检测、识别和定位 GIS 中的故障，而不需要预先在 GIS 上安装内部耦合器和传感器。

对于 GIS 中移动的金属颗粒，这个方法要比传统的局部放电测量法及 UHF、VHF 法优越。对于检测来自位于绝缘子上颗粒引起的放电，这个方法还存在一些问题，由于在环氧树脂绝缘中超声波信号衰减很大，所以这种方法不能测量环氧树脂绝缘中的缺陷(如气泡)。

超声诊断法在用于检测 GIS 设备时，如果传感器接近缺陷(10cm 左右)，则可到达检测 5pC 放电信号的灵敏度水平，这包含了母线上、母线周围及金属微粒引起的放电的大部分情况，该灵敏度水平可与其他方法相比拟。但在测量点远离缺陷的其他情况下，灵敏度将大大降低，这是超声法的主要缺点，然而，这个特性却提供了定位的本领。声测法的其他优点包括对环境噪声不敏感，可在放电活动出现前能检测到微粒，并鉴别微粒和评估它的危害程度。

(3) 变压器局部放电在线监测原理。

变压器局部放电是反映高压电气设备状态的一个重要标志，因为很多故障均会产生局部放电。一般情况下，如果变压器油中发现了特征气体，则表明其内部已经存在比较严重的局部放电。例如，铁心绝缘不良可能会引起放电，在故障较严重时还会导致铁心两点或多点接地，甚至出现工频短路电流。因此，局部放电最能有效反映变压器内部的绝缘状况，对 500kV 超高压系统及特高压系统的大型电力变压器可靠性监测来说，局部放电在线监测非常有效。

局部放电在线监测技术借助先进的传感技术和电子技术，根据超声波原理将高频声学传感器放在油箱外部以便测取局部放电或电弧放电所产生的暂态声音信号。局部放电在线监测要采用高性能传感器，例如，坡莫合金或铁氧体磁心的电流/电压转换型传感器，因为这种传感器可将传感信号与一次侧有效隔离。

局部放电在线监测的方法有超声监测、化学监测和电性能监测等，三种方法中电测法灵敏度最高。电测法以监测破坏性放电为主，用视在放电量作为监测物理量。

局部放电的宽带监测系统主要由传感器、现场处理器、高速数据采集器、光电转换及信号传输器、数据处理器几大部分组成。

根据国内外运行经验，变压器若出现几千 pC(皮库)的局部放电量，仍然可以继续运行。但如果局部放电量达到 10 000pC 以上时，则表明变压器绝缘的缺陷已经十分严重。但从变压器内部出现局部放电到绝缘击穿仍有一定时间的演变过程。在这种演变过程中，通过局部放电监测的阈值报警和视在放电量的历史数据的发展趋势，可以判断变压器内部的绝缘状况。阈值报警就是当高频信号的幅值和每周期脉冲个数达到设定的阈值以及脉冲波形达到脉冲宽度和频度时，由局部放电监测装置自动发出阈值报警信号。

(4) 变压器局部放电在线监测的超声定位。

为了及时发现设备缺陷，可利用“超声探伤”技术，查找设备安全隐患，利用超声波技术在不同声阻抗的介质交界面上发生反射这一特性，对变压器瓷质组件开展超声探伤。由于超声波可以向所有方向传递和辐射，声音会通过大多数绝缘材料进行传递，所以声能的衰减程度将与频率呈近似指数的关系。可将绝缘材料看成是声能的低级滤波器。声波的初始频率和幅度主要取决于放电源的性质。因此，声频率和声能幅度必然随着放电源的距离增大而降低。局部放电声波定位便是基于这一原理。该技术能探测瓷瓶壁内、套管内部的杂质和裂纹，弥补了过去利用目测、测量绝缘电阻和交流耐压试验等检测方法的不足。

局部放电监测的故障定位分超声定位和放电点定位。对大型超高压变压器来说，主要采用超声定位。在超声定位方法中，可采用区域顺序定位法。它依据来自一个固定放电位置产生的超声波传递到各个传感器的先后顺序来判定局部放电的具体位置。

变压器局部放电电气定位装置的原理是：根据变压器绕组在特定频率范围内等值电路的特点，通过绕组内部局部放电时首末端电压 (或电流)的比值与放电位置的对应关系来确定故障发生的位置。

(5) 消除并抑制变压器局部放电在线监测的干扰。

消除和抑制局部放电干扰信号是局部放电在线监测的关键问题。局部放电脉冲的频谱一般在 10MHz 以上，因此，要检测出局部放电脉冲的原有形状，首先要采用宽频处理技术。

局部放电的干扰信号主要分脉冲型干扰和周期性干扰。在严重的情况下，周期性干扰信号的幅度要大于局部放电的信号。目前，消除周期性干扰信号的方式是采用数字滤波。数字滤波排除干扰流程图见图 6.10 所示。

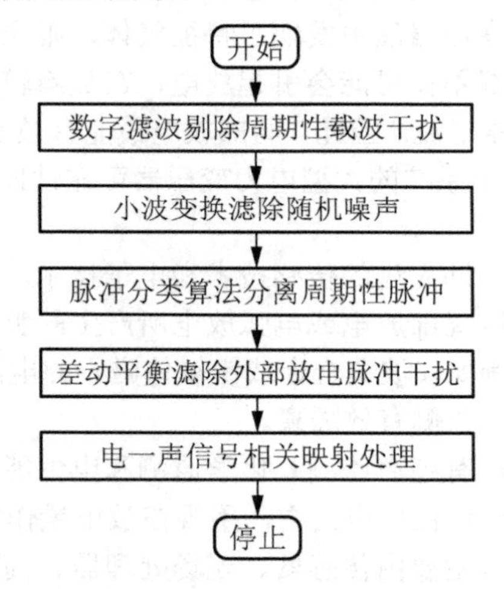

图 6.10　数字滤波排除干扰流程图

在局部放电在线监测中，当局部放电信号沿着绕组迁移时，套管电容器将与脉冲信号耦合。通过屏蔽电缆传输的信号必须由高频放大器放大才能消除由电缆电容性负载引起的畸变。通过在变压器绕组的套管末屏、中性点及铁心等接地线上安装传感器，获取的信号组成“平衡对”的方式也可消除干扰。因为局部放电时，两传感器测点处的脉冲电流极性相反，外部干扰反映在两传感器上则是脉冲电流极性相同的情况。

(6) 国内外最新研制的各种变压器局部放电和综合在线监测装置。

由保定天威集团新域科技发展有限公司于 2002 年研制成功的 OLM0401—PD12/4 多通道变压器局部放电在线监测系统已于 2003 年 7 月在湖南省株洲电厂投入运行。此局部放电在线监测系统在株洲电厂同时监测三台变压器(一台备用变压器，两台主变压器)的运行状况。

OLMO401—PD12/4 多通道变压器局部放电在线监测系统是集声、光、电、传感器、信号处理器、计算机为一体的新一代高性能数字化局部放电在线监测系统。该系统的特点是利用超声和电脉冲综合检测方法来确定变压器内部放电。它能够通过天线门控制和抗干扰技术，去除空间产生的电磁干扰，利用数字与模拟混合滤波技术可以滤除不同频段的干扰信号。通过对采集到的变压器声、电信号进行智能识别和综合判别，可以在强干扰环境下，可靠地监测到局部放电的变化。

OLM0401—PD12/4 多通道局部放电在线监测系统的软件特点是具有数据记录、趋势图形显示、分析、报警、放电波形的实时显示和自动保存等功能。此系统采用多通道、12 位、5MHz 同步数据收集方式。该系统配有标准网络接口，在现场能够通过总线、电话网、互联网网络与本地区或远程数据分析中心连接，使其能够在任何时间和地点实现远程在线监测。OLM0401—PD12/4 多通道变压器局部放电在线监测系统示意图如图 6.11 所示。

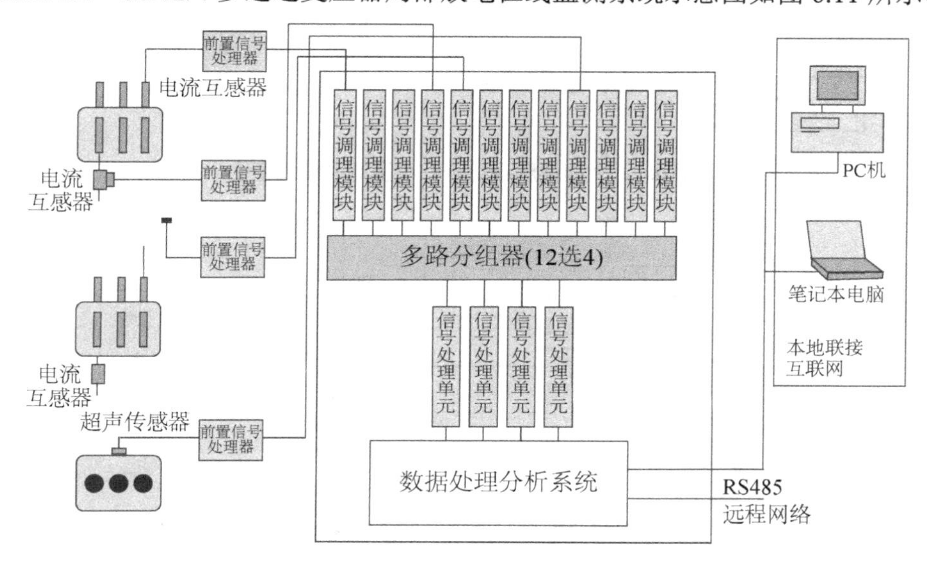

图 6.11　OLM0401-PD12/4 多通道变压器局部放电在线监测系统示意图

此外，由天威集团新域科技发展有限公司于 2003 年研制的大型变压器综合在线监测系统，其主要特点是，在远程监测和运行状态分析的基础上，能够及时发现大型变压器及各种高压电气设备内部的潜伏性故障，然后根据综合监测数据的分析结果，估算出变压器的运行特性和寿命损失。大型电力变压器综合在线监测系统有助于电厂、变电站实现真正意义上的无人值守，可以减少事故和维护费用，实现状态监测。大型变压器综合在线监测系统示意图见图 6.12 所示。

20 世纪 90 年代由吉林电科院与清华大学共同研制的大型变压器局部放电在线监测装置，其基本原理是采用声电结合的监测方法，可连续监测 4 台 500kV 大型变压器的局部放电。

该监测装置的特点是利用光纤传输系统实现了主控室与现场测量系统之间的通信，从而增强了系统的整体抗干扰能力及信号传输的可靠性。通过采用套管末屏注入的方式，解决了视在放电量的在线标定。运行维护人员可以及时了解到放电检测系统的灵敏度。目前该局部放电监测系统在长春某 500kV 变电站已经发现了一起主变压器接地不良的故障，起到了保证变压器安全运行的作用。该型大型变压器局部放电在线监测系统示意图见图 6.13 所示。

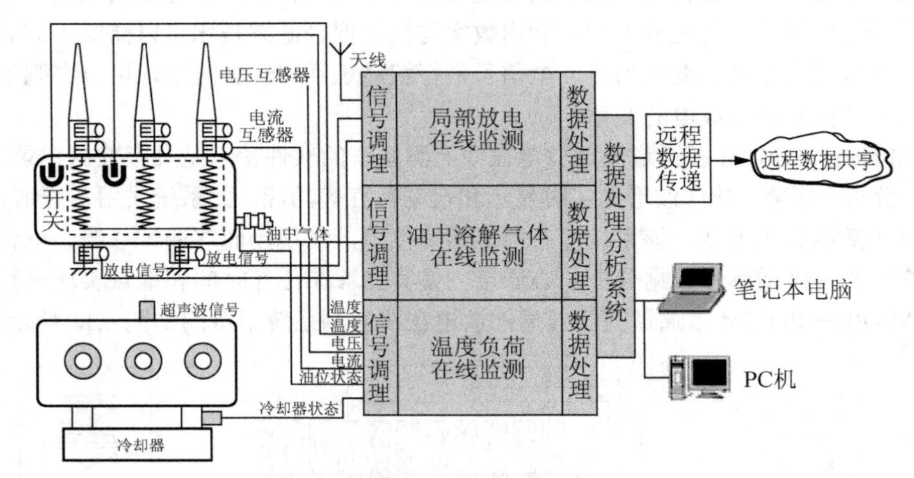

图 6.12 大型变压器综合在线监测系统示意图

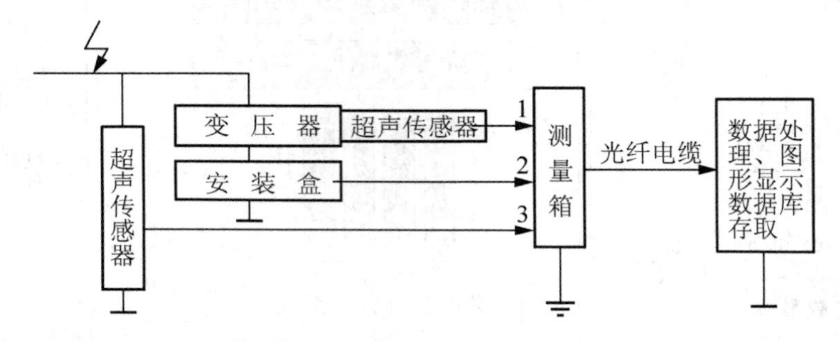

图 6.13 大型变压器局部放电在线监测系统示意图(1，2，3 代表信号电缆)

在运行现场，为了使该局部放电监测系统不受环境温度的影响，将其置放在密封的保温箱中。保温箱壁厚 10cm，内有温度控制模块，可以调节温度。将所有电流传感器安放在安装盒中。变压器的外壳接地线和套管末屏接地引下线经安装盒后接地。测量箱位于被监测的几台(一组)变压器的附近电缆沟旁，将所有信号电缆、光纤电缆和电源线通过电缆沟引到测量箱中。

局部放电在线监测装置采用的传感器灵敏度为 10 μV/μA ，测量频率在 10～100kHz 范围。传感器套装在变压器的接地引下线上。对于 500kV 或 220kV 单相变压器来说，每台变压器上均放置 4 个电流传感器。其中有 3 个电流传感器分别套装在外壳接地线、500kV 和 220kV 套管末屏接地引下线上。对于变压器外壳，必须保证有一点接地，如果变压器外壳没有接地点，将会大大降低局部放电监测的灵敏度，同时还会引进大量干扰，对在线监测非常不利。超声传感器的增益大于 40dB，频率范围在 70～180kHz 之间。在被监测变压器内部容易出现局部放电的位置(例如在变压器的高压套管底部和分接开关等处)，安装三个超声传感器。局部放电在线监测系统信号流程图见图 6.14 所示。

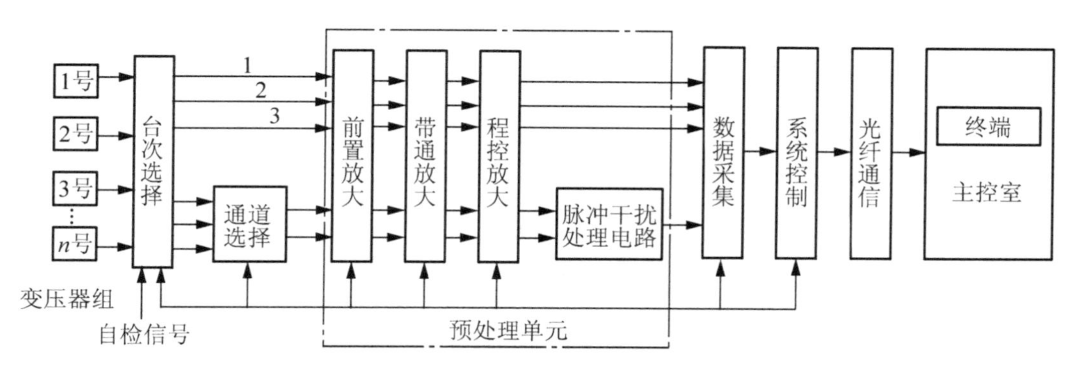

图 6.14　局部放电在线监测系统信号流程图

从图中可以看出，当 n 台被监测的变压器所发的 n 组信号进入监测系统后，监测软件能够选择被监测的变压器，然后进行信号处理。经过预处理的信号被送进 A/D 转换器后，通过光纤电缆送到具有数据处理、图形显示、数据存取功能的主控室终端。

2. 变压器油色谱在线监测

油色谱在线监测技术是气相色谱分析技术的演变和发展。常规的气相色谱分析技术是在试验室中进行的一项复杂、耗时的检测，而且会产生由人工取样分析所造成的各种误差。油色谱在线监测技术的开发应用弥补了室内色谱检测技术的缺点。油色谱在线监测装置可将一个恒温箱体安装在变压器的恒温防火墙内，与变压器形成一体，有利于运输和安装，并可根据现场需要安装到其他变压器上。油色谱在线监测装置的另一特点是具有备用进油接口，可以对其他充油设备进行监测。

油色谱在线监测一般在变电所主控室内实现对变压器的监测，可以根据实际需要调整监测周期。油色谱在线监测在气体继电器未动作前能将变压器内部的故障缺陷及其发展趋势通过计算机直接传输给生产部门。由现场监测控制器、遥控器、油样引入装置、脱气装置、色谱仪、绘图仪协作完成整个监测程序。

油色谱在线监测程序如下：

(1) 油气分离。当循环泵将油送到油气分离装置后，利用波纹管和薄膜构成的油气分离装置进行油气分离，由六通阀定量地将气体送到组合分离器。

(2) 通过吸附剂的筛孔吸附作用或固定液及载气两相分配作用完成组分分离。

(3) 利用计算机数据存储收集系统，对各种特征气体做定量分析。油色谱在线监测流程图见图 6.15 所示。

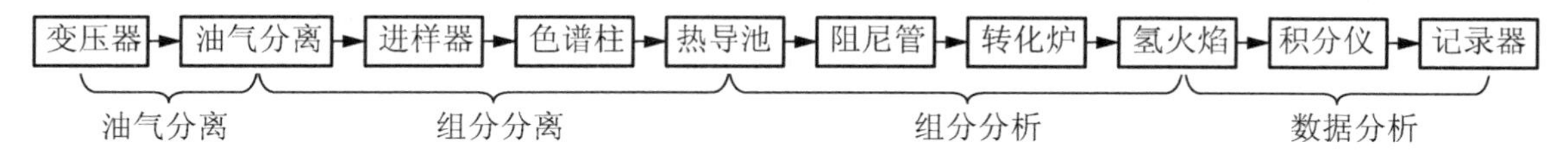

图 6.15　油色谱在线监测流程图

油色谱在线监测对故障的定位依据是根据三比值法和故障气体生成速率。在进行判定时，还应注意，油色谱在线分析结果往往略高于试验室中的分析结果。这是因为油色谱在线监测是封闭取气而试验室中的取气常存在少量气体的散失。

由东北电科院研制的油中烃类气体在线监测仪工作原理是当烃类气体与空气中的氧气

发生化学反应后，会产生一个与反应速率成比例的电信号。经过自动全脱气进样、色谱仪分析、定期向遥控显示器发送检测结果。油色谱在线监测带有判断故障的专家系统，可以在变电所主控室内遥控监测。

3. 油中溶解气体在线监测

当变压器内部出现故障时，无论是过热故障还是放电故障，都会使油的分子结构遭受破坏，从而裂解出大量的氢气，因此油中的氢气可作为预测变压器早期故障的指示性气体。除氢气之外，还会伴随一定量的可燃气体。如甲烷、乙炔 、乙烷、一氧化碳和二氧化碳等。可燃气体的主要来源是绝缘油和固体绝缘，这些材质都是有机绝缘材料。它们在经受电气、热、氧和水的作用之后，其材料的分子结构很容易发生裂变。例如，变压器油在 500℃以上会释放出氢气和甲烷，而在老化作用下，绕组热点、绝缘导线、绝缘纤维部件等都会产生一氧化碳和二氧化碳。在电弧烧伤变压器部件和材料的情况下，会产出很高的氢气。局部放电也会产生氢气和乙炔特征气体。变压器从出厂到投入运行的过程中，可燃性气体与运行时间存在一定的变化规律。有人将这一变化规律称为变压器油中溶气分析的“指纹”。如果发现某台变压器油中溶气含量出现了非正常变化，肯定预示着变压器内部存在着由故障所形成的特征气体产气源。因此，监测变压器可燃气体总量的变化，对指示变压器初期故障十分有效。 但需要指出，无论是监测变压器的氢气含量还是监测变压器的其他可燃气体含量，要确切判定故障性质仍有很大难度。

油中溶气在线监测是气相色谱分析技术的补充和发展，对变压器油中溶气的在线监测分为色谱在线监测、传感器监测及红外光谱监测。目前，溶气在线检测取气方法有薄膜渗透取气法、抽真空取气法、载气和空气循环取气法等。油中溶气在线监测的特点是可连续观察气体产生的动态发展趋势。它通过及时发现超出极限范围的特征气体，来发现并捕捉故障信息，消除并避免灾难性隐患，是状态维护的有力手段。每种故障发生时其特征气体并不相同。在判定电磁故障时，往往借助氢气、甲烷、乙烷、乙炔、乙烯、一氧化碳和二氧化碳的浓度以及两种之间气体的浓度比值。判定机械故障还要借助传感器监测到的超声波信号。

油中溶气在线监测可以监测单一气体，例如，中科院研制的 DDG-1000 型油中氢气在线监测装置，采用聚芳杂环高分子膜透析氢气，用载体催化敏感元件检测氢气(最低检测下限为 1μL/L)，也可监测七种可燃气体的总量。无论哪种监测方式，在线监测的取气均利用各种传感器和检测器来实现。

油中溶气检测所用传感器和检测器主要有：①钯栅检测器；②半导体传感器；③催化燃烧型传感器；④燃料电池型传感器；⑤红外光谱传感器；⑥光离子检测器。除此之外，加拿大最近研制的增强型溶解氢气和水分的监测装置用传感器，其气体控头是一个多股的特氟隆毛细管环，当油中溶气进入控头内，由高稳定性和高精度的热导元件对气体进行检测。利用置放在油中的湿度传感器可直接监测油中水分。

油气分离是油中溶气在线监测的关键步骤。它可直接影响油中溶气检测的效果，油中溶气分离借助有机合成的高分子膜来透析各种故障气体。因此，检测器的高分子膜必须具备高性能。首先必须耐水、耐油、耐高温，其次还要具有承受机械力破坏的能力。高分子膜还必须对可燃气体透气、灵敏度高。

中科院经过分析测试表明，目前油中溶气在线监测装置采用的透气膜中，性能较好的

是聚四氟乙烯薄膜，这种膜不仅具有很好的机械性能，还能耐受油和高温。日本研制的聚四氟亚乙全氟烷基乙烯基醚膜性能也很优良，可透过氢气、乙炔 、乙烯、乙烷、一氧化碳和二氧化碳六种特征气体。

各种特征气体通过薄膜使油中溶气浓度达到平衡所需要的时间是十几～几十个小时。同时，透过气体的量还取决于温度高低，温度越高，透气的速度越快，透气量也越大。

油中溶气在线监测装置要配置溶气故障判断和数据分析系统。在获得动态浓度趋势分布曲线后，如果被监测数据满足判断条件，油中溶气在线监测装置则会自动做出故障性质判定并发出声光报警。在连续监测过程中，监测人员可调节报警气体浓度水平。

油中溶气在线监测装置最好靠近油流处安装，这样利于溶气及时被监测到，延误监测本身就失去了在线监测的即时性。

4. 变压器油中微水在线监测

水是绝缘油在 500℃以下的一种分解产物。在电场作用下，油中的水分与杂质会形成“小桥”，不仅可破坏绝缘油的强度，还会造成绝缘材料的电阻率降低、泄漏电流增大。因此，油中微水在线监测对于预防水分对变压器绝缘性能的破坏及发现 500℃以下的油温故障具有十分重要的现实意义。

传统的油中微水检测同其他人工分析方法一样，存在着人为检测带来的各种误差。而油中微水在线监测完全可以消除这些误差，因此，微水在线监测首先消除了油温变化对油中微水含量的影响。其次，油中微水含量的在线监测装置使用的是浸入式薄膜型聚酰亚胺电容式湿度传感器，可直接置于变压器油路中。由于聚酰亚胺材料是一种新型而且稳定性能很好的湿敏性材料，在温度 20℃、相对湿度 100%的条件下，它自身的吸湿能力可达到 3.3%。在-200～+400℃的温度范围内，聚酰亚胺材料的物理和化学性能仍可保持不变。因此，油中微水在线监测装置充分利用了聚酰亚胺材料的性能优势，在变压器的高温热油环境下，展示了其特有的实用价值。

油中微水在线监测的工作原理是当油流通过传感器时，油中所含水分会引起聚酰亚胺薄膜层的电阻和电容随之发生变化，从而导致传感器探头阻抗发生变化，通过薄膜与变压器油间水分的动态平衡关系导致的阻抗变化，来测取湿度和温度信号，达到在线监测微水量的目的。

5. 变压器油性能指标在线监测

在变压器运行过程中，如果变压器的油质发生变化且达到一定程度，会使绝缘性能下降，危及变压器安全运行。常规监测变压器油质变化的方法很多，主要是测量油的各项性能指标和油中溶气含量。

变压器油性能的在线监测专家系统由数据库、知识库、推理机、知识获取和人机接口等部分组成。

数据库的主要功能是存储并即时提供变压器油质变化的各项指标和历史数据。数据库中的各种指标和信息，还包括对油质的缺陷分析和处理结果，可以为监测维护人员提供详细的油性能数据。

知识库用来存贮与变压器分析相关的经验和知识。

推理机的作用是从数据库中提取数据后，再以逻辑方式对油状况进行推理分析。

对油性能指标的在线监测来说，重要的分析程序是状态分析。首先，根据公式计算出变压器产气速率的绝对值和相对值。然后再结合油中水分、酸度值、油介质损耗、击穿电压等各项性能指标来判定油的衰变趋势。根据分析判定结果得出是否存在劣化或变压器早期故障。变压器油性能指标在线监测流程图见图 6.16 所示。

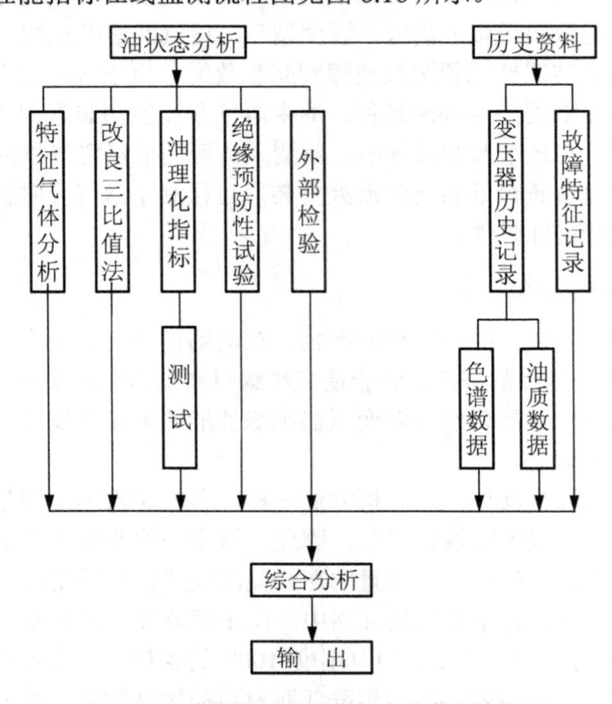

图 6.16 变压器油性能指标在线监测流程图

6. 变压器漏油在线监测

变压器漏油是电力运行部门多年以来很难解决的问题。为了防止漏油造成变压器油位下降，避免绝缘击穿发生，有关部门已研制出漏油在线监测系统。它的基本功能是可以即时监测跟踪变压器漏油状况。这种自动化漏油监测系统能够把储油柜油面水平及油温数据的变化趋势以电信号形式表达出来，然后通过信号数据转换器对监测到的电信号进行数据转换和处理。

分析判定漏油的步骤是先根据油温计算出油面水平，再与实际油面水平进行对比。

漏油在线监测系统以它的实时、自动监测功能，直接受益于运行维护人员，可节省人力和物力，是变电所状态维护的必要手段。漏油在线监测系统流程图如图 6.17 所示。

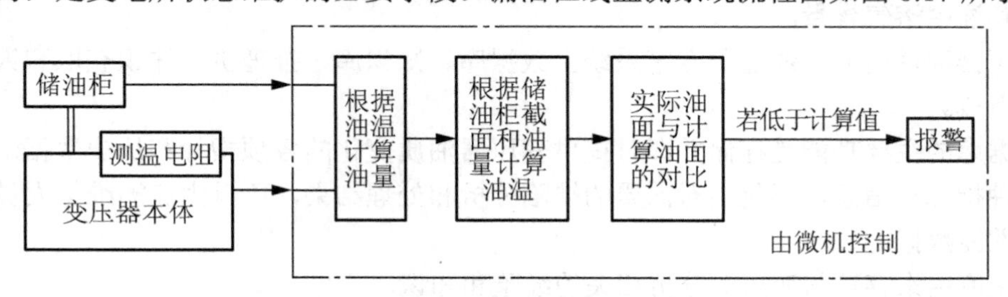

图 6.17 漏油在线监测系统流程图

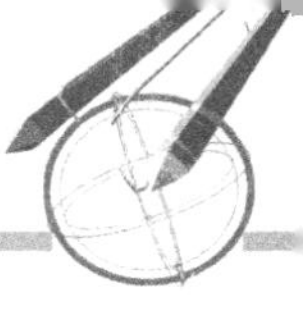

7. 变压器绕组热点温度在线监测

IEC 标准规定，油浸变压器绕组的热点温度应限制在 118℃以下。变压器实际运行中，如果绕组的热点温度超过 140℃以上，便会产生一氧化碳、二氧化碳和水分，对变压器运行造成不利影响；当变压器绕组温度低于 140℃的情况下，一般不会产生特征气体。因此，如何发现大型变压器绕组的高温过热问题，直接关系到变压器能否长期安全运行，是变压器运行和制造部门非常关注的热点问题。

目前针对绕组热点温度在线监测有以下几种方法：

① 利用传感器直接测量绕组温度。具体做法是在绕组导线附近放置测量用传感器来监测绕组的温度变化。测量绕组温度用的传感器有光纤传感器和萤光光纤温度计。利用传感器直接测量绕组温度的技术关键及成效取决于传感器的布设位置和布设的数量。

② 将光纤嵌入到变压器绕组中实时监测绕组的温度变化。当微机接收到由 V/F 变换器输出的数字频率信号，便可显示温度值。测温装置的计算机程序可控制各个回路模拟开关。

③ 美国研制绕组温度光纤监测系统的特点是：采用稳定的自动标定荧光传感器，使用 LED 光源，有 1～4 个独立输出和测量通道。光仪器的 LED 光源发出的光脉冲通过光纤送到与绕组相接触的传感器时，光脉冲则会激励传感器的荧光材料使其产生荧光。通过计算并做温度校正后可获得绕组或变压器油的温度值。绕组热点温度在线监测的主要特点是按照推导出的热点温度计算公式自动计算变压器在额定负载和任意负载下绕组的稳态热点温度。它采用的传感器、热敏元件是铂热电阻。

绕组热点温度在线监测装置可以安装在变压器冷却器出口的测温孔上，也可以安装在变电站的主控室中。主控制室中的计算机能够控制整个监测系统的多功能自动监测体系。在主控室中的工作人员可通过计算机读取实时采样的各项数值。测温装置可通过冷却器出口的铂热电阻测量变压器底部油温、冷却器入口的顶层油温及变压器箱盖的温度和高低压绕组热点温度。

目前西安交通大学电气工程学院对变压器绕组热点温度智能模糊传感器进行了理论和应用方面的研究。这种人工智能模糊传感器是根据神经网络的方法和理论进行模糊逻辑的推理思维，从而准确探测绕组热点的温度。这种新型智能模糊传感器可以把数值测量结果转换为人类语言描述，它可直接输出数字测量结果，并且结合知识库的专家理论和经验，对测量结果进行学习、判断和推理，模糊传感器具有通信与控制功能。理论和实测分析表明，它对确定绕组的热点状况非常有效。智能模糊传感器的结构示意图如图 6.18 所示。

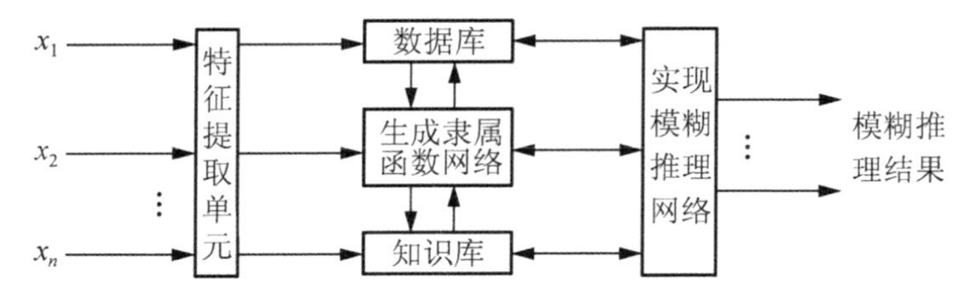

图 6.18 智能模糊传感器的结构示意图

目前，国外研制的绕组在线监测装置增强了监测功能的综合度，除了可监测变压器绕组热点温度外，还可监测绕组的变形及变压器每天、每分钟的寿命损耗，同时能显示由计算得到的变压器总寿命损耗。

8. 变压器绕组变形在线监测

变压器绕组变形是由于绕组经受了正常运行时的轴向、幅向力的作用及强大的短路力作用。常规的吊罩检查只能看到外侧绕组的状况，而在靠近铁心的内部绕组所发生的变形根本无法看到。变压器绕组的变形具有相当大的隐蔽性，而且由变形带来的后果也相当严重，它会直接威胁变压器的安全运行。

变压器绕组变形在线监测的基本原理是根据变压器绕组短路电抗值的变化进行变形与否的监测和判断。因为绕组的短路电抗值与绕组的变形程度、几何尺寸及位置变化密切相关，即短路电抗直接取决于绕组的几何结构。

在工频电压不变的情况下，短路阻抗及阻抗中的电感分量与变压器绕组的几何形状及位移相关。通过理论研究和实际测试，实时监测绕组短路电抗的变化对在线监测变压器绕组变形具有很好的实效性。

9. 变压器铁心在线监测

在变压器故障中，铁心的多点接地故障较常见并且占有一定比例。如果变压器铁心多点接地故障不严重，则利用色谱分析方法无法判定。利用电流表测量接地电流的方法误差也很大。

由浙江绍兴电力局研制的铁心接地故障在线监测装置由电流互感器、电流继电器、电流表组成。工作原理是根据接地故障产生的环流检测铁心是否存在接地。该装置可根据电流大小分二段进行整定，电流达到报警限值时，电流继电器分二级动作并分别发出报警信号；报警的同时，该装置会显示电流数值，使值班人员能了解故障性质，也便于分析故障的严重程度和发展趋势。铁心接地故障在线监测工作原理图见图6.19所示。

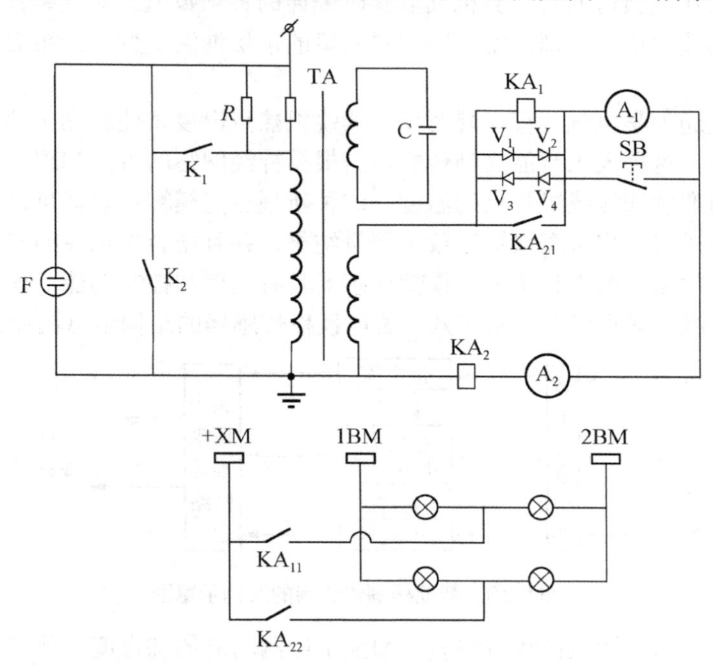

图6.19 铁心接地故障在线监测工作原理图

K_1、K_2—刀闸，F—辉光放电管，TA—电流互感器，KA_1、KA_2—电流继电器

拓展阅读

据第37届国际大电网会议资料，德国最新研制的变压器局部放电在线监测装置是将超声传感器放置在变压器油箱中，平行于油箱箱底或箱壁。放电监测装置的主要功能是借助变压器材质，以光的传播速率传播无线电信号，以声波速率传播超声波信号。传感器可与信号数据收集系统连在一起。超声传感器的耐受温度可高达140℃以上。

6.4 任务解决方案的评估

通过前面对任务的详细分析，我们深感在线监测作为一门新兴技术，随着监测系统各环节的不断完善和广泛应用，必将全面提升整个电力系统的安全运行水平。

在线监测技术的推广有利于从定期维修制过渡到更合理的状态维修制。我国目前执行的大多是定期维修制，一般都要求“到期必修”，没有充分考虑设备实际状态如何，以致超量维修，造成了人力及物力的大量浪费。状态维修的基础就是在线监测和故障诊断技术，即要通过各种监测手段来正确诊断被试设备，然后根据诊断结果来决定是否需要进行停电检修。

近年来，随着传感器技术、信号采集技术、数字分析技术与计算机技术的发展和应用，在线监测技术得到了飞速发展。在线监测将成为绝缘监测中的一个重要组成部分，它将在很多方面弥补仅靠定期停电预防性试验的不足，但目前还不能认为在线监测将全面替代停电预防性试验。目前来讲，在线监测测量的主要参数是工频电压下电力设备的绝缘参数，而对电力系统内时常发生的过电压情况下的绝缘参数暂时还不能测量。当然，我们相信随着国家对智能电网技术的高度重视和大力投入，这些技术问题必将迎刃而解!

今后，随着电力设备在线监测与故障诊断技术的研究进展，状态检修制必将逐步取代定期检修制，必将大大提高电力设备运行的动态稳定性，必将全面提升整个电力系统的安全运行水平，为今后打造全面的“智能电网”提供技术支撑。

任务小结

任务6向大家介绍了目前电力系统中正在迅速发展中的一门新兴技术——在线监测，我们重点强调了以下三点:

(1) 在线监测的定义。在线监测是通过在线监测装置(各种在线监测技术)在不影响设备正常运行的前提下实时获取设备的状态信息，因此通俗地讲，在线监测技术的先进性主要体现在不停电和实时性这两点上，同时这两点也是这门技术的两个难点。

(2) 在线监测的对象很多，目前电力系统中已经投入实用的就有发电机在线监测、变压器在线监测、避雷器在线监测、电力电缆在线监测和绝缘子在线监测等。为了突出典型性，我们选择了变压器在线监测，对于变压器在线监测的总体框架和典型方案我们

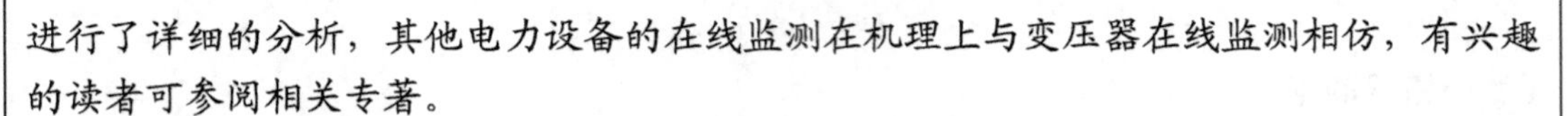

进行了详细的分析，其他电力设备的在线监测在机理上与变压器在线监测相仿，有兴趣的读者可参阅相关专著。

(3) 变压器在线监测参数很多，我们重点着力于变压器局部放电的在线监测，通过典型局部放电监测系统在现场中应用的分析，提出了一整套局部放电在线监测方案。因为变压器局部放电在线监测是反映变压器绝缘状况的重要“窗口”， 在变压器的运行中实行局部放电在线监测，能够更加正确地判断变压器的绝缘状况，对变压器的各种现场应用具有相当的实用价值，是一种预防事故最有效的方法，对提高变压器的安全运行水平具有重大价值，对提高电力系统的安全运行水平有重大意义。

习 题

1. 说明在线监测的概念及其特点。
2. 叙述变压器在线监测的意义。
3. 说明变压器在线监测系统的总体构成。
4. 简要说明变压器在线监测的实现过程。
5. 变压器在线监测有哪些项目？
6. 对于变压器局部放电有哪些测量方法？

附录　本书相关符号(简写)说明

AAT	备用电源自动投入装置
AER	自动调节励磁装置
ARC	自动重合闸装置
ATQ	远方跳闸装置
ATM	遥测装置
AV	调压器
C	电容器、电容器装置
F	击穿保险、避雷器
FU	熔断器
G	发电机
HA	电铃
HB	蜂鸣器
HG	绿色信号灯
HL	信号灯
HP	光字牌
HR	红色信号灯
HW	白色信号灯、电笛
HY	黄色信号灯
K	继电器
KA	电流继电器
KC	合闸继电器
KCF	防跳继电器
KCO	出口继电器
KF	频率继电器
KL	闭锁继电器、保持继电器、双稳态继电器
KM	中间继电器、脉冲继电器、接触器
KOM	保护出口中间继电器
KR	干簧继电器、热继电器、逆流继电器
KRC	重合闸继电器
KS	信号继电器
KT	时间继电器
KV	电压继电器
KSY	同步检查继电器
L	电感线圈、电抗器、消弧线圈

LB	制动线圈
LBL	平衡线圈
LC	合闸线圈
LD	差动线圈
LE	励磁线圈
LK	短路线圈
LT	跳闸线圈
M	电动机
PA	电流表
PJ	电能表
PV	电压表
PLC	可编程序控制口
QF	断路器
QK	刀开关
QL	负荷开关
QS	隔离开关
R	电阻器、变阻器
RP	电位器
SA	控制开关、选择开关
SB	按钮开关
SE	试验按钮
SG	连锁开关
SH	转换开关
SP	行程开关
SR	复归按钮
ST	转换开关
T	变压器
TA	电流互感器
TL	电抗变压器
TS	隔离变压器
TV	电压互感器、调压器
U	整流器、变流器、逆变器
VD	二极管、稳压管
VT	三极管、晶闸管
W	母线
WC	控制母线
WH	闪光母线
WS	信号母线
XB	连接片
XS	切换片

参 考 文 献

[1] 钱武，金永琪. 水电站电气二次部分[M]. 北京：中国水利水电出版社，1999.

[2] 许建安. 中小型水电站电气设计手册[M]. 北京：中国水利水电出版社，2007.

[3] 钱武，李生明. 电力系统自动装置[M]. 北京：中国水利水电出版社，2004.

[4] 杨冠城. 电力系统自动装置[M]. 北京：中国电力出版社，2007.

[5] 樊俊，陈忠，涂光瑜. 同步发电机半导体励磁原理及应用[M]. 北京：中国水利水电出版社，1992.

[6] 国家电力调度通信中心. 电力系统继电保护实用技术问答[M]. 北京：中国电力出版社，2009.

[7] 国家电力调度通信中心. 电力系统继电保护规定汇编[M]. 北京：中国电力出版社，2009.

[8] 周双喜，李丹. 发电机数字式励磁调节器[M]. 北京：中国电力出版社，1997.

[9] 王伟，陈绍红. 500kW 以下发电机组常见励磁故障及处理[J]. 杭州：浙江水利水电专科学校学报，2004，16(4).

[10] 竺士章. 发电机励磁系统试验[M]. 北京：中国电力出版社，2005.

[11] NWLC-3C 励磁装置使用说明书[R]. 杭州：杭州南望自动化技术有限公司. 2005：1-20.

[12] 朱达凯，王伟，金永琪. 小型水轮发电机晶闸管励磁系统故障原因分析及技改研究结题主报告[R]. 杭州：浙江水利水电专科学校，2006.

[13] 陆继明，毛承雄，范澍，王丹等. 同步发电机微机励磁控制[M]. 北京：中国电力出版社，2006.

[14] 丁书文. 变电站综合自动化系统实用技术问答[M]. 北京：中国电力出版社，2007.

[15] 余道松. 电气设备的故障监测与诊断[M]. 北京：冶金工业出版社，2001.

[16] 邱昌容，曹晓珑. 电气绝缘测试技术[M]. 北京：机械工业出版社，2002.

[17] 黄新波. 电力线路在线监测与故障诊断[M]. 北京：中国电力出版社，2008.

[18] 肖登明. 电力设备在线监测与故障诊断[M]. 上海：上海交通大学出版社，2005.

[19] 王昌长，李福祺，高胜友. 电力设备的在线监测与故障诊断[M]. 北京：清华大学出版社，2006.

[20] RCS—9612 系列线路保护测控装置(线路保护部分)技术和使用说明书[R]. 南京：南京南瑞继保有限公司，2006：16～22.

[21] 王晓莺等. 变压器故障与监测[M]. 北京：机械工业出版社，2004.

[22] 董其国. 电力变压器故障与诊断[M]. 北京：中国电力出版社，2000.

[23] 徐海明，周艾兵. 变电站直流设备使用与维护教材——阀控密封铅酸蓄电池[M]. 北京：中国电力出版社，2010.

[24] 艾红，樊生文. DSP 原理及应用[M]. 北京：高等教育出版社，2012.

[25] 黄树红，李建兰. 发电设备状态检修与故障诊断方法[M]. 北京：中国电力出版社，2008.

[26] SJ-12D 双微机手自动同期装置技术及使用说明书[R]. 南京：国网电力科学研究院自动控制研究所南京南瑞集团公司自动控制分公司，2008：1～7.

[27] 电力发展“十三五”规划(2016-2020 年). 国家发展改革委 国家能源局.

[28] 李基成. 现代同步发电机励磁系统设计及应用[M]. 北京：中国电力出版社，2009.

参考文献